新时代大学生生态文明素质教育

彭秀兰　孙　晴/著

华中师范大学出版社

新出图证（鄂）字 10 号
图书在版编目（CIP）数据

新时代大学生生态文明素质教育/彭秀兰，孙晴著. —武汉：华中师范大学出版社，2022.3
ISBN 978-7-5622-9695-9

Ⅰ.①新…　Ⅱ.①彭…　②孙…　Ⅲ.①生态文明—建设—中国—高等学校—教材　Ⅳ.①X321.2

中国版本图书馆 CIP 数据核字（2022）第 022927 号

新时代大学生生态文明素质教育

责任编辑：廖国春　　**责任校对：**肖　阳　　**封面设计：**罗明波
编辑室：学术出版中心　　**电话：**027-67863280
出版发行：华中师范大学出版社
社址：湖北省武汉市珞喻路 152 号　　**邮编：**430079
电话：027-67863426（发行部）　027-67861321（邮购）
传真：027-67863291
网址：http://press.ccnu.edu.cn　　**电子信箱：**press@mail.ccnu.edu.cn
印刷：湖北新华印务有限公司　　**督印：**刘　敏
字数：255 千字
开本：710mm×1000mm　1/16　　**印张：**17.25
版次：2022 年 5 月第 1 版　　**印次：**2022 年 5 月第 1 次印刷
定价：72.00 元
欢迎上网查询、购书

序　言

文明是指人类社会的进步状态，代表着良好的生活方式和精神风尚。从社会发展史来看，人类文明经历了原始文明、农业文明和工业文明，正在向生态文明迈进。生态文明“是指人们在改造客观物质世界的同时，不断克服改造过程中的负面效应，积极改善和优化人与自然、人与人、人与社会的关系，建立人类社会整体的生态运行机制和良好的生态环境所取得的物质、精神、制度方面成果的总和”①。生态文明既是一种先进的价值理念，更是一种自觉的生活方式。习近平总书记多次强调“绿水青山就是金山银山”，“良好的生态环境是最普惠的民生福祉”②，“坚持人与自然和谐共生，坚持节约优先、保护优先、自然恢复为主的方针，像保护眼睛一样保护生态环境，像对待生命一样对待生态环境，让自然生态美景永驻人间，还自然以宁静、和谐、美丽”③。

然而，2020年，一个特殊的“寂静的春天”出现在神州大地。繁华的都市万人空巷，宁静的乡村只有零星的鸟鸣狗吠，一年一度的春节本该是人们赶着回家团圆、辞冬迎春的佳节时分，而今却是道路封闭、车辆限行、人人自危，长城内外倍感春寒料峭，一场突如其来的新冠肺炎疫情，让14亿中国人措手不及，刹那间打破了正常的生产生活秩序，人们前所未有地感受到病毒如此肆虐。习近平总书记《在统筹推进新冠肺炎疫情防控和经济社会发展工作部署会议上的讲话》中指出：“这次新冠肺炎疫情是新中国成立以来在我国发生的传播速度最快、感染范围最广、防控难度最大的一次重大突发公共卫生事件。”这次突发公共卫生事件给国家所造成的经济损失，给人们所造成的心理恐慌，尤其是给病患者所

---

① 吴俊杰：《中国构建和谐社会问题报告》，中国发展出版社2005年版，第8页。
② 李捷：《学习习近平生态文明思想问答》，浙江人民出版社2019年版，第3页。
③ 李捷：《学习习近平生态文明思想问答》，浙江人民出版社2019年版，第5页。

造成的生命财产损失，无不触目惊心。

面对这一前所未有的严峻挑战，全国31个省（自治区、直辖市）和新疆生产建设兵团相继启动重大突发公共卫生事件一级响应，全国上下团结一心，众志成城，群防群治，联防联控，开始了同时间赛跑、与病魔较量，构建了“用生命守护生命”的防疫长城，有效遏制了疫情蔓延。在我们不断取得抗疫胜利的同时，还不得不进一步反思：病毒从何而来？为什么会造成这么严重的疫情？今后人们应该怎么做？对一系列问题的反思，使人与自然之间的关系问题从未这样清晰而沉重地展现在人们面前。要支配自然，就必须服从自然，恩格斯告诫人类：“我们不要过分陶醉于我们人类对自然界的胜利。对于每一次这样的胜利，自然界都报复了我们。”[①] 人与自然界的关系既对立又统一，正如董卿在2019年主持人大赛总决赛中，针对选手王嘉宁所抽作品图片“一只凶猛的熊和举着枪的猎人同时处在跷跷板的两端”点评时说的那样：“枪响之后没有赢家。”

目前，由于工业化的发展以及市场经济的作用，全球生态环境面临着严峻的挑战，资源短缺、环境恶化、核泄漏、恐怖主义、经济危机、传染病暴发等是现代社会面临的极其难控的风险因素，正如当前我国及世界正在经历的新冠肺炎疫情一样。在此背景下，加强环境保护，建立人与自然的和谐关系，走可持续性发展之路，逐渐成为全人类的共识，理应成为目前全球统筹推进，共同解决的课题。

百年大计，教育为本。培育具有生态文明素质的公民，是解决人类面临的生态困境的前提与关键。高校作为培养高素质人才的重要基地，能够以其自身的文化优势，主动适应社会发展要求，积极建构学生的综合素质，使其具有良好的生态意识和生态道德素质，牢固树立人与自然、人与人、人与社会、人与自我的和谐相处理念，激发他们保护生态环境的强烈社会责任感和义务感，从而为新时代生态文明建设培育合格人才。这对大学生自身的全面发展乃至和谐社会的构建都具有重要而深远的意义。

---

① 《马克思恩格斯文集》第9卷，人民出版社2009版，第559—560页。

笔者的研究方向是文化德育，长期跟踪关注大学生的素质建构和健康成长。2009年开展大学生文化素质培养研究，同年承担河南省高等教育教学改革研究项目“多元文化背景下大学生文化素质培养模式与评价体系研究与实践”，其中生态文明素质已作为大学生必备文化素质之一被首次探索，该成果于2012年获河南省高等教育优秀教学成果二等奖。2010年申报获批教育部人文社会科学研究项目“马克思主义生态文明观与高校生态文明素质教育”，围绕研究重点先后在省属16所高校开展调研，相继撰写5篇学术论文和1个主题报告，对大学生生态文明素质教育有了进一步认识。在此基础上，2013年申报获批河南省哲学社会科学项目“新时期高校生态文明教育制度研究”，逐步把研究推向高校生态文明素质教育体系的基础层面。

作为河南省教学指导委员会委员和优秀基层教学组织负责人，近几年笔者一直尝试将研究成果应用于思想政治理论课和思想政治教育专业课教学实践之中，并努力拓展到非思想政治类课程的思政教育，使思政课程与课程思政形成协同同向育人效应，为推动习近平新时代中国特色社会主义思想“三进”进行探索。前期努力为本书写作奠定了基础，该书计划2019年完成，由于忙于教学和专业建设等工作，一直未能及时付梓，在某种意义上，这次新冠肺炎疫情为完成书稿写作带来一定机遇。一是响应国家号召宅在家里，相对有较为集中的时间进行写作；二是身在疫情中，感受真切，便于不断反思和提炼，进一步丰富内容。尤为重要的是，以此为教育契机，更容易引起大学生关注与思考生态文明教育和生态文明建设的重要性，从而自觉践行生态文明。当然，该书为高校开展生态文明素质教育提供借鉴的同时，由于多数内容的普适性，社会各界亦可作为通识读物进行参考。

总之，该书是近年来笔者对高校生态文明教育研究的积累和探索，这其中离不开我所在的研究团队负责人路琳教授及其他成员的指导与帮助。当然，本书难免有不足之处，例如环境学、医学等学科知识相对缺乏所带来的局限。不过，在写作过程中，幸运地遇到另一位作者孙晴同志。她毕业于陆军军医大学，现就职于部队医院，不仅对医学特别是传染病知识掌握较多，而且作为专业工作人员全程参与报道所在部队援鄂一线的抗疫情况，之后参加中印冲突高原官兵医疗与防疫保障，积累了较多的素材和体会。在此基础上，她对新冠肺炎疫情及环境与疾病的关系作了进一步深入思考与总结，一定程度上弥补了我的研究不常涉及的领域。

另外，本书参考和引用了相关作者的文献资料，在此向这些作者致以衷心感谢。

冬将尽，春可期。我期待着通过这本书能够较好地传播正确的生态文明价值观、发展观、消费观，为高校生态文明教育乃至建设望得见山、看得见水、记得住乡愁的美丽中国尽一份绵薄之力。

目　　录

第一章　导论

第一节　基于抗击新冠肺炎疫情的大学生生态文明素质教育

2020 年新年伊始，新冠肺炎肆虐神州大地，成为自新中国成立以来在我国发生的传播速度最快、感染范围最广、防控难度最大的一次重大突发公共卫生事件。

2020 年 1 月中下旬，疫情迅速蔓延，全国 31 个省（自治区、直辖市）和新疆生产建设兵团相继启动重大突发公共卫生事件一级响应。2020 年 1 月 30 日晚，世界卫生组织（WHO）宣布将新型冠状病毒感染的肺炎疫情列为国际关注的突发公共卫生事件（PHEIC），2020 年 2 月 11 日，用英文将这一病毒称为 Corona Virus Disease 2019，简称 COVID-19。

这次疫情不仅使中国经济和人民生命健康遭受了重大损失，同时在世界各国联系紧密以及全球化背景下，所有国家均受影响。

电影《流浪地球》中有这么一段话："起初，没有人在意这一场灾难，这不过是一场山火、一次旱灾、一个物种的灭绝、一座城市的消失，直到这场灾难和每个人息息相关。"疫情发生后，看着不断攀升的确诊病例、疑似病例以及死亡数字，人们开始恐慌，抢购口罩、药品、大米、蔬菜等，甚至迷信各种谣言，在极度恐慌的情绪下，许多人失去了辨别能力。

为有效防控疫情，习近平总书记指出："人类同疾病较量最有力的武器就是科学技术，人类战胜大灾大疫离不开科学发展和技术创新。"[①] 通过病毒溯源、疫苗研制等一系列科技攻关，疫情最终得到有效控制。在

---

① 习近平：《为打赢疫情防控阻击战提供强大科技支撑》，《求是》2020 年第 6 期。

抗击新冠肺炎疫情中，人们逐渐认识到，虽然表面上疫情发生只是一个偶然因素，但深层次上则是人与自然之间的关系出现了失衡。随之，生物安全进入了人们的视野。习近平总书记强调，要从保护人民健康、保障国家安全、维护国家长治久安的高度，把生物安全纳入国家安全体系，系统规划国家生物安全风险防控和治理体系建设，全面提高生物安全治理能力。人与自然是生命共同体，人类必须尊重自然、顺应自然、保护自然。保护环境就是保护人类，建设生态文明就是造福人类。

对于高校来讲，把握抗疫带来的重要教育契机，“充分利用重大疫情这一特殊时期、特殊情境，主动开展大学生思想政治教育，既是做好疫情防控工作的客观需要，也是提升大学生思想政治教育针对性和亲和力的有利契机”①。思政课是落实立德树人的关键课程，当前大学生生态文明素质教育已被纳入高校思政课体系，并拓展到其他学科和专业课程，以进一步优化和创新高校思想政治教育模式，切实提高高校思想政治教育的针对性和实效性。

21世纪是人类文明由工业文明向生态文明过渡的巨大变革时期，也是我国奋力推进科学发展、全面构建和谐社会、建设生态文明的时代。“青年兴则国家兴，青年强则国家强，青年一代有理想、有本领、有担当，国家就有前途，民族就有希望。”② 党的十九大报告明确指出要培养担当民族复兴大任的时代新人，在此背景下，加强大学生生态文明素质教育更显意义重大。

其一，从大学理想和使命看，生态文明素质教育，旨在追求人、自然、社会的和谐共生、良性循环，最终实现人的自由全面的发展，体现着教育的本质与最高理想。大学以培养和造就全面发展的人为理想，其本来的意义和实质应是“全人教育”。王世民、丰平等学者认为：“人的全面发展主要表现为人与社会关系的和谐和人与自然关系的和谐，只有

---

① 张立学：《重大疫情应对中大学生思想政治教育的四个着力点》，《光明日报》2020年2月25日。

② 习近平：《决胜全面小康社会，夺取中国特色社会主义伟大胜利》，《人民日报》2017年10月19日。

在这种双重的和谐中，人的全面发展才是现实的。”[1] 长期以来，受传统文化影响，我国教育重人际伦理、轻自然伦理，加之工业化时代技术理性的推波助澜，我国高等教育特别是高校思想政治和道德教育注重的主要是人与人、人与社会关系的调整，对人与自然的关系重视不够，没能将生态文明素质教育纳入其中，这就很容易培养出如德国哲学家马尔库塞所说的“单向度的人”，即专业的、机械的人，缺乏批判、反省精神的人。这种人只会盲目地沉浸于工业文明的成就中，根本无法超越而走向生态文明。因此，生态文明素质教育，既注重人与自然之间的和谐，又注重人与人、人与社会、人与自我之间的和谐，强调人、自然、社会的和谐共生、良性循环，最终实现人的自由和全面发展。一定程度上，高校开展生态文明素质教育发挥了拾遗补阙的作用，有助于高校不断完善人才培养模式，从而实现自身的理想追求。

其二，从社会期望与要求看。唯物史观认为，社会是人的社会，人是社会的主体，人的素质决定着社会文明的高度。“引导社会和文化转型的根本力量不是别的什么东西，而是人自己的本质力量，是人通过塑造自己的新形象，培养自己的新人性而实现的。”[2] 因此，高校适应社会、满足社会要求的根本动力不是别的，而是其培养的人，即塑造适应和推动社会发展的、具有健全人格的一代文明新人。目前，基于工业化过程中生态环境问题的日益突出，资源环境保护压力不断加大的新形势，党中央适时提出了科学发展观和建设社会主义生态文明，并从世界观、价值观和行为范式高度，科学回答了为什么要发展、怎样发展以及建设什么样的社会、怎样建设社会等一系列问题。这既是对人类进入转型期的规律性把握，也是对当代中国科学发展理念的实践性提升，这一切都必须体现并最终落实在生态文明建设的主体上。高校作为高层次的文明存在，承担着培养高素质人才的重任，必须及时回应社会的变化及要求，即通过开展生态文明素质教育，用人类最优秀的文化成果培养人、塑造人，使之用生态文明素质标准规范自己的行为，进而通过营造先进的生

---

① 王世民、丰平：《高校生态道德教育刍议》，《江西师范大学学报》（哲学社会科学版）2003年第3期。

② 张应强：《文化视野中的高等教育》，南京师范大学出版社1999年版，第8页。

态文化引导社会，最终形成一种维系人、自然、社会和谐发展的力量。

其三，从大学生自身成长需要看。马克思主义认为，人的本质在其现实性上是一切社会关系的总和，这一切“社会关系”，实质上就是人与自然、人与人、人与社会、人与自我之间的关系。这一切关系的和谐对大学生的成长具有构成性意义，任何单一关系的偏重都容易造成大学生心理的失衡甚至不健康。试想，一个不热爱自然、不尊重自然及其生命的人，怎能期望他明白生活的意义、生命的意义，在他的世界中又怎能体现个体的人性、生命性与自然、人、社会、自我整体面貌之间的和谐关系？因此，不断追求自身发展的完善与和谐，是当代大学生成长本能的体现，也是当代大学生不断提升人的社会化水平的重要手段。生态文明素质教育旨在提高大学生生态意识和文明素质，实现人、自然、社会的和谐发展，有利于大学生实现全面的社会关系建构。作为高校，应以生态文明素质教育为契机，引导大学生学会创建由生态文明价值观引领的融入、自然、社会为一体的和谐文化系统，从而实现自由全面发展。

第二节　本书的研究思路与方法

本书以我国2020年抗击新冠肺炎疫情为思考起点，基于对抗疫过程的反思，提出新时代加强大学生生态文明素质教育的重要意义；通过对世界历史上生态环境问题、现代重大生态环境污染事件及当今面临的主要生态问题的追溯，揭示当代人生态意识的觉醒与环境保护的必然过程；同时理解党的十九大关于生态文明建设问题的理论和实践创新，并从总体目标、基本方略、具体任务、基本途径、关键措施等方面把握我国新时代生态文明建设的宏伟蓝图；在此基础上，明确新时代高校开展生态文明素质教育的重要性。以此为背景，首先，从理论视点、实践视点、文学视点、医学视点等角度对“生态”与“生态文明”内涵以及现实中千姿百态的生态系统与人类家园的现状及蜕变进行分析，并以《瓦尔登湖》《沙乡年鉴》《寂静的春天》《狼图腾》等经典生态文学作品为例，揭示人类对生态环境破坏的忧虑和对建设美好家园的期待，同时以国内外重大疫情为警示，通过对环境与疾病关系的分析，揭示新时代建设生态文明的迫切性。其次，以马克思主义生态理论和新时代习近平生态文明思想为引领，结合中外先进的生态文明教育案例，探索新时代高校生态文明素质教育的目标、路径和措施。

本书采取的研究方式具体如下：

第一，文献分析法。以生态文明素质教育相关概念为关键词，查阅借鉴已有的生态文献资料，分析、归纳、总结出相关研究资料，为撰写本书奠定理论基础。

第二，跨文化比较法。对不同地区、不同文化类型中的典型事实和资料进行对比和归纳，从中得出人类多种思维和行为的大致相同点，用来总结和证明人类在与自然的对立与统一中推动文明进步的一般途径。诚如美国人类学者本尼迪克特所说："一种文化就像一个人，或多或少有一种思想与行为的一致模式。"①

第三，理论与实践相结合。通过有关生态理论指引和现实案例参照，理解生态文明既是一种先进的价值理念，更是一种自觉的生产生活方式；人类的生产生活及价值追求只有尊重客观规律，才能真正达到认识世界和改造世界的目的。

第四，逻辑与历史相统一。逻辑与历史的统一是指思维的逻辑应当概括地反映历史发展过程的内在必然性，即生态文明教育逻辑框架的构建与分析以生态历史发展为基础，对生态历史的描述以内在逻辑为依据，通过二者有机统一尽力做到历史的真实性和理论的明晰性。

第五，经典阅读理解。习近平总书记在谈论学习的重要性时，多次强调"读经典，悟原理"。"对于经典的思想意义的研读与探讨实是一个训练思想的有效途径。"② 通过阅读经典原著了解历史，理解名家，催生思想，产生假设，从而形成关于现实与未来的观点和理论。

第六，实证研究与分析比较。以理论为指导，以实证调研为依据提出问题、分析问题、解决问题，探讨进一步有针对性地推进高校生态文明教育的路径。

---

① 本尼迪克特：《文化模式》，华夏出版社 1987 年版，第 36 页。

② 林毓生：《中国传统的创造性转化》，生活·读书·新知三联书店 1988 年版，第 295 页。

第二章 世界生态环境问题的历史追溯

生态环境问题，是指由于生态平衡遭到破坏，导致生态系统的结构和功能严重失调，从而威胁到人类的生存和发展的现象。翻阅人类文明史册，人与自然的关系贯穿始终。一方面，人类文明的孕育、发展和繁荣均离不开赖以生存的生态环境；另一方面，生态环境的严重破坏和生态体系的崩溃会直接导致人类文明的衰落甚至毁灭。

一般来说，当生产力发展水平较低时，人类对生态的破坏是局部性的、区域性的。而随着生产力发展水平的日益提高，人类对生态的破坏范围越来越广，其影响是全局性甚至是世界性的，由一个村落、一个城邦甚或一个国家的消失，逐步发展到可能造成整个人类的消失，以至有人说，地球上最后的一滴水就是人的眼泪。

学界一般以第一次工业革命为分水岭，将生态环境问题分为工业革命前和工业革命后两个阶段。

第一节 工业革命前的生态环境问题

生态环境问题可以追溯到刀耕火种、茹毛饮血的古代。18 世纪 60 年代英国第一次工业革命之前，整个世界处于农耕文明时期，不管诗人描绘得多么美好，但人与自然的关系并非绝对和谐。2001 年，罗曼和利特菲尔德出版社出版了 S. A. 丘的《世界生态恶化：积累、城市化和森林砍伐——公元前 3000 年到公元后 2000 年》，该书从世界体系的视角，研究了生态环境恶化问题和人类文明的关系，揭示了生态环境问题与人类发展共生共存，并以森林砍伐作为衡量生态恶化的指标，同时考察了人类 5000 年历史上 7 个漫长时期城市化和积累导致森林和资源减少的证据。

人类古代文明大都起源于水草茂盛的地方。古希腊自然哲学家泰勒斯认为水是万物之本原，是人类赖以生存和发展不可或缺的重要的物质资源之一。以古代四大文明古国为例，无一不发源于水量丰沛、森林茂密、田野肥沃、生态良好的地区。这些文明成果对推动人类文明发展曾作出过重要贡献，但遗憾的是，其中很多文明的光辉却因生态环境的破坏没能延续下来。

一、生态环境与古埃及文明兴衰

古埃及文明曾被著名古典作家希罗多德誉为“尼罗河的赠礼”。除了尼罗河谷、三角洲和法尤姆绿洲之外，大片的沙漠覆盖着古代埃及大地。它的东面是阿拉伯沙漠，西面是撒哈拉沙漠，南部为山地，北部为地中海沿岸。纵贯埃及全境的尼罗河，像一条欢动的白练从南到北奔流，在尼罗河流经的诸多国家中，只有埃及是真正的受惠者。每年7月至11月尼罗河定期泛滥，浸灌了两岸干旱的土地，含有大量矿物质和有机质的泥沙随流而下，给河谷盖上一层层厚厚的淤泥，在两岸逐渐沉积下来，成为肥沃的黑色土壤，近乎完美地满足了农作物生长的需要，庄稼可以一年三熟，从而使这片土地能够生产大量的粮食来养育众多的人口。根据希罗多德的记载：“那里的农夫只需要等河水自行泛滥出来，流到田地上灌溉，灌溉后退回河床，然后每个人把种子撒在自己的土地上，叫猪上去踏进这些种子，以后便只是等待收获了。”

正是这无比优越的自然条件造就了埃及漫长而富有生命力的文明。因此，尼罗河之于埃及，有如黄河之于中国，是当地居民的“母亲河”。从埃及的文学作品和历史记载中可以看到，文学家和历史学家对尼罗河的赞美毫不吝惜笔墨。古代埃及人曾写下这样的诗篇：“啊，尼罗河，我赞美你，你从大地涌流出来，养活着埃及……一旦你的水流减少，人们就停止了呼吸。”可以说，没有尼罗河就没有古埃及。然而，长期以来由于尼罗河上游地区的森林不断遭到砍伐以及过度垦荒、放牧等，导致水土流失日益加剧，大片的土地出现荒漠化、沙漠化，昔日的“地中海粮仓”从此失去了辉煌的光芒，最终成为地球上生态与环境严重恶化、经济贫困的地区之一。

二、生态环境与古巴比伦文明兴衰

古巴比伦位于今天的伊拉克一带。古巴比伦文明诞生在美索不达米亚平原上，这块广袤肥美的平原，由发源于小亚细亚山地的两大河流——幼发拉底河和底格里斯河冲积而成，因此，古巴比伦文明也叫两河文明。公元前4000年，苏美尔人和阿卡德人在肥沃的美索不达米亚两河流域发展灌溉农业。从地势上看，幼发拉底河高于底格里斯河，人们很容易用幼发拉底河的水灌溉农田，然后把灌溉水排入底格里斯河，再流入大海。良好的生态系统带来了发达的农业，农业的发展又带来了社会的繁荣昌盛，两河流域逐渐建立了宏伟的城邦。据考古发现，早在人类出现之前，两河流域的上游即是一望无际的林海，森林涵养的水源使得美索不达米亚平原常年湿润。受两河河水滋润，平原土壤肥沃，良好的自然地理环境加之苏美尔人较高的水利设施技术——引渠灌溉，美索不达米亚平原当时的生产力水平很高，自然也创造了当时最为璀璨夺目的文明，从现存的古巴比伦遗址和古巴比伦“空中花园”仍能窥见当时其貌。然而，曾经灿烂的古巴比伦文明，从公元前500多年开始逐渐走向毁灭并被埋藏在沙漠下将近2000年而变成了历史遗迹。据悉，古巴比伦文明的败落曾经是一个秘密，后来地理学家和生态学家对此作出了令人信服的解释：古巴比伦文明衰落的根本原因是不合理的灌溉。由于古巴比伦人对森林的破坏，加之地中海的气候因素，致使河道和灌溉沟渠严重淤塞。为此，人们不得不重新开挖新的灌溉渠道，而这些灌溉渠道又重新淤积，如此恶性循环，使得河水越来越难以流入农田，从而导致严重后果。森林和水系的破坏，一方面，导致土地荒漠化、沙化；另一方面，致使美索不达米亚平原地下水位不断上升，给这片沃土罩上了一层又厚又白的“盐外套”，使淤泥和土地盐渍化。生态的恶化，终于使古巴比伦葱绿的原野渐渐褪色，高大的神庙和美丽的花园也随着马其顿征服者的重新建都和人们被迫离开家园而坍塌，如今在伊拉克境内的古巴比伦遗址已是满目荒凉。

三、生态环境与古印度文明兴衰

古印度文明也发端于自然环境比较优越的地区。印度半岛大部分地区是一个坡度徐缓的高原，境内江河纵横，土地肥沃，农业发达。在北面，喜马拉雅山脉如屏障耸立，南面则以低矮的温德亚山与德干高原相隔。印度平原地区面积远远超过了法国、德国和意大利面积的总和。在这片广袤的大地上，流淌着印度河和恒河。印度史上已知的最古老的文明，是被印度学专家称为“第一道曙光”的哈拉巴文明，就是在北印度平原的印度河—恒河平原上产生的，北印度平原被其普拿沙漠和阿拉瓦利山脉分为两个部分。沙漠以西的平原为印度河所灌溉，以东的平原为恒河及其支流所灌溉。河流将高原上的土壤带到平原上堆积起来，使土地肥沃，还使交通十分便利。印度河—恒河流域丰饶的生态与环境，是大自然的慷慨赐予，它哺育滋养了悠远的印度文明。大约距今3000多年前，其政治、经济、文化、社会等各个领域都发展到很高水平，大量用火烧砖盖起的房屋、先进的供水系统和排水系统以及2500枚刻有文字图形和其他图形的印章……一切都向后人昭示，这是当时世界上发展水平最高的文明之一，足以与当时世界上最先进的两河文明和尼罗河文明相媲美。和其他文明一样，印度文明主要是农业文明，与外部世界特别是美索不达米亚有了相当规模的贸易关系。据考古研究，这些城市遭到过洪水毁灭性的破坏，从一层又一层淤泥判断，这里灾难频繁发生，给印度河文明的中心带来无可挽救的损失。也有人认为是一场旱灾造成水资源日益紧缺，古印度人无法继续从事农业生产，导致部分种族灭绝，部分迁移至恒河流域居住。如同古巴比伦文明一样，古印度文明因为沉睡地下，很早以前是无人知晓的，后来经过考古发现，人们才知道这里曾经拥有过如此灿烂的文化。

四、生态环境与楼兰文明兴衰

中华文明主要诞生于黄河流域。古时的黄河流域自然条件优越于其他地区，地形相对平坦，水资源丰富，适宜植物生长，也更加适合人居住和发展，因此，黄河一直被中国人誉为“母亲河”。中华文明源远流长，博大精深，其产生与所处地理环境有着千丝万缕的关系。在上下5000年的历史文明长河中，曾有许多璀璨夺目的文明，其中部分最终却湮灭在历史长河之中，例如中国古代楼兰王国。据《汉书·西域传》记载，早在公元2世纪以前，楼兰就是西域著名的“城郭之国”。这里虽然地处沙漠腹地，但城邦却建在烟波浩渺的罗布泊之滨，美丽的孔雀河从城边流过，河水清澈，环境优美，胡杨绿化率高达40%以上，商旅不绝，十分繁华，被称为古代丝绸之路上的一颗明珠。后来由于楼兰人盲目的乱砍滥伐，孔雀河改道，罗布泊水萎缩，土壤水分减少，盐碱日积，风沙侵袭，气候反常，瘟疫流行，生存环境日益恶劣。约公元422年以后，楼兰城民众迫于严重干旱，遗弃楼兰城，逐渐南移，最终导致楼兰文明消失。

五、生态环境与其他古代文明兴衰

除以上主要古代文明以外，世界历史上其他著名的古代文明多曾遭遇类似命运。

玛雅文明（又称美洲丛林文明）。玛雅文明地处中美洲低地丛林地带，自从1839年美国人约翰·斯蒂芬斯在洪都拉斯的热带丛林中第一次发现玛雅古文明遗址以来，世界各国考古人员在中美洲的丛林和荒原上共发现170多处玛雅古代城市遗迹，特别是1979年《科学》杂志刊载探讨中美洲玛雅文明长期发展和最终毁灭的研究成果，再一次引起世人对玛雅文明的关注。玛雅文明曾为世界文明史作出了重大贡献，这些贡献反映在他们对宇宙的认识，城市、建筑的艺术设计和独特深奥的玛雅文字等文明遗迹之中。但是，这个伟大的文明在公元16世纪前后却消失了。据考古研究推测，玛雅人习惯在每年12月至来年3月的旱季用石斧清除一片片林地，在雨季来临之前再用火烧，然后种植玉米和大豆，秋季收获。这种耕作方式极易使水土流失，长此以往，造成低地和沟渠淤塞，从而引起环境和资源恶化，导致农业生产力下降。加之人口增长过度、食品短缺、战争频繁、疾病流行、气候恶化，这个高度发达的文明渐渐衰落了。

撒哈拉文明（又称非洲草原文明）。撒哈拉文明诞生于撒哈拉地区的草原。“撒哈拉”的原意是“生命的绿洲”，那里曾是一个雨量充沛、河川涌流、溪涧潺潺、草木繁茂的千里沃野，早期有人类定居，并为后人留下了珍贵的石刻和岩画。这些石刻和岩画以生动写实的风格，向后人描绘了5000年前撒哈拉水草丰美的草原环境。但如今的撒哈拉早已失去昔日的绿洲风采，成为满目凄凉的大沙漠。据研究，早期这里的人类过度毁林开荒、无节制放牧等自毁家园的行为使原有的生态平衡遭到了破坏，后来气候逐渐恶劣，风沙肆虐，慢慢就变成了茫茫沙漠。

古地中海文明（又称欧洲海洋文明）。地中海地区是西方文明的发源地。历史上的一段时期，沿地中海的一些国家曾呈现出一种进步而又生机勃勃的文明。如今，除了很少几个国家比较发达外，其他的都沦为20世纪世界上相对贫困落后的地区，其中有些国家现在的人口也仅有先前的1/2或者1/3。地中海地区多数国家的文明兴衰过程非常相似：起初，文明在大自然漫长的岁月造就的肥沃土地上兴起，持续进步达几个世纪，随着开垦规模的扩大，越来越多的森林和草原植被遭到毁坏，富于生产力的表土随之遭到侵蚀、剥离和流失，损耗了作物生长所需的大量有机质营养，于是农业生产水平日趋下降。随着土地生产力的衰竭，它所支撑的古文明逐渐衰落。

通过对人类文明兴衰史的考察发现，人类早期文明的形成与良好的生态环境密不可分。良好的生态环境孕育着人类文明，而文明的发展也必然伴随着某种生态环境机制，并在与生态环境的相互作用中不断得以演进。上述文明古国和民族的兴衰说明，在漫长的农业社会，由于人类落后的观念和有限的改造自然的能力，生态环境一度遭到破坏，并在文明孕育和集中的地方产生了极其严重的社会后果，从而使璀璨的文明“香消玉殒”。在这一意义上说，一部人类文明史可谓是一部人与自然环境的矛盾关系史。

恩格斯在考察古代文明的衰落之后，针对人类破坏生态与环境的恶果，曾经指出：“美索不达米亚平原、希腊、小亚细亚以及其他各地的居民，为了得到耕地，毁灭了森林，但是他们梦想不到，这些地方今天竟因此成为不毛之地，因为他们使这些地方失去了森林，也失去了水分的积聚中心和贮藏库。阿尔卑斯山的意大利人，当他们在山南坡把那些在北坡被得到精心保护的枞树林砍光用尽时，没有预料到，这样一来，他们把他们区域里的高山畜牧业的基础给摧毁了；他们更没有料到，他们这样做，竟使山泉在一年中的大部分时间内枯竭了，而在雨季又使更加凶猛的洪水倾泻到平原上。”[①] 过度放牧、过度砍伐、过度垦荒和盲目灌

① 《马克思恩格斯文集》第9卷，人民出版社2009年版，第560页。

溉、盲目种植等，让植被锐减、洪水泛滥、河渠淤塞、气候失调、土地沙化、生物入侵、疾病流行……生态惨遭破坏，它所支撑的生活和生产也难以为继，并最终导致了文明的衰落或中心的转移。

美国学者弗·卡特和汤姆·戴尔在他们合著的《表土与人类文明》中，考察了历史上20多个古代文明的兴衰过程，得出的结论是：绝大多数地区文明的衰落，皆缘于赖以生存的自然资源受到破坏。一个民族无论多么强盛，只要在短时间里耗掉自己的资源，特别是表土资源，衰落是必然的。因此，他们的研究给世人留下了强烈的警示：即使是人类最早采用的“刀耕火种”的农业技术，通过砍伐与焚烧森林，破坏地球上的植被，同样会使千里沃野变成山穷水尽的荒凉土地。由于乱砍滥伐，改变了许多物种在地球上的分布与性质，改变了生物圈的面貌，使地球生态系统失衡，失去了生命支撑能力。从总体上讲，农业文明强调对自然的顺应，但从农业生产的性质和农业发展的历史看，农业文明也是人类对生态系统的第一次破坏。对此，卡特等人通过引用一句简洁的话，即“文明人走过的足迹，只留下一片荒漠”[①]，形象地勾画了人类社会历史发展的轮廓。

习近平总书记在强调生态与文明的关系时指出：“生态兴则文明兴，生态衰则文明衰。”生态环境是人类生存和发展的根基，也是中华民族生存和发展的根基，生态环境变化直接影响着人类文明的兴衰演替。文明古国因生态环境衰退而衰落，我国一度辉煌的楼兰文明也被埋藏在万顷沙漠之下。以史为鉴，这些惨痛的教训启示我们，要实现中华民族永续发展，必须高度重视生态文明建设。

第二节　工业革命后的生态环境问题

历史上早期的生态环境问题多是局部性的，而世界性的生态环境问题主要发生在18世纪60年代第一次工业革命之后。随着社会的进步和科学技术的发展，人类开发利用自然资源的能力不断提高，社会生产力以

① 弗·卡特、汤姆·戴尔著，庄峻、鱼姗玲译：《表土与人类文明》，中国环境科学出版社1987年版，第3页。

裂变的速度向前发展，把人类社会从农业时代推进到工业化时代。对此，马克思和恩格斯在《共产党宣言》中写道："资产阶级在它不到一百年的阶级统治中所创造的生产力，比过去一切世代创造的全部生产力还要多，还要大。自然力的征服，机器的采用，化学在工业和农业中的应用，轮船的行驶，铁路的通行，电报的使用，整个整个大陆的开垦，河川的通航，仿佛用法术从地下呼唤出来的人口——过去哪一个世纪料想到社会劳动里蕴藏有这样的生产力呢？"①

始于18世纪末叶的工业革命，现代史学家把它看成人类历史或南北差距的分水岭，同样人们也把这场革命视为人类环境污染史的分水岭，因为生产力的快速发展不但深刻改变了人们的生产生活方式，同时也彻底改变了人与自然的关系。

工业革命首先在英国兴起，经过整个19世纪到20世纪初，欧洲其他国家、美国和日本相继经历并实现了工业革命，最终建立以煤炭、冶金、化工等为基础的工业生产体系。这是一场技术与经济的革命，也是近现代全球生态环境问题的开端。燃料消耗急剧增加，地下矿藏被大量开采和冶炼，工业快速发展，进而推动农业大发展。同时，由于自然资源遭受不合理的开采以及工农业大发展生产和使用的大量农药、化肥和其他化学品，造成大量生产性废弃物（废水、废气、废渣）及生活性废弃物不断增加，严重污染了大气、水、土壤等自然环境，使正常的生态环境遭受破坏，人们的生活环境质量逐步下降，直接威胁着人类的健康。

以英国工业革命为例，在近100年的时间里，英国工业得到飞速发展，创造了巨大的财富，最早实现了工业化和城市化，由此打开了现代化的大门，确立了"世界工厂"地位，成为早期的工业强国。但是，英国在享受荣誉与辉煌的同时，却付出了严重的环境污染代价，主要表现在以下几方面。

一、河流污染

英国城市河流污染早在12世纪就已出现，主要由塔维斯托克居民向塔维河倾倒垃圾引起，但真正形成公害则是在英国工业革命之后。为适

① 《马克思恩格斯选集》第1卷，人民出版社1972年版，第256页。

应生产力的发展需求，工业革命初期，因为水力是动力，工厂多设在水急湍流的河边，大量工业污水和废料便直接进入河流。这些河流一旦流经城市，就造成了城市环境污染。蒸汽机发明后，工厂向城市转移，工厂更集中、排污量更大，城市河流污染急剧加重。

恩格斯在《英国工人阶级状况》一书中描述："这条河像一切流经工业城市的河流一样，流入城市的时候是清澈见底的，而在城市另一端流出的时候却又黑又臭，被各色各样的脏东西弄得污浊不堪了。住房和地下室常常积满了水，不得不把它舀到街上去；在这种时候，甚至在有排水沟的地方，水都会从这些水沟里涌上来流入地下室，形成瘴气一样的饱含硫化氢的水蒸气，并留下对健康非常有害的令人作呕的沉淀物。在1839年春汛的时候，由于排水沟沟水外溢竟产生了非常有害的后果：根据出生死亡登记员的报告，本城该区本季度的出生和死亡之比是二比三，而本城其他区域同一季度内的比率却恰好相反，即出生和死亡之比是三比二。"①

从污染的结果看，污染程度更严重。泰晤士河三文鱼在19世纪30年代后期因河水被污染而消失。1878年"爱丽丝公子"号游船在下水道口沉没时，造成640人死亡，其中许多人并非淹死，而是被河水毒死。污染的河水在一天内不同时段会发生颜色的变化，"早上8点是橙色，并伴有18英尺的泡沫溢出河面，中午就呈黑色"②；1830年，仅泰晤士河就接纳了400余条污水沟的污染。总之，从工业革命开始到20世纪50年代，英国河流污染范围不断扩大，几乎所有城市和地区的河流都受到严重污染。

二、大气污染

蒸汽机使英国工业生产摆脱了水力束缚，但煤炭的燃烧所产生的大量烟尘和其他污染物又造成了城市上空浓烟滚滚。工业革命以前，英国被称为"快乐的英格兰"，其中就包括空气的清洁和自然环境的优美。但工业革命后，这个山静林幽、碧水蓝天的农业—乡村社会逐渐变成了嘈

---

① 恩格斯：《英国工人阶级现状》，人民出版社1956年版，第76—77页。

② 汪烽：《工业革命以来英国城市河流污染及其防治措施研究》，《赤峰学院学报》2015年第12期。

杂纷扰、烟囱林立的工业—城市世界。有学者指出："煤烟曾折磨大不列颠100多年之久，以烟煤为燃料的城市，包括伦敦、曼彻斯特、格拉斯哥等，在未能找到可替代的燃料之前，无不饱受过数十年的严重的大气污染之苦。"[①] 研究表明，20世纪50年代以前，英国城市空气的主要污染物是煤烟、酸性气体和各种难闻的气味。其中，煤烟是最主要的污染物，它来自各类工厂和家庭炉灶所燃烧的煤炭。煤炭又是工业和交通运输业的"粮食"，是工业化时代多种工业部门的热源和能源。由于需求的增长和生产技术的革新，工业革命以来，英国煤产量和消费量不断上升。据估计，1800年，英国的煤产量达1000万吨左右。此后，煤产量每10年增长1倍，到1913年，达28700万吨的高峰。

当时，衡量城市大气污染的指标有两个：一个是城市的日照程度。例如1881—1885年，每年12月和1月，伦敦市中心所能见到的明媚阳光不足牛津、剑桥、莫尔伯勒和盖尔得斯通等四个小乡镇所享有阳光的六分之一。另一个是以每平方英里所沉降物的固体重量来衡量空气是否洁净。所选择的标准是矿泉疗养地莫尔文的固体沉降物数量。1914—1916年，莫尔文每平方英里平均月沉降物达5吨，那里的空气被认为是令人舒畅的。按照莫尔文的标准，英格兰大城镇的居民呼吸的是含有大量污染物的空气，因为同一时期，谢菲尔德的工业郊区阿特科里夫每平方英里的月固体沉降物达55吨，伦敦和曼彻斯特分别是38吨和32吨。

除煤烟以外，在英国一些城市还存在着其他对健康有害的污染物，例如酸性物质和其他各种各样难闻的气味——effluvia（恶臭）。19世纪，酸性释放物引起的污染主要发生在英国重化工业的最大部门——碱制造业中。当时，英国碱业生产集中在朗科恩、威德尼斯和圣·海伦斯等地，主要产品是苏打（碱）或碳酸钠，使用的是路布兰制碱工艺。制碱过程中生成的有害副产品——盐酸（氢氯酸）和硫化钙，在化合时又会释放臭鸡蛋味似的硫化氢，有时臭味会扩散到很远的地方，直到20世纪50年代初，这些城市的空气依然让人感到刺鼻。

除了源自上述的无机物质污染，这些气味还产生于人的排泄物以及

① 李明超：《工业化时期英国的城市社会问题及初步治理》，《管理学刊》2011年第6期。

各种生活垃圾等有机物质。19 世纪英国的市镇建设十分落后，虽然盥洗室早在伊丽莎白一世时代就已发明出来，其间还在不断完善，但由于英格兰城市长期缺乏总排水系统和固定管道输水供应设施，这一发明迟迟未能真正发挥作用。在伦敦，到 1864 年下水道干线还未完成，多年之后盥洗室仍未能充分取代传统卫生间。在利兹，19 世纪 60 年代，厕所和粪坑的数量是盥洗室的三倍。人的排泄物、生活垃圾与动物的粪便一起堆在粪堆上或垃圾坑里。在城市，将大粪晒干经硫酸处理后制成混合肥料的生意相当普遍，其生产过程中释放的气体奇臭无比。

长期以来，在烟尘、硫氧化物等有害有毒物质的作用下，英国城镇一直烟雾腾腾，著名作家狄更斯曾借笔下的一个人物之口，将笼罩伦敦街道上空的浓雾称为“伦敦的特色”。伦敦一度也被世人称为“雾都”，狄更斯的名著之一《雾都孤儿》由此蜚声于世，给人留下深刻印象。其实，那时“滚滚浓烟”绝非伦敦所独有，而是英国城市的共同特征。例如，谢菲尔德与英格兰的东北部，作为英国主要的煤矿和钢铁制造中心，就曾以空气污染而臭名远扬①。

三、森林破坏

英国森林滥伐问题具有较长的历史。不列颠南部的木材出口贸易从 14 世纪开始兴盛，一直持续到亨利八世时期，每年约有 600 艘船运载木材到英国的加莱属地，埃塞克斯郡的木材出口到法国的布伦港。从 16 世纪开始，经济社会发展对森林资源的需求空前增加，当时煤的开采十分有限，蓬勃发展的乡村工业——冶铁业等主要能源材料是木炭，对森林资源消耗很大，冶炼一吨铁需要 12 公顷的森林一年所产出的树木。

与此同时，海洋贸易的发展和海上霸权的争夺又促进了造船业的迅速发展，从而对木材的需求急剧增加，森林一度成为近代早期英国经济社会发展的关键性资源，以致有学者将这一时期称作“木质时代”。正是在这一特殊的历史时期，对森林资源的破坏达到了前所未有的程度。

另外，受近代早期圈地运动的影响，大量森林、沼泽等荒地被圈占，

---

① 梅雪芹：《工业革命以来英国城市大气污染及防治措施研究》，《北京师范大学学报》（人文社会科学版）2001 年第 2 期。

对牛羊牧场的贪婪追逐使得此前 30 年间大量树木被连根拔起。史料显示，1600—1790 年间，诺福克经历了农业革新和繁荣，却丧失了 3/4 的林地。然而，当时大部分人尤其是农学家，对这种乡村景观变迁却持一种肯定和赞同的态度，如 17 世纪的农学家沃尔特·布利斯写道："华威郡的西部、伍斯特郡的北部、斯坦福德郡、什罗普郡、德比郡以及约克郡的森林地带如今被圈占，变成景色可观的谷物之乡。"[①] 事实证明，圈地运动不仅让许多农民背井离乡、流向城市，成为一无所有的工厂工人，而且还是一个与树争地、与水争地的过程，对森林、沼泽地的开垦，大大减少了森林资源。

总之，英国工业的发展、海上力量的兴起以及农牧业的扩张，均依赖于对土地及自然资源的索取和利用，消耗了英国大量的森林资源。到 18 世纪，凡有过森林的地方，已差不多消耗尽净了。16 世纪初，英格兰至少有 400 万英亩林地，埃平森林和阿尔丁地区的大片森林、舍伍德森林、迪恩森林、威奇伍德森林以及其他享有盛誉的林地，都曾经真实存在着，1688 年只余下 300 万英亩。1800 年英格兰与威尔士的林地总共不超过 200 万英亩。诗人迈克尔·德雷顿在长诗《多福之国》中哀叹近代早期不列颠岛森林的消失，被称作英国版的"寂静的春天"。威廉·哈里森在《英国纪事》一书中写道，伊丽莎白时期整个英格兰和威尔士的森林面积急剧下滑，以至于"有人骑马飞驰十几英里也看不到一片森林"。

森林面积的减少，大大降低了英国环境的自净能力，带来了一系列严重的生态后果，原来栖息于森林的野生动物数量明显减少，甚至走向了灭绝。1730 年英格兰最后一只狍鹿死亡，松鸡灭绝的时间大致在 1770 年，苏格兰红松鼠于 1810 年灭绝。对此，马克思和恩格斯曾说，"文明和产业的整个发展，对森林的破坏从来就起很大的作用，对比之下，对森林的养护和生产，简直不起作用"，"欧洲没有一个文明国家没有出现过无林化"[②]。

---

① 李鸿美：《崛起的代价：16—18 世纪英国森林的变迁》，《历史教学（下半月刊）》2017 年第 4 期。

② 李鸿美：《崛起的代价：16—18 世纪英国森林的变迁》，《历史教学（下半月刊）》2017 年第 4 期。

四、疾病流行

英国工业革命期间，经济与城市的飞速发展带来了一系列环境恶化的负面影响，文学家狄更斯的著名小说《荒凉之屋》对此作了深刻而形象的描写：“处处弥漫着雾。从绿洲和草原流出的小河上，笼罩着的是雾，雾还掩盖着河的下游，那里聚积着肮脏城市和停泊小船倾出的污物。笼罩在埃塞克斯的沼泽上，笼罩在肯狄施的高地上，雾覆盖在车场上，还飘荡在大船的帆桅四周……雾飘进格林威治退休老人的眼睛里和咽喉里，使他们在炉旁不断地喘息。”恶劣的生活环境加剧了疾病的流行。虽然不少疾病古已有之，但一般却是在工业革命时期集中暴发。污浊的空气增加了肺结核的发病率和致死率，“城市的建筑本来就阻碍着通风。呼吸和燃烧所产生的碳酸气，由于本身比重大，都滞留在房屋之间，而大气的主流只从屋顶掠过。住在这些房子里面的人得不到足够的氧气，结果身体和精神都萎靡不振，生活力减弱”①。在 19 世纪末，英格兰和威尔士因患肺结核造成的死亡率达到 2.22‰，英国伦敦患儿医院对 1420 名死亡儿童的尸体进行解剖，发现有 45%的死因是肺结核，而其中 80%来自工人阶层。在伦敦工会 1883 年的报告中，有 1/3 的工人死于肺结核。同时，呼吸系统疾病死亡率激增，在 1880 年、1891 年和 1892 年的三次烟雾事件中，死于支气管炎的人数分别比正常时期高出 130%、160%和 90%，1952 年的伦敦烟雾事件在 4 天内就有 4000 多人死亡。此外，最为严重的是，原始的排污方式引发了霍乱的大规模爆发。19 世纪，英国的城市人口已超过百万，粪坑的数量已经达到了二十多万。排泄物混合着污水，使得先前的粪坑无法容纳，1815 年，城市居民得到许可，将污水排泄管道直接连接到原本应该排放雨水的下水道里，结果巨量的排泄物混杂着未经处理的生活废水、工业废水被一起排放到了泰晤士河里，泰晤士河逐渐被污染，而居民长期把高污染的河水作为生活用水，从而引发了大规模霍乱的暴发。据统计，19 世纪，伦敦共暴发 4 次大型霍乱。1831 年，伦敦暴发了第一次霍乱疫情，共有 6336 人死亡；1848—1849 年间，有 1473 名居民死亡；1853—1854 年，有 10783 人死亡。由此可

① 恩格斯：《英国工人阶级状况》，人民出版社 1956 年版，第 139 页。

知，工业革命在创造巨大财富、建立现代大工业生产方式的同时，给环境造成了严重破坏。新兴工业城市不断涌现，人口大量集聚，街道上处处是垃圾，排水设施不畅，特别是工人集中居住的地方环境更加恶劣。对此，空想社会主义思想家欧文目睹之后曾明确指出："工业革命给英国社会带来了一个有害的环境，除了在生产关系上存在着两个阶级的压迫和分裂对立这样的社会环境之外，还包括生态环境的恶化。特别是在这些新的工业城市中，劳动人民的生活环境更加恶劣。"①

20世纪70年代以来，环境污染已成为西方国家一个重大的社会问题，公害事故频繁发生，病患者和死亡人数大幅度上升，这一时期被称为"公害泛滥期"。这一切表明，在20世纪60—70年代，当西方国家经济和物质文化空前繁荣之时，对大自然的污染和破坏也在不断加剧，人们生活在一个缺乏安全、危机四伏的环境之中。

早在19世纪，马克思、恩格斯在分析资本主义的生产方式及其发展的基础上，就向人类发出了警告："不以伟大的自然规律为依据的人类计划，只会带来灾难。"② 恩格斯还强调："我们不要过分陶醉于我们对自然界的胜利。对于每一次这样的胜利，自然界都报复了我们。每一次的胜利，起初确实取得了我们预期的结果，但是往后和再往后却发生完全不同的、出乎预料的影响，常常把最初的结果又消除了……因此我们每走一步都要记住：我们决不像征服者统治异族人那样支配自然界，决不像站在自然界之外的人似的去支配自然界——相反，我们连同我们的肉、血和头脑都是属于自然界和存在于自然界之中的；我们对自然界的整个支配作用，就在于我们比其他一切生物强，能够认识和正确运用自然规律。"③ 实践证明，人类对大自然的伤害最终会伤及人类自身，只有尊重自然规律，才能有效达到利用自然和改造自然的目的。对此，习近平总书记针对我国目前环境现状和建设生态文明的要求，反复强调正确处理生态环境保护和发展的关系，坚持走可持续性发展之路。

---

① 李宏图：《英国工业革命时期的环境污染与治理》，《探索与争鸣》2009年第2期。
② 《马克思恩格斯全集》第1版第31卷，人民出版社1998年版，第251页。
③ 《马克思恩格斯文集》第9卷，人民出版社2009年版，第559—560页。

第三节　新中国成立后我国的生态环境问题

新中国成立后，我国生态环境问题的出现有其特殊的背景与原因，具体可分四个阶段：1958年大炼钢铁和人民公社运动阶段；1959—1961年三年困难时期；20世纪80年代包产到户阶段；改革开放以来工业化发展阶段。

一、1958年大炼钢铁和人民公社运动阶段

20世纪50年代，以美国为首的资本主义发达国家对我国实行了政治孤立、经济封锁、军事威胁。在此背景下，我国难以从容地经历由轻工业、基础工业到重工业的发展转变，只能借鉴苏联模式优先发展重工业，把轻工业和农业放在次要的位置。历史上，我国作为一个发展中国家，曾失去两次工业革命的重大机遇，这是近现代我国落后挨打的根本原因。新中国成立后，适逢第三次工业革命发生，而当时新中国刚成立，基本上一穷二白。1956年党的八大明确提出："我们国内的主要矛盾，已经是人民对于建立先进的工业国的要求同落后的农业国的现实之间的矛盾，已经是人民对于经济文化迅速发展的需要同当前经济文化不能满足人民需要的状况之间的矛盾。"对此，1957年11月，我国提出要用15年左右时间在钢铁等主要工业品的产量方面赶上和超过英国。于是，在"以钢为纲，全面跃进"的口号下，钢铁生产指标越提越高。北戴河会议正式决定并宣布1958年钢产量为1070万吨，比1957年翻一番，号召全党全民为此奋斗，开展空前规模的大炼钢铁运动①。当时，人民群众建设社会主义积极性很高，全国各地片面追求高速度、高产量，你追我赶，土法上马，到处布满了土炉子，几千万人围绕着这些土炉子一片忙乱，到处是狼烟滚滚，火光冲天，许多地区的山林遭到严重破坏，大片农田被毁，"大跃进"运动迅速在全国各地展开。与此同时，农业方面提出了"以粮为纲"，制订了不切实际的粮食生产计划，农村中开始大办"一大二公"的人民公社。在"人定胜天""人有多大胆，地有多大产"口号的影响

---

① 许银娟：《北戴河会议（1958年）》，新华网，2011年4月20日。

下，许多地方出现了“围湖造田”“开山伐木”等行为，并把它当作与自然斗争的社会主义伟大成就，致使生态多样性遭到破坏。由此看出，20世纪50年代以来我国出现的环境问题，主要是由于缺乏基础、急于实现社会主义现代化，盲目改造自然造成的。

二、1959—1961年三年困难时期

三年困难时期，指中国从1959年至1961年期间由于自然灾害以及“大跃进”运动所导致的全国性的粮食和副食品短缺危机。从气象、水文、农业、民政和统计部门记录的原始资料看，这是新中国成立以来第一场连续多年的严重干旱灾害。从干旱灾害的延伸和转移看，影响我国农业生产的严重干旱灾害，大致延续了四年，从1959年夏秋至1960年夏以黄河流域、西南、华南为主；1961年春夏秋以华北平原、长江中下游连续干旱为主；1962年春夏秋以黄河流域、东北的干旱为主。从宏观角度看，主要集中在1959—1961年的特大干旱，经历了一个发展、高峰、减弱的过程。这次灾害“受灾范围之大，在五十年代是前所未有的”，受灾面积达4463万公顷，成灾（收成减产30%以上）面积1373万公顷①。主要集中在粮食主产区河南、山东、四川、安徽、湖北、湖南、黑龙江等省，占全国成灾面积的82.9%，而且各种灾害交替出现，除旱灾、霜冻、洪涝外，还出现了新中国成立以来不多见的蝗灾、虫灾、鼠灾，对粮食生产影响十分严重。

针对三年困难时期产生的原因，1981年，中共中央《关于建国以来党的若干历史问题的决议》指出：“主要由于‘大跃进’和‘反右倾’的错误，加上当时的自然灾害和苏联政府背信弃义地撕毁合同，我国国民经济在一九五九年到一九六一年发生严重困难，国家和人民遭到重大损失。”从中可以看到，三年困难时期源自多种因素，既有自然因素，也有人为因素；既是一次粮食危机，也是一次生态危机。

三、20世纪80年代包产到户阶段

改革开放后，为调动农民的生产积极性，1980年9月，中央下发《关于进一步加强和完善农业生产责任制的几个问题》，肯定了生产队领

① 《1949—1995中国灾情报告》，中国统计出版社1995年版，第378页。

导下实行的包产到户。一时间，农民的生产积极性被快速调动起来。但由于地方和个人利益的驱动，一些水利设施遭到破坏，化肥农药广泛使用，江河湖泊的富营养化日益严重，土地的有机质含量逐年下降，土壤板结和退化问题突出。为了获得更多的土地与收成，一些地方的农民甚至不惜一切毁林开荒。

另外，随着农业经济结构的调整，乡镇企业雨后春笋般成长起来，"以农业为主的淮河流域，出现了大量以农产品深加工为主的乡镇企业，如酿造、食品制作、造纸和皮革加工等，这些企业造成淮河下游水体严重污染。1978年3月，淮河流域春旱，上游来水减少，为保证淮南发电厂用水，淮河干流最大的节制闸——蚌埠闸从下游向上提水。下游污水严重污染蚌埠段河面，污染物超标50倍到100倍，许多用水企业被迫停产，造成巨大经济损失。到汛期，上游来水恢复，同时带来污水下排，再度造成淮河干流中下游重度污染"①。在之后的一些年段，中国的环境问题由点到面，日益严重。

四、改革开放以来工业化发展阶段

20世纪80年代，是我国工业化的新起点。国企改革加快了工业化进程，国民经济实力日益增强，与此同时，我国环境保护与经济发展矛盾日益突出，至"十五"期间，生态问题开始严重。2003年教育部颁布的《中小学环境教育实施指南》中列举了十大生态问题，基本反映了"十五"期间的生态环境情况，这十大环境问题主要分为两大类。

第一类是生态恶化：

一是水土流失日益严重。"现在，全国的水土流失面积已经达到了67万平方公里，约占国土面积的8%。"②

二是荒漠化土地不断扩大。全国荒漠化土地面积已达到国土陆地面积的27%，且每年还以2460平方公里的速度扩展。

三是大面积的森林被砍伐。天然植被遭到破坏，大大降低其防风固沙、蓄水保土、涵养水源、净化空气、保护生物多样性等生态功能。

---

① 偶正涛：《暗访淮河》，新华出版社2005年版，第39页。

② 国家环境保护总局：《中国环境公报》（2001），《中国环境报》2002年6月22日。

四是草地“三化”（退化、沙化、碱化）面积逐年增加。据国家环境保护总局有关负责人指出：“2000 年全国生态环境质量评价结果显示，中国天然草原面积约占国土面积的四成一，但有 90%的天然草原出现不同程度的退化，退化、沙化草原已成为中国主要的沙尘源；虽然约有四成的自然湿地得到有效保护，但天然湿地大面积萎缩、消亡、退化仍很严重。”① “据西藏地勘局的调查资料显示，1991 年至 2005 年的 14 年间，长江源头的冰川退缩了 750 米。”② 而退缩后的地带又将导致荒漠化。

五是生物多样性受到严重破坏。生物物种加速灭绝。我国已有 15%—20%的动植物受到威胁，高于世界 10%—15%的平均水平。另外，大面积种植单一的树种也使生物多样性受到威胁。

第二类是环境污染：

六是水体污染加剧，淡水资源严重短缺，同时现有水资源利用不合理。我国人均水资源占有量仅为世界人均占有量的 1/4，加上水资源在时间和空间上分布的不均匀性，水资源短缺的矛盾十分突出。我国七大水系普遍受到不同程度的污染。2001 年，七大水系污染由重到轻的顺序依次是：海河、辽河、淮河、黄河、松花江、长江和珠江③。

七是大气污染严重。污染造成的酸雨面积逐渐扩大，南方多数城市出现酸雨，成为世界三大酸雨区之一。“全世界有三大著名的酸雨区，一个在北美的五大湖地区，一个在北欧，另一个就在中国。1998 年我国竟有 7 个城市因大气质量被列入世界十大污染城市之中，可见问题之严重。”④

八是城市生活垃圾“白色污染”和固体污染物污染日益突出，垃圾包围城市现象明显增加。“我国垃圾堆放占用耕地 5 亿平方米，有 220 多个城市处在垃圾包围中。随着家用电器的使用，我国的电子垃圾越来越多，这些电子垃圾中的一些重金属有害物质，如果不能得到安全处置，

---

① 郑惊鸿：《国家环保总局首次对外发布〈中国生态保护〉：生态环境恶化趋势仍未获有效遏制》，《农民日报》2006 年 6 月 5 日。

② 朱志胜：《长河源头危难，母亲河告急》，《环境教育》2006 年第 10 期。

③ 国家环境保护总局：《中国环境状况公报》（2001），《中国环境报》2002 年 6 月 22 日。

④ 国家科技教育领导小组办公室：《科技知识讲座文集》，中共中央党校出版社 2003 年版，第 50 页。

将会给环境造成污染，危害人民的身体健康。”①

九是城市噪音扰民普遍。由于城市建设发展的加快，城市噪音污染日益加重。城市噪音的来源主要有两个，一个是来自各种建筑工地施工机械的噪音，另一个是由于城市交通发展加快，各种车辆产生的噪音。这两种噪音的叠加，更加重了城市噪音污染，从而影响人们的正常生活和健康。

十是放射性污染与电磁辐射形势严峻，对人类健康存在潜在威胁。主要来自人工放射性物质的放射性污染对人体健康有较大的影响和危害。人们普遍使用的电子产品产生的电磁波则会杀伤或杀死人体细胞，对人体的健康造成伤害。

“十一五”期间，经济增长速度依然较快，总体来说，相对“十五”期间，“十一五”期间中国的生态和环境变化态势是稳中有好，环境质量基本保持平稳状态，生态恶化趋势初步得到遏制，某些区域的少数指标开始转好。不过还应该看到，尽管环境保护和生态建设取得了较大成绩，环境质量仍有四个方面问题比较突出：其一是地表水的污染依然严重，七大水系水质总体为中度污染，湖泊富营养化问题突出，近岸海域水质总体为轻度污染；其二是部分城市空气污染仍然较重，重点城市未达到空气质量二级标准的比例较高，城市空气质量优良率天数没有很大的提高；其三是农村环境问题日益突出，生活污染加剧，面源污染加重，工矿污染凸显，饮水安全存在隐患，农村环境呈现出“小污易成大污，小污已成大害”的局面；其四是中国依然是一个“缺林少绿”的国家，全国荒漠化土地面积高达263.62万平方公里，森林覆盖率仍未达到世界平均水平。而且，值得警惕的是，在中国人群总体健康水平显著提高的大背景下，“十一五”期间一些与环境污染相关的疾病患病率或死亡率出现了持续上升趋势。从与已知历史情况的比对中可以发现，中国已进入环境污染导致健康损害高发期——既有突发性环境污染事故导致的健康损害（如陕西凤翔血铅污染事件、湖南浏阳镉污染事件），也有慢性累积效应导致的健康损害（如农村局部地区癌症高发、某些省出生缺陷发生率

① 张凯：《当代环境保护》，中国环境科学出版社2006年版，第21页。

有所上升等)[①]。

“十二五”期间是中国环境保护的关键时期，面临着实现全面建成小康社会环境目标的最后机会，生态环境变化趋势仍比较复杂，问题依然突出，风险有增有降，主要表现在：

其一，环境质量风险。(1) 水污染：有所控制，但难以根本解决；(2) 空气污染：改善与加剧并存，雾霾成为环境问题的代表性标志；(3) 土壤污染：总体不乐观，潜在风险日益积累；(4) 农村环境污染：呈一定扩大之势；(5) 生态退化：自然系统的生态功能有所下降。

其二，人群健康风险。虽然目前的科学研究和调查还没有直接得到关于污染程度对健康的定量影响，但环境污染所引起的人群健康风险持续上升。根据 2012 年世界银行发布的报告，2009 年中国因大气颗粒物 PMIO（指在我国城市大气污染的首要污染物，即可吸入颗粒物，粒径≤10 微米）污染引发公众发病和过早死亡造成的健康损失占国内生产总值的 2.8%。专家表示，越来越多的流行病学研究表明，空气污染与人群肺癌发病/死亡率的升高存在显著关系。

其三，社会稳定风险。社会稳定是中国高度重视、压倒一切的治理目标。过去社会稳定问题主要是由拆迁、治安等事件引起，近年来由环境问题引起的社会稳定问题有所增加。这种情况的实质是环境问题的后果由不同的人群承担，增大了社会不公正性，引发了社会群体事件。2005 年以来环保部直接接报处置的环境事件共 927 起，重特大事件 72 起。之后几年环境污染事件或事故明显增多，例如：云南铬渣污染事件，广西龙江河镉污染事件，安徽怀宁、浙江德清、广东紫金、湖南衡阳血铅超标，豫鲁交界徒骇河水污染事件，浙江建德交通事故致苯酚泄漏事件，浙江杭州笤溪饮用水水源水质异常，大连、昆明群众抗议化工 PX 项目环评事件，四川什邡市群众反对铜钼建设项目，广西南宁居民抗议垃圾场恶臭等等。

其四，生态安全风险。广义的生态安全概念以国际应用系统分析研究所（IIASA，1989）提出的定义为代表，指在人的生活、健康、安乐、

① 国务院发展研究中心“十二五”规划研究课题组：《中国环境现状及其“十二五”期间的战略取向》，《改革》2010 年第 2 期。

基本权利、生活保障来源、必要资源、社会秩序和人类适应环境变化的能力等方面不受威胁的状态，包括自然生态安全、经济生态安全和社会生态安全，组成一个复合人工生态安全系统。狭义的生态安全是指生态系统的完整性和健康的整体水平，尤其是指生存与发展的不良风险最小以及不受威胁的状态[①]。生态安全如同交通安全一样是人类活动应该达到的基本要求，是最低的生态环保要求。

其五，区域平衡风险。区域平衡风险是指区域生态安全格局被打破，原来生态环境比较好的地区出现环境退化的趋势。主要由于资源开发和产业转移的规模和强度越来越大，区域内发展与环境之间、人与自然之间平衡失调造成的生态环境问题。例如，由于经济结构和总量因素，长江和珠江等流域的污染物排放量与环境承载力之间的缺口进一步加大，农村地区生产生活污染出现加重和蔓延的态势，“黑三角”“锰三角”等集中性区域资源破坏和环境污染触目惊心。据有关部门 2011 年对中部省区的调查，部分地区并未真正贯彻落实“环保优先”原则，降低了环境准入门槛，接纳了许多经济发达地区淘汰掉的高污染、高能耗项目。某省沿海 80%左右的在建项目为化工、医药中间体、农药、冶金、造纸、氯碱、印染、钢铁等重污染行业。沿海开发过程中，盲目大干快上了一批“两高一资”项目。近来，国家注重区域平衡发展，大力推动欠发达地区采取集聚式发展方式加快追赶步伐，建立了很多示范区、试验区、发展带等。在此过程中，生态环境风险又成为新的挑战。工业园区是近年来各地招商引资发展经济的主要形式之一，其“集中污染”问题一度显现出来。有些沿海化工园区大部分企业隶属农药中间体、医药中间体、精细化工产业，这类企业投资规模小、装备技术含量低、品种变化幅度大、产生的污染物成分复杂、治理难度大、达标接管或排放压力巨大，由此引发的环境矛盾日益突出。

其六，国际影响风险。国际影响风险是指中国在生态环境和气候变化等领域内承受的国际压力，包括国际社会对我国承担国际环保义务的要求、生态环保要求等。

---

① 叶鑫、邹长新、刘国华、林乃峰、徐梦佳：《生态安全格局研究的主要内容与进展》，《生态学报》2018 年第 10 期。

总体看，我国参与全球化过程的不断深化、综合国力的稳步提升及必然产生的重要国际地位，使我国在生态环境领域面临的国际压力将会较快增加。目前，中国温室气体排放总量已居世界前列且还在增加，人均排放量也超过了世界平均水平，由此产生了国际社会要求中国承担更多减排责任。在环境保护上中国是负责任的大国，2020 年已经实现单位国内生产总值二氧化碳排放比 2005 年下降 40%—45%的目标。在目前排放形势下，国际社会对中国提出了更高的减排要求，这给中国的能源结构调整和节能减排增加了更大的压力。2017 年前，国外废物向中国非法转移的问题十分突出，国际上很大一部分电子垃圾进入我国，由此带来土壤和地下水污染等，威胁生态环境安全。同时，外来物种入侵对我国的危害也在加大，据不完全统计，我国已有 500 多种外来入侵物种，常年大面积发生危害的有 100 多种，涉及我国 31 个省市，每年直接经济损失近千亿元①。

目前，全球资源减少、环境恶化的风险依然严峻。以史为鉴，对于大自然，对于我们所处的生态环境，绝不能只讲索取不讲投入、只讲利用不讲修复、只讲发展不讲保护。地球和宇宙是一个极其复杂的生态系统，且没有替代品，人类用之而不觉、失之则不存。从最本质的意义上讲，保护自然环境就是保护人类自己，建设生态文明就是造福人类自己。对此，习近平总书记在强调生态环境重要性时指出：“要像保护眼睛一样保护生态环境，像对待生命一样对待生态环境。”②

① 夏光：《中国生态环境风险及应对策略》，《中国经济报告》2015 年第 1 期。
② 李捷：《学习习近平生态文明思想问答》，浙江人民出版社 2019 年版，第 3 页。

第三章　世界重大环境污染事件与当今面临的重大生态环境问题

第一节　国外重大环境污染事件

20世纪以来，震惊世界的环境污染事件频繁发生，导致众多人群患病、残疾甚至非正常死亡。其中30年代至60年代，最严重的有8起污染事件，称之为“八大公害”；60年代以后，最典型的有“六大污染事故”。

一、八大公害

第一，比利时马斯河谷烟雾事件。指1930年12月发生在比利时境内的急性大气污染事件。马斯河谷是在比利时境内沿马斯河一段24公里长的河谷地带，在马斯峡谷的列日镇和于伊镇之间。这一段河谷地带处于狭长的盆地之中，两侧有近百米的高山对峙。马斯河谷地区是一个重要的工业区，建有大量的炼油、金属冶炼、玻璃、炼锌、电力、硫酸、化肥厂和石灰窑炉等。

1930年12月1日开始，比利时出现反常气候，全境被大雾覆盖，特别是马斯河谷上空出现逆温层，雾层尤其浓厚。气候反常变化的第三天，河谷地段居民开始出现胸疼、咳嗽、流泪、咽痛、声嘶、恶心、呕吐、呼吸困难等不适，呼吸道疾病患病率骤升，同期死亡率增长10多倍，许多家畜也未能幸免。这是20世纪最早记录下的大气污染惨案。

第二，美国洛杉矶光化学烟雾事件。指1940年至1960年间发生在美国洛杉矶的有毒烟雾污染大气事件。洛杉矶位于美国西南海岸，西面临海，三面环山，是一个商业、旅游业都很发达的港口城市，著名的电影业中心好莱坞和美国第一个迪士尼乐园都建在这里。繁荣的经济使人口剧增，早在20世纪40年代城市汽车数量已达250万辆，这些汽车每天大约消耗1100吨汽油，排出大量的碳氢化合物、氮氧化物和一氧化碳。另外，还有炼油厂、供油站等其他石油加工销售企业，所有污染物被直接排放到洛杉矶上空，在强烈的阳光照射下，污染物发生光化学反应，产生剧毒的光化学烟雾。

从40年代初开始，洛杉矶的人们就发现这座城市每年从夏季至早秋，只要是晴朗的日子，城市上空就会出现一种弥漫天空的浅蓝色烟雾，这种烟雾使人眼睛发红、咽喉疼痛、呼吸憋闷、头昏头痛。1943年以后，烟雾更加肆虐，以致远离城市100公里以外海拔2000米高山上的大片松林也因此枯死，柑橘减产。仅1950—1951年，美国因大气污染造成的损失就达15亿美元。1955年，因呼吸系统衰竭死亡的65岁以上老人达400多人。1970年，约有75%的市民患上了红眼病。这是最早出现的新型大气污染事件——光化学烟雾污染事件。

第三，美国多诺拉事件。指发生在多诺拉镇的烟雾事件。多诺拉镇位于美国宾夕法尼亚州匹兹堡市南边30公里处，该镇坐落在一个马蹄形河湾内侧，与韦布斯特镇隔河相对，两边高约120米的山丘把小镇夹在山谷中，狭长的平原上集聚了众多硫酸、钢铁、炼锌等工厂，特殊的地理环境导致污染物不易扩散。

1948年10月26日开始，宾夕法尼亚州西部上空出现连续5天的高压区天气。受此影响，在最低600米的大气层内，由于“热稳定”状态，逆温覆盖了山谷。根据气象报告，城市上空的逆温帽短时间内甚至低于300米，排出的大量烟尘被封闭在山谷内壁和逆温顶部之间。然而，在这种死风状态下，工厂的烟囱却没有停止排放，大气中的烟雾越来越厚，能见度极低，工厂建筑几乎消失在烟雾中。1.4万多居民的小镇有6000人突然出现眼病、咽喉痛、流鼻涕、咳嗽、头痛、四肢乏倦、胸闷、呕吐、腹泻等病症，其中20人很快死亡。

第四，英国伦敦烟雾事件。指1952年12月5日至9日，伦敦上空受高压系统控制，工厂生产和居民燃煤取暖排出的大量废气难以扩散，积聚在城市上空，一时间伦敦市区被黑暗的迷雾所笼罩。马路上几乎没有车，人们小心翼翼地沿着人行道摸索前进。大街上的电灯在烟雾中若明若暗，犹如夜空中的点点星光，直至12月10日，强劲的西风吹散了笼罩在伦敦上空的恐怖烟雾。

当时，伦敦空气中的污染物浓度持续上升，许多人出现胸闷、窒息等不适感，发病率和死亡率急剧增加。在大雾持续的5天时间里，据英国官方统计，丧生者达5000多人，在大雾过去后的两个月内有8000多人相继死亡。

第五，日本水俣病事件。指1956年日本水俣湾由于工业废水排放而导致的水污染事件。水俣湾位于日本熊本县，其外围的不知火海是被九州本土和天草诸岛围起来的内海。那里海产丰富，是渔民们赖以生存的主要渔场。水俣镇是水俣湾东部的一个小镇，有4万多人居住，周围的村庄还居住着1万多名农民和渔民，不知火海丰富的渔产使小镇格外兴旺。

1925年，日本氮肥公司在这里建厂，后又开设了合成醋酸厂。从1932年开始，日本氮肥公司在氮肥生产中使用含汞催化剂。1949年后，这个公司开始生产氯乙烯，1956年产量超过6000吨。与此同时，工厂把没有经过任何处理的废水排放到水俣湾中。

1956年，水俣湾附近发现了一种奇怪的病。这种病症最初出现在猫身上，病猫步态不稳、抽搐，甚至跳海“自杀”，因此被称为“猫舞蹈症”。随后不久，此地也出现了患这种病症的人。患者由于脑中枢神经和末梢神经被侵害，轻者口齿不清、步履蹒跚、面部痴呆、手足麻痹、知觉出现障碍、手足变形，重者经神失常，甚至死亡。当时这种病由于病因不明而被叫做“怪病”，这种“怪病”就是日后轰动世界的水俣病，是最早出现的由于工业废水排放污染造成的公害病。

第六，日本四日市哮喘病事件。指1961年发生在日本东部海岸四日市的大气污染事件。四日市位于日本东部海湾，近海临河，交通方便，是京滨工业区的大门。日本垄断资本看中了四日市是发展石油工业的好地方，于1955年利用战前盐滨地区旧海军燃料厂旧址建成第一座炼油厂，奠定了四日市石油化学工业基础。1959年由昭石石油公司投资186亿日元的四日市炼油厂开始投产，同时在其周围挤满了三菱油化等10多个大厂和100多个中小企业，四日市很快发展成为“石油联合企业城”。然而，石油炼制产生的废气使当地天空终年烟雾弥漫，烟雾厚达500米，其中漂浮着多种有毒有害气体和金属粉尘，使很多人头疼、咽喉疼、眼睛疼、呕吐等。从 1960 年起，当地患哮喘病的人数激增，一些哮喘病患者甚至因不堪忍受疾病的折磨而自杀。到 1979 年 10 月底，当地确认患有大气污染性疾病的患者人数达 775491 人。

第七，日本米糠油事件。指 1968 年在日本北九州市、爱知县一带发生的食品污染公害事件。1968 年 3 月，在日本的九州、四国等地出现几十万只鸡突然死亡事件，其主要症状是张嘴喘、头和腹部肿胀。经检验，鸡饲料中有毒，但由于未查出毒素来源，事情没有得到重视。

1968 年 6 月至 10 月，福岛县先后有 4 家 13 人因患有病因不明的皮肤病而到九州大学附属医院求诊，患者症状为痤疮样皮疹伴有指甲发黑、皮肤色素沉着、眼结膜充血、眼脂过多等，疑为氯痤疮。根据家庭多发性和食用油的使用特点，初步推测与米糠油有关。九州大学医学部、药学部和县卫生部组成研究组，分临床、流行病学和分析组开展调研。临床组在 3 个多月内确诊 112 户 325 名患者，平均每户 2.9 名患者，证实本病有明显家庭集中性。随后全国各地逐年增多（以福岗、长崎两县最多），及至 1977 年已死亡 30 余人。1978 年 12 月，日本有 28 个县正式报告 1684 名患者（包括东京都、京都郡和大阪府）。

经跟踪调查，发现九州大牟田市一家粮食加工公司食用油工厂在生产米糠油时，为了降低成本追求利润，在脱臭过程中使用了多氯联苯液体作导热油。因生产管理不善，多氯联苯混进了米糠油中。受污染的米糠油被销往各地，造成了人员的中毒生病或死亡，生产米糠油的副产品——黑油被作为家禽饲料售出，造成大量家禽死亡。

第八，日本富山“痛痛病”事件。指 1955 年至 1977 年发生在日本富山县神通川流域的镉中毒事件。1955 年，在神通川流域河岸出现了一种被称为“痛痛病”的怪病，起初是腰、背、手、脚等各关节疼痛，随后遍及全身，有针刺般痛感，数年后骨骼严重畸形，骨脆易折，轻微活动或咳嗽都能引起多发性病理骨折，甚至造成死亡。经调查分析，“痛痛病”是河岸的锌、铅冶炼厂等排放的含镉废水污染了水体，使稻米含镉，而当地居民长期饮用受镉污染的河水，食用含镉稻米，致使镉在体内蓄积而中毒致病。截至 1968 年 5 月，共确诊患者 258 例，其中死亡 128 例，到 1977 年 12 月又死亡 79 例。“痛痛病”在当地流行 20 多年，共造成 200 多人死亡。

二、六大污染事故

第一，意大利塞维索化学污染事故。1976 年 7 月 10 日，意大利塞维索伊克梅萨化工厂的 TBC（1，2，3，4-四氯苯）加碱水解反应釜突然发生爆炸。由于当时釜内的压力高达 4 个大气压，温度高达 250 ℃，包括反应原料、生成物以及二噁英杂质等在内的化学物质一起冲破了屋顶，冲入空中，形成一个污染云团，随着风速达 5 m/s 的东南风飘移了约 6 公里，并沉降到面积约 1810 英亩的区域内，造成严重的环境污染，致使多人中毒。工厂周围 8.5 公顷范围内所有居民被迁走，1.5 公里内植物均被填埋，在数公顷土地上铲除掉几厘米厚的表土层。二噁英毒性比 DDT 高出 1 万倍，有致癌和致畸作用。伊克梅萨化工厂爆炸事故发生多年后，当地居民中畸形儿出生率仍居高不下。

第二，美国三里岛核电站泄漏事故。1979 年 3 月 28 日凌晨 4 时，美国宾夕法尼亚州的三里岛核电站第 2 组反应堆的操作室里，红灯闪亮，汽笛报警，涡轮机停转，堆心压力和温度骤然升高，2 小时后，大量放射性物质溢出。6 天以后，堆心温度才开始下降，蒸气泡消失，引起氢爆炸的威胁消除。100 吨铀燃料虽然没有熔化，但有 60％的铀棒受到损坏，反应堆最终陷于瘫痪。事故发生后，全美震惊，核电站附近的居民惊恐不安，约 20 万人撤出这一地区。美国各大城市的群众和正在修建核电站地区的居民纷纷举行集会示威，要求停建或关闭核电站。美国和西欧一些国家政府不得不重新检查发展核动力计划。

第三，墨西哥液化气爆炸事件。1984 年 11 月 19 日 5 时 30 分，墨西哥市圣胡安区郊外的墨西哥国家石油公司的液化石油气储运站，由于管线破裂，释放出大量液化石油气，形成蒸气云后，遇火源爆炸。火球直径达 360 米，4 个球形储罐及 44 个卧式储罐全部遭到破坏，站内设施几乎全部毁坏。爆炸和燃烧波及站区周围 1200 米内的建筑物，毁坏民房约 1400 间，造成约 650 人死亡、6000 人受伤、近 3.1 万人无家可归，财产损失高达 2250 万美元。

第四，印度博帕尔毒气泄漏事故。美国联合碳化物公司于 1969 年在印度博帕尔市建造的博帕尔农药厂，主要生产西维因、滴灭威等农药。其生产原料是一种叫做异氰酸甲酯的剧毒液体，这种液体沸点为39.6℃，极易挥发，只要有极少量在空气中短时间停留，就会使人感到眼睛疼痛，若浓度稍高，就会使人窒息。在博帕尔农药厂的一个地下不锈钢储藏罐里，冷却贮存着这种令人毛骨悚然的剧毒化合物达45吨之多。

1984年12月3日凌晨，农药厂发生了严重毒气泄漏事故，造成2.5万人直接死亡，55万人间接死亡，另外有20多万人永久残疾的人间惨剧。印度博帕尔灾难是历史上最严重的工业化学事故，影响巨大，现在当地居民的患癌率及儿童夭折率，仍然因这场灾难而远高于印度其他城市。

第五，苏联切尔诺贝利核电站事故。切尔诺贝利核事故简称“切尔诺贝利事件”，是发生在苏联的乌克兰共和国切尔诺贝利核电站的核子反应堆事故。1986年4月26日凌晨1点23分，乌克兰普里皮亚季邻近的切尔诺贝利核电厂第四号反应堆发生爆炸。连续的爆炸引发了大火并散发出大量高能辐射物质到大气层中，这些辐射尘涵盖了大面积区域。这次灾难所释放出的辐射线剂量是二战时期广岛爆炸原子弹的400倍以上，辐射危害严重，导致事故后3个月内有31人死亡，之后15年内有6万—8万人死亡，13.4万人遭受各种程度的辐射疾病折磨，方圆30公里内11.5万多民众被迫疏散，共造成经济损失约2000亿美元。该事故被认为是历史上最严重的核电事故，也是首例被国际核事件分级表评为第七级事件的特大事故（第二例是2011年3月11日发生在日本福岛县的福岛第一核电站事故），普里皮亚季城因此被废弃。

第六，德国莱茵河污染事故。1986年11月1日深夜，位于瑞士巴塞尔市的桑多兹化学公司的一个化学品仓库发生火灾，装有约1250吨剧毒农药的钢罐爆炸，硫、磷、汞等有毒物质随着大量的灭火用水流入下水道，排入莱茵河。桑多兹公司事后承认，共有1246吨各种化学品被灭火用水冲入莱茵河，其中包括824吨杀虫剂、71吨除草剂、39吨除菌剂、4吨溶剂和12吨有机汞等。有毒物质形成70公里长的微红色飘移带向下游流去。为防止有毒物质继续向河中排放，翌日，化工厂用塑料堵塞下水道，但8天后，塞子在水的压力下脱落，几十吨有毒物质再一次流入莱茵河，造成莱茵河二次污染。

11月21日，德国巴登市的苯胺和苏打化学公司冷却系统发生故障，又使2吨农药流入莱茵河，致河水含毒量超标200倍。污染带流经河段的鱼类死亡，沿河自来水厂全部关闭，近海口的荷兰把所有与莱茵河相通的河闸统统关闭。这次事故带来的污染使莱茵河的生态受到了严重破坏。

第二节 国内重大环境污染事件

随着我国改革开放的逐步推进，生态环境污染事件也屡有发生，其中影响比较大的事件有：

松花江重大水污染事件。2005年11月13日，吉林石化公司双苯厂一车间发生爆炸，造成5人死亡、1人失踪，近70人受伤。爆炸发生后，约100吨苯类物质（苯、硝基苯等）流入松花江，致松花江江面产生一条长达80公里、主要由苯和硝基苯组成的污染带，沿岸数百万居民的生活受到影响，哈尔滨市为此经历长达五天的停水。同时，松花江水污染致使中俄界河——黑龙江（俄方称阿穆尔河）受到严重影响，中方向俄方道歉并提供援助以帮助其应对污染。

四川沱江特大水污染事故。川化集团有限责任公司的控股子公司川化股份有限公司位于长江上游一级支流沱江附近，其所属的第二化肥厂，因违规技改并试生产，设备出现故障，在未上报环保部门的情况下，于2004年2月11日至3月2日近20天时间，将2000吨氨氮含量超标数十倍的废水直接外排，导致沱江流域严重污染[①]。从2004年3月2日始，内江市区及资中县城区和资阳市简阳三地出现大面积停水，百万人断水26天，50万公斤鱼类被毒死，上千家宾馆、饭店、茶楼等营业场所被迫关闭，经济损失达2亿多元[②]。

2004年2月，位于眉山市仁寿县的东方红纸业有限公司在治污设备试运行过程中，擅自停运部分治污设备，违法超标排污，造成沱江支流

① 李柯勇、丛勇、刘海：《大祸这样酿成——四川沱江特大污染事故调查》，新华网，2004年4月5日。

② 《沱江特大污染事故 百万市民停饮调查纪事》，四川在线，2004年3月31日。

球溪河严重污染，大量污染物沉积于河道，5 月 3 日，沱江再次发生污染事故。

2007 年太湖水污染事件。太湖是无锡市唯一的饮用水水源地，6 个水厂全部自太湖取水，总取水量约占太湖取水总量的 60%。2007 年 4 月底，太湖西北部湖湾梅梁湖等出现蓝藻大规模爆发。根据水利部太湖流域管理局对小湾里水厂、锡东水厂、贡湖水厂水源地的监测，5 月 6 日，叶绿素 a 含量在小湾里水厂水源地最高为 259 μg/L，贡湖水厂水源地次之为 139 μg/L，锡东水厂水源地为 53 μg/L，叶绿素 a 在太湖西北部湖湾全部超过 40 μg/L。至 5 月中旬，蓝藻在梅梁湖等湖湾进一步聚集，范围不断扩大。5 月 16 日，太湖梅梁湖犊山口水质变黑，蔓延并波及小湾里水厂，致使小湾里水厂于 22 日停止供水。现场监测发现，小湾里水厂水源地附近蓝藻大量死亡，水质发黑发臭，并逐步向梅梁湖湾口蔓延。2007 年 5 月 28 日晚，污水团进入贡湖水厂，无锡市除锡东水厂之外，其余占全市供水 70%的水厂水质都被污染，影响到 200 万人的生活用水。

云南阳宗海砷污染事件。云南澄江锦业工贸有限公司在生产项目建设、涉高砷化工生产过程中，使用砷含量超过国家标准的锌精矿灯原料，且未建设规范的生产废水收集、循环系统及工业固体废物堆场，含砷生产废水长期通过明沟、暗管排放到厂区内最低凹处没有经过防渗漏处理的土池内，并抽取废水至未做任何防渗处理的洗矿循环水池进行磷矿石洗矿作业，将含砷固体废物磷石膏倾倒于厂区外三个未经防渗漏、防流失处理的露天堆场堆放，雨季降水量大时直接将土池内的含砷废水抽排至厂区东北侧邻近阳宗海的磷石膏渣场放任自流，造成从 2008 年 4 月以后，阳宗海水体中砷浓度持续上升。至 6 月份砷浓度均值达 0.055 mg/L，超过国家Ⅲ类水限制（0.05 mg/L）；至 7 月 16 日砷浓度达 0.102 mg/L，超过国家Ⅴ类水限制（0.1 mg/L）；至 7 月 30 日，全湖平均值为 0.116 mg/L，超过Ⅴ类水质标准 0.16 倍，为劣Ⅴ类，直接危及 2 万人的饮水安全。

阳宗海是高原喀斯特地貌形成的断层陷落湖，生态功能很重要，但同时也很脆弱，一旦被污染，水体置换周期将达 10 年甚至更长。2008 年 9 月 12 日，云南省政府宣布阳宗海实施“三禁”：禁止饮用、禁止游泳、禁止捕捞水产品。

四川泸州电厂燃油泄漏事故。2006年11月15日，泸州电厂2×600MW机组新建工程按照调试计划，施工单位在污水设施尚未建成的情况下，开始燃油系统安装调试。其间，供油泵机密封装置损坏，柴油泄漏混入冷却水管道通过雨排系统外排，11月16日下午，经国家环保总局西南环保督查中心督查，企业报告进入长江柴油达16.945吨，导致泸州市城区停水，并进入重庆境内形成跨界污染，造成不良社会影响，构成重大环境污染事件。

云南曲靖铬渣污染事件。2011年4月，云南省陆良化工实业有限公司的工业铬渣交由兴义三力公司两名运输司机拉运，承运人为节约运输成本多次将铬渣倾倒在麒麟区三宝镇、茨营乡、越州镇的山上，共计140余车，累计倾倒铬渣总量5222.38吨。铬渣长时间堆放及雨水冲刷造成附近水源与土壤污染，共导致附近农村77头牲畜死亡，叉冲水库4万立方米水体和附近箐沟3000立方米水体受到污染。

湖南浏阳市镇头镇镉污染事件。长沙湘和化工厂由镇头镇政府招商引资引进，2004年4月正式投产，当时设计的是生产硫酸锌粉末和颗粒。2006年，该化工厂在未经审批的情况下，私自上马一条金属铟的生产线。由于企业环保设施不齐全，有效防护措施不足，铟生产的副产品——镉被直接排入水体和土地，导致厂区周边500米至1200米范围土地大面积污染，树林大片枯死，部分村民相继出现全身无力、头晕、胸闷、关节疼痛等症状，截至2009年7月31日，在出具的2888人有效检测结果中，尿镉超标50人，2名村民因此死亡。

湖南省国土资源厅的数据显示，仅2007年湘江流域排放工业废水达5.67亿吨，生活污水11.19亿吨，汞、镉、铅、砷等的排放量十分突出。

江苏东海倾倒有毒物质重大环境污染事故。2009年6月，江苏省东海县响水亿达化工有限公司，在生产医药中间体过程中产生有毒化学废弃物，为处理这些废弃物，该公司先与徐某所在的废弃物处理有限公司签订委托处理废弃物合同，后因该批废弃物不易燃烧，处理成本较高，该废弃物处理有限公司遂安排业务员徐某通知化工有限公司停止此业务。后徐某等人为赚取非法利润，于2009年5月底，以16.212万元费用拉出近90吨有毒化工废弃物，在未经任何处理的情况下抛撒在东海县曲阳乡、安峰镇及沭阳县茆圩乡境内桥底、村交界处等不易被人发现的地方，造成土地、水体重大污染，致使公私财产遭受重大损失。

康菲溢油事件。2011年6月4日和6月17日，美国康菲国际石油公司（康菲中国）蓬莱19-3油田B平台和C平台分别发生溢油事件，所溢油量使840平方公里海域遭受污染。2011年7月11日至8月22日，国家海洋局数据监测显示，蓬莱19-3油田仍有新的溢油点出现，溢油趋势逐步扩大。截至2011年12月29日，这起事故已造成渤海6200平方公里海水受污染，大约相当于渤海面积的7%，其中造成劣Ⅳ类水质海域870平方公里，所波及地区的生态环境遭严重破坏，河北、辽宁两地大批渔民和养殖户损失惨重。

山东临沂南涑河砷化物水污染事件。2009年4月，亿鑫化工有限公司在未取得农业部颁发的生产许可证、产品批准文号以及明知阿散酸产生的废水含有毒物质，未办理工商、环保等手续的情况下，非法生产阿散酸。生产过程中，该公司将产生的大量含砷的有毒废水排放在一处蓄意隐藏的污水池存放。7月20日、23日深夜，该公司负责人于某为节省处理污水费用，趁当地降雨，附近一河流水量增加之际，指使生产厂长许某、员工于某，用水泵将含砷量超标2.7254万倍的生产废水排放到南涑河中，致使水体严重污染。

进入21世纪，中国工程院院士刘鸿亮对全国55000公里河段的研究显示，23.3%河段水质污染严重而不能用于灌溉，45%的河段鱼虾绝迹，85%的河段不符合人类饮水标准，河流自洁等生态功能严重衰退。同时，生物物种也在加速灭绝，森林资源总体质量下降，全国水土流失面积已达36500万公顷，并以每年24600公顷的速度扩展。事实表明，中国的生态环境问题已相当严峻。

第三节　当今面临的重大生态环境问题

21世纪以来，全球生态环境问题依然严峻。到目前为止，已被人类认识到威胁生存的环境问题主要有：全球变暖、臭氧层破坏、酸雨、淡水资源危机、能源短缺、森林资源锐减、土地荒漠化、物种加速灭绝、垃圾成灾、有毒化学品污染等众多方面。在《科技知识讲座文集》一书中，钱易院士列举了当今世界面临的十大生态环境问题。

一、全球变暖

近100多年来，全球平均气温经历了冷—暖—冷—暖两次波动，总体为上升趋势。进入20世纪80年代后，全球气温明显上升。1981—1990年，全球平均气温比100年前上升了0.48 ℃。导致全球变暖的主要原因是人类的活动。人类在使用化石燃料——煤炭的过程中，不断释放出二氧化碳、甲烷、氮氧化物等多种温室气体，这些气体具有阻止地球表面热量散发的作用，它们的存在就像是在地球表面形成一个庞大的温室，因此这类气体被统称为温室气体。全球变暖使全球降水量重新分配，冰川和冻土消融，海平面上升等，既危害自然生态系统平衡，又威胁人类食物供应和居住环境。

众所周知，2001年12月，位于南太平洋，南接斐济，北临基里巴斯，西望所罗门群岛，由9个环形珊瑚岛群组成的世界第二小国——图瓦卢因海平面上升成为第一个被迫撤离家园、举国移民新西兰的国家。电影《大撒把》中曾有这样一句台词："在浩瀚的太平洋上，散落着一串璀璨的明珠。"的确，在美丽的南太平洋上镶嵌着许多风景绮丽的岛国，图瓦卢便是其中亮丽的一个。不幸的是，大约在50年以后，图瓦卢9个小岛将在世界地图上永远消失，这个美丽的岛国将沉没于大洋之中，在世界地图上人们再也找不到这个国家的位置；而更加不幸的是，它可能不是最后一个。

二、臭氧层破坏

臭氧层位于距离地面20—30公里范围的大气平流层内，臭氧层能吸收太阳的大部分紫外线，阻挡紫外线辐射到地面，是人类及地表生态系统一道不可或缺的天然屏障。如果没有臭氧层这把地球的"保护伞"，强烈的紫外线辐射不仅会使人死亡，而且会消灭地球上绝大多数物种。然而，20世纪中叶以来，人们发现北极圈的臭氧浓度明显降低，南极圈的臭氧层出现了空洞。臭氧层被破坏的后果非常严重：它将增加人类皮肤癌和白内障的发病率，使人类的免疫系统受到损害，还会严重破坏海洋和陆地生态系统，阻碍植物的正常生长。臭氧层的破坏与人类活动有关。

人类生产、生活排放出的一些污染物，如冰箱、空调等设备制冷剂中广泛使用的氟氯烃类化合物及其他用途的氟溴烃类化合物等，这些化学物质释入大气并扩散入臭氧层后，会与臭氧发生反应，使臭氧分解为氧，这种反应连锁发生，致使臭氧层遭到破坏。1985 年，联合国制订了《保护臭氧层维也纳公约》；1987 年，制订了《关于消耗臭氧层物质的蒙特利尔议定书》，对破坏臭氧层的物质提出了禁止使用的时限和要求。1993 年，我国正式批准《中国逐步淘汰消耗臭氧层物质国家方案》，1996 年 1 月 1 日，发达国家全部停止氟利昂的生产和使用；1999 年 7 月 1 日，发展中国家开始进入履约期。

三、生物多样性减少

统计表明，目前每年约有 4000—6000 种生物从地球上消失，更多的物种正受到威胁。1996 年，世界动植物保护协会报告指出："地球上四分之一的哺乳类动物正处于濒临灭绝的危险，每年还有 1000 万公顷的热带森林被毁坏。"我国生物多样性遭受破坏的速度也十分惊人。例如，因航运、工农业生活污染、过度捕捞和非法渔业，长江已难寻觅白鳍豚的踪迹，科学家承认该物种已功能性灭绝。在联合国《国际濒危物种贸易公约》列出的 740 种世界性濒危物种中，中国占 189 种。中国濒危或渐危高等植物 4000—5000 种，占中国高等植物总数的 15%—20%。

四、酸雨蔓延

人类的生产和生活活动排放出大量二氧化硫和氮氧化物，降雨时溶解在水中，即形成酸雨。酸雨具有腐蚀性，降落地面会损害农作物的生长，导致林木枯萎，湖泊酸化，鱼类死亡，建筑物及名胜古迹遭受破坏。

二氧化硫和氮氧化物等气体主要是在能源使用过程中排放出来的。人类的生产水平和消费水平越高，消耗的能源越多，酸雨的危害也就越大。全世界有三大著名的酸雨区，一个在北美的五大湖地区，一个在北欧，另一个就在中国。20 世纪 80 年代，我国酸雨主要发生在西南地区，到 90 年代中期，已发展到长江以南、青藏高原以东及四川盆地的广大地区。目前中国的酸雨区不断扩大，已接近国土面积的 1/3，控制酸雨已被列入国家绿色工程计划。

五、森林锐减

森林是人类赖以生存的生态中的一个重要组成部分。地球上曾经有76亿公顷森林，到20世纪初下降为55亿公顷，到1976年已减少到28亿公顷。由于人类过度采伐和不恰当的开垦，再加上气候变化引起的森林火灾，世界森林面积不断减少。据统计，近50年森林面积已减少了30%，全世界每年约有1200万公顷的森林消失，其中绝大多数是对全球生态平衡至关重要的热带雨林，且主要是发展中国家，尤以巴西的亚马逊流域情况最为严重。曾居世界热带雨林之首的亚马逊森林，到20世纪90年代初期森林覆盖率比原来减少了11%，相当于70万平方公里的范围，平均每5秒就有差不多一个足球场大小的森林消失。我国森林覆盖面积仅13%，约为世界平均森林覆盖面积的1/3，而森林锐减的势头却并不“逊色”。森林减少导致了水土流失、洪灾频繁、物种减少、气候变化等多种严重恶果。

六、土地荒漠化

土地荒漠化简称土地退化。1992年，联合国环境与发展大会对荒漠化的概念作了这样的定义：荒漠化是由于气候变化和人类不合理的经济活动等因素，使干旱、半干旱和具有干旱灾害的半湿润地区的土地发生了退化。1996年6月17日，第二个世界防治荒漠化和干旱日，联合国防治荒漠化公约秘书处发表公报指出：当前世界荒漠化现象仍在加剧，全球约有12亿多人受到荒漠化的直接威胁，其中有1.35亿人在短期内有失去土地的危险，我国在这方面问题也较为突出。荒漠化已不再是一个单纯的生态环境问题，而且日益演变为经济问题和社会问题。

七、资源短缺

自工业革命以来，自然资源的消耗量与日俱增，世界上已有很多资源显现出短缺的现象，其中最重要的是水资源、耕地资源和矿产资源。水资源方面，目前全球有约1/3的人口已受到缺水的威胁；2000年，缺水人口增加到1/2以上。我国人均水资源占有量仅为世界人均占有量的1/4，加上水资源在时间和空间上分布的不均衡性，水资源短缺的矛盾十分突出。耕地资源方面，由于人口总量不断增加，为供应粮食所需的耕地日渐紧张，而工业化进程却在不断地占用大量耕地，化肥农药的使用使耕地质量不断降低，这一切使人类正面临耕地不足的困境。矿产资源方面，矿产资源消耗的速度正随着工业建设速度的提升急剧增加，很多矿产储量在近数十年内迅速减少。

八、水环境污染严重

地球表面虽然 2/3 被水覆盖，但 97%为无法饮用的海水，只有不到 3%为淡水，其中又有 2%封存于极地冰川之中。在仅有的 1%的淡水中，25%为工业用水，70%为农业用水，只有很少的一部分可供饮用和其他生活用途。然而，在这样一个缺水的世界里，水却被大量滥用、浪费和污染，再加上区域分布不均衡，致使世界上缺水现象十分普遍，全球淡水危机日趋严重。目前世界上 100 多个国家和地区缺水，其中 28 个被列为严重缺水的国家和地区。推测再过 20—30 年，严重缺水的国家和地区将达 46—52 个，缺水人口将达 28 亿—33 亿人。随着地球人口的日益增加以及生产力的快速发展，水已经变得比以往任何时候都要珍贵。目前，一些河流、湖泊枯竭，地下水耗尽和湿地消失，不仅给人类生存带来严重威胁，而且许多生物也正随着人类生产和生活造成的河流改道、湿地干化和生态环境恶化而灭绝。世界上不少大河如美国的科罗拉多河、中国的黄河均已雄风不再，昔日“奔流到海不复回”的壮丽景观已成为历史。在我国，水资源形势非常严峻。据调查，全国 500 多座城市中有 300 多座城市缺水，每年缺水量达 58 亿立方米，这些缺水城市主要集中在华北、沿海以及一些省会城市、工业型城市。

九、大气污染加剧

按照国际标准化组织（ISO）定义，大气污染是指大气中污染物浓度达到有害程度，超过了环境质量标准，破坏生态系统和人类正常生活条件，对人和物造成危害的现象。凡是能使空气质量变坏的物质都是大气污染物。大气污染物目前已知约有 100 多种，其中有自然因素（如森林火灾、火山爆发等）和人为因素（如工业废气、生活燃煤、汽车尾气、核爆炸等）两种，且以人为因素为主，尤其是工业生产和交通运输所造成的污染。仅以汽车尾气为例，其主要污染物为一氧化碳、碳氢化合物、氮氧化合物、二氧化硫、含铅化合物、苯并芘及固体颗粒物等，能引起光化学烟雾，给人类的生产和生活造成严重影响。

十、垃圾成灾

与日俱增的垃圾，包括工业垃圾和生活垃圾，已经成为世界各国普遍感到棘手的难题。全球每年产生垃圾近100亿吨，而处理垃圾能力远远赶不上垃圾增加的速度，特别是一些发达国家，其中最典型的就是美国，美国曾有一个外号叫“扔东西的国家”，几乎什么东西都扔，垃圾的年产量约为2亿吨，仅纽约每天就生产垃圾2万吨。我国许多城市也都陷入垃圾重围，且大都没有经过无害处理，很多城市基本上是采取填埋方式。

显然，上述环境问题已经对人类提出了十分严峻的挑战，这是涉及人类能否在地球上继续生存、继续发展的挑战。美国作家托马斯·弗里德曼在《世界又热又平又挤》中描述道：“环境已经变得多糟，在过去的一万年间，大气中的二氧化碳浓度一直维持在280 ppm（浓度单位），但从工业革命开始之后，这个数字升到384 ppm……或许，极低的广袤冰原会融化，从而抬高海平面；或许，一般在冬季死去的昆虫会继续存活，从而消耗大量的农作物；或许，飓风所带来的危害越来越大；或许，会发生让地球重新恢复平衡的事情，没有人能确定究竟会发生什么。”

第四章　当代世界生态意识的觉醒与环境保护运动

“生态意识是一种反映人与自然环境和谐发展的新的价值观”[①]，是现代社会人类文明的重要标志。1983年，苏联学者基鲁索夫提出：“生态意识是根据社会与自然的具体的可能性，最优解决社会与自然关系问题所反映的观点、理论和情感的总和。”[②] 生态意识主要包括环境忧患意识、环境道德意识、环境责任意识、环境价值意识。

第一节　当代世界生态意识的觉醒

第二次世界大战以后的20多年中，各国经济迅速增长，世界呈现出一派欣欣向荣的景象，人们普遍陶醉在工业文明带来的成就之中，然而一些有识之士却敏锐地觉察到繁荣背后隐藏着的生态危机，并对未来表示担忧。这种思考与担忧使得人们重新思考人类与自然的关系，重新寻找人类与自然和谐相处的模式，这就是早期生态意识的出现。

最早提到生态意识的是美国著名生态学家和环境保护主义的先驱奥尔多·利奥波德（1887—1948），19世纪30年代在其《沙乡年鉴》一书中谈道：“没有生态意识，私利以外的义务就是一句空话。所以我们面对的问题是，把社会意识的尺度从人类扩大到大地（自然界）。”[③] 在这里，奥尔多·利奥波德将生态意识定义为私利以外的生态责任，希望人们能

① 余谋昌：《生态哲学》，陕西人民教育出版社2000年版，第237页。
② 基鲁索夫：《生态意识是社会和自然最优相互作用的条件》，《哲学译丛》1986年第4期。
③ 奥尔多·利奥波德著，侯文惠译：《沙乡年鉴》，吉林人民出版社1997年版，第194页。

将人与人之间的责任拓展到自然之中，倡导人对自然的义务。这时的生态意识实质上是一种对自然的朴素责任，反映出当时社会所隐含的矛盾与需要。

利奥波德生活的年代，正是功利的人类中心主义在美国占据主流的时代。他在《沙乡年鉴》中写道："在那些年代里，我们还从未听说过会放过打死一只狼的机会那种事……那时，我们总是认为，狼越少，鹿就越多，因此，没有狼的地方就意味着猎人的天堂。"[①] 可见，当时人们的价值观念注重的主要是人的好恶与私利，强调的是人对自然的统治。

随着日益恶化的生态环境的出现，人们的生态意识开始觉醒，对自然的责任感日渐增强，在认知层面能够科学地认识人和自然的关系及人在生物圈中的正确定位，倡导在追求高速经济增长的同时，应当努力保持人与自然的和谐，学会善待自然，善待万物。在这一时期，随着人们对环境问题的日益重视，特别是一些国际会议的召开，环境教育开始出现。1948 年，"环境教育"一词最早由托马斯·普瑞查提出，并在巴黎会议上首次使用，标志着"环境教育"正式诞生。1960 年，苏联颁布实施的《自然保护法》规定："自然保护基础课程的教学应列入普通学校和中等专业学校的教学计划，自然保护和自然资源再生应成为学校的必修课。"[②] 这是世界上第一部将传授环境保护知识作为环境教育内容并纳入学校教育体系的法律文件。

1962 年，美国生物学家蕾切尔·卡逊以《寂静的春天》揭示了环境污染对生态系统的影响，引发了人们对生态环境问题的关注和积极参与，唤醒了人们保护环境的意识，提出了人与自然共存共荣的问题，标志着真正意义上的环境教育和环境保护运动的兴起。

1968 年，来自意大利、瑞士、美国等 10 多个国家的 30 多位科学家、社会学家、经济学家、教育家在意大利成立了一个非政府的国际性协会——罗马俱乐部，这是世界上第一个国际性非政府环境保护组织，标志着人们对环境与发展关系的思考走向国际化。它的主要目标有两个：

① 奥尔多·利奥波德著，侯文蕙译：《沙乡年鉴》，吉林人民出版社 1997 年版，第 193 页。

② 李久生：《环境教育论纲》，江苏教育出版社 2005 年版，第 3 页。

一是“提倡和广泛宣传对人类困境有更牢固的更深入的理解”，二是“在现有全部知识的基础上推动采取能扭转当前局势的新的态度、政策和制度”①。

罗马俱乐部成立后，相继发表了《增长的极限》《人类处于转折点》《重建国际秩序》等报告，特别是《增长的极限》这份报告，其核心思想是倡导零增长理论，开始呼吁工业文明向生态文明转型。在其影响下，环保主义者和环保组织相继涌现。罗马俱乐部的成立不仅推动人类环境保护运动的发展，也为后来各国非政府环保组织参与环境教育树立了良好榜样，可以说，罗马俱乐部的诞生是人类生态意识从觉醒走向成熟的里程碑。

第二节　当代世界生态环境保护运动

伴随着人类生态意识的觉醒，环境保护运动相继展开。

早期环境保护运动，由斯坦福大学法学院学生丹尼斯·海斯发起。丹尼斯·海斯出生在美国华盛顿州环境优美的哥伦比亚河峡谷的一个贫困家庭，面对20世纪60年代美国工业文明带来的诸多问题，年轻的丹尼斯感到非常困惑并选择休学，用3年时间考察了美国、日本、苏联、东欧及非洲等很多地方的生态环境。1969年，在美国威斯康星州民主党参议员盖洛德·纳尔逊的提议和帮助下，他在全国各校园内全力以赴组织有关环境问题的讲习会，使环境保护运动第一次进入大众视野。

1970年4月22日，美国爆发了2000万人参加的公民环境保护运动。这是人类史上第一次规模宏大的群众性环保运动，人们高举着受污染的地球模型、巨幅画和图表，游行、集会、演讲，呼吁创造一个清洁、简单、和平的生活环境，这一天被定为地球日。这次运动成为现代环保运动的开端，它推动了西方国家环境保护立法的进程，特别是促进了发达国家环境法规的建立，催化了现代环境保护运动的发展，并且直接催生了1972年联合国第一次人类环境会议的召开。

---

① 奥雷利奥·佩西著，薛荣久译：《人类的素质》，中国展望出版社1998年版，第83页。

1970年这次声势浩大的公民环境保护运动提高了人类环境保护意识，加快了环境保护进程。1972年6月5日，联合国在瑞典首都斯德哥尔摩召开了联合国人类环境会议，这是人类历史上第一次以环境问题为主题召开的国际会议，具有里程碑意义。这次会议有113个国家以及非官方组织的代表出席，通过了《人类环境宣言》《人类环境行动计划》，提出“只有一个地球”的口号，唤起了人类共同保护家园、造福子孙后代的意识。同时通过了筹建联合国环境规划署的决定，为各国政府保护环境提供了体制保障，推动了环境保护的国际化发展。同年10月，第27届联合国大会将每年的6月5日定为世界环境日，要求“联合国系统和世界各国政府在这一天开展各种活动来强调保护和改善人类环境的重要性”[①]，1973年联合国环境规划署成立。世界环境日的确立，反映了世界各国人民对环境问题的认识和态度，表达了人类对美好环境的向往和追求。

20世纪80年代，人们开始从理论上对工业文明社会进行初步反思，各国政府开始把生态保护作为一项重要的施政内容。1981年，美国经济学家莱斯特·R.布朗出版了《建立一个可持续发展的社会》一书，首次提出了可持续发展问题。1983年联合国成立世界环境与发展委员会(WCED)。1987年2月，世界环境与发展委员会向联合国提交报告《我们的共同未来》(也称《布伦特兰报告》)，阐述了可持续发展思想。1992年联合国在巴西里约热内卢召开了第二次世界“环境与发展大会”，会议通过了《里约环境与发展宣言》(又名《地球宪章》)和《21世纪议程》两个纲领性文件以及《联合国气候变化框架公约》(*United Nations Framework Convention on Climate Change*，简称《框架公约》)，提出一个重要口号：“人类要生存，地球要拯救，环境与发展必须协调。”《里约环境与发展宣言》为生态文明和可持续发展社会的建设提供了重要的指导方针，《21世纪议程》提供了全球范围内可持续发展的行动计划。这两个纲领性文件为可持续发展事业作出了战略规划，使可持续发展思想由理论变成了各国人民的行动纲领和行动计划，为生态文明社会的建设提

① 祝怀新：《环境教育理论与实践》，中国环境科学出版2005年版，第12页。

供了重要的制度保障。而《框架公约》则是世界上第一个为全面控制二氧化碳等温室气体排放，以应对全球气候变暖给人类经济和社会带来的不利影响而制定的国际公约，是国际社会在应对全球气候变化问题上进行国际合作的一个基本框架，奠定了应对气候变化国际合作的法律基础。

为了人类免受气候变暖的威胁，1997年12月，《联合国气候变化框架公约》第三次缔约方会议在日本京都召开，149个国家和地区的代表通过了旨在限制温室气体排放量以抑制全球变暖的《京都议定书》，目标是“将大气中的温室气体含量稳定在一个适当的水平，进而防止剧烈的气候改变对人类造成伤害”。《京都议定书》规定了在2008—2012年间，全球主要工业国家的工业二氧化碳排放量要比1990年的排放量平均低5.2%。同时，《京都议定书》还建立了旨在减排温室气体的三个灵活合作机制——国际排放贸易机制、联合履行机制和清洁发展机制。2005年2月26日《京都议定书》正式生效，已有184个《公约》缔约方签署，这是人类历史上首次以法规的形式限制温室气体排放。

2007年12月3日—15日，《联合国气候变化框架公约》第十三次缔约方大会在印度尼西亚巴厘岛举行，会议着重讨论后京都问题，即《京都议定书》第一承诺期在2012年到期后如何进一步降低温室气体排放。15日，联合国气体变化大会通过了巴厘路线图。按此要求，一方面，签署《京都议定书》的发达国家要履行议定书的规定，承诺2012年以后的大幅度量化减排指标；另一方面，发展中国家和未签署《京都议定书》的发达国家（主要指美国）则要在《联合国气候变化框架公约》下采取进一步应对气候变化的措施。巴厘路线图总的方向是强调加强国际长期合作，提升履行气候公约的行动力，从而在全球范围内减少温室气体排放，以实现气候公约制定的目标。

2009年12月7日—19日，联合国在丹麦首都哥本哈根召开了由192个国家的环境部长和其他官员参加的气候会议，商讨《京都议定书》一期承诺到期后的后续方案，就未来应对气候变化的全球行动签署新的协议。这是继《京都议定书》后又一具有划时代意义的全球气候协议书，对地球今后的气候变化走向产生了决定性影响。毫无疑问，这是一次被喻为“拯救人类的最后一次机会”的会议，从某种意义上，这次会议的结果将改变人类未来的轨迹。

2010 年 11 月 29 日—12 月 10 日，《联合国气候变化框架公约》第 16 次缔约方大会和《京都议定书》第 6 次缔约方大会在墨西哥的坎昆拉开帷幕，超过 190 个国家的上万名代表参加。这是继哥本哈根气候大会之后又一同级别的气候变化谈判。大会通过了《联合国气候变化框架公约》和《京都议定书》两个工作组分别递交的决议。决议认为，在应对气候变化方面，“适应”和“减缓”同处于优先解决地位，《联合国气候变化框架公约》各缔约方应该合作，促使全球和各自的温室气体排放尽快达到峰值，同时认可发展中国家达到峰值的时间稍长，经济和社会发展以及减贫是发展中国家的优先事务。决议还认为，发达国家根据自己的历史责任必须带头应对气候变化及其负面影响，并向发展中国家提供长期、可预测的资金、技术、森林保护以及能力建设支持。决定设立绿色基金，帮助发展中国家适应气候变化。

决议坚持了《公约》《议定书》和巴厘路线图，坚持了“共同但有区别的责任”原则。正如墨西哥总统卡尔德隆在致辞时所说“这是开创历史的一天”，也如中国代表团团长解振华所言，“决议均衡地反映了各方意见，虽然还有不足，但中方感到满意”。这些为今后国际社会共同应对气候变化重拾了信心。在此背景下，加强环境保护、走可持续发展之路，逐渐成为全人类的共识。

总之，自 20 世纪 70 年代以来，面对日益严峻的资源、环境、生态问题，人们开始对工业文明的发展道路进行反思，逐步提出了环境保护和可持续发展的思想和战略。在这一过程中产生的一系列著述和会议的举行、文件的发布、共识的形成，标志着人类环境意识的新觉醒，标志着人类开始重视经济社会与环境的可持续发展，重视经济增长和社会进步的协同发展。人们逐渐认识到，要实现可持续发展，需要改变工业文明的生产生活方式，需要积极进行观念创新、科技创新和制度创新。在此背景下，生态文明呼之欲出，世界各地环境保护运动风起云涌，人们不再对日益严重的自然与环境问题置若罔闻，而是纷纷自发组织起来进行游行示威、签名抗议，要求污染严重的工厂停产或治理，要求政府关注人类的生存环境，制订有效的措施遏止人类生态环境恶化。与此同时，各类生态组织应运而生，诸如“未来绿色运动”“自然之友”“绿党”等，特别是20世纪最后的十多年里，这些生态组织迅速扩展，参加人数激增。生态运动已成为20世纪末至21世纪初“新社会运动”中的一支重要力量。

第三节　新中国成立后我国生态环境保护探索

新中国成立以来，中国共产党在社会主义建设实践中，对生态环境、生态文明建设不断进行思考与探索。70多年的探索历程，大致可以分为四个阶段。

一、1949—1978年：生态环境保护探索阶段

新中国成立初期，山河破碎，经济凋敝，百废待兴，中国人民迫切希望改变贫困落后的面貌。此时，党和人民的主要任务是集中力量把我国尽快从落后的农业国变为先进的工业国，积极开展工业化和发展经济，把国民经济引入正轨。

水利建设是恢复和发展国民经济的重要工作。1949年11月，新中国刚刚成立不久，周恩来接见水利部长傅作义、副部长李葆华等解放区水利联席会议代表时强调，战争还没有结束，国家正在草创，必须用大禹治水的精神，为人民除害造福。这次会议上，周恩来亲自确定了新中国水利建设的基本方针和任务。水利建设的基本方针是：防止水患，兴修水利，以达到发展生产的目的。水利建设的任务是：依据国家经济建设计划和人民的需要，根据不同情况和人力、物力及技术等条件，分轻重缓急，有计划有步骤地恢复、发展防洪、灌溉、排水、放淤、水力以及疏浚河流、兴修运河等工程。在20世纪50年代，以毛泽东同志为代表的党的第一代领导集体提出“一定要把淮河治理好”，开启了新中国初期水利工程建设序幕。主要内容有：

第一，一定要把淮河修好。1950年夏，淮河流域发生特大洪涝灾害，导致河南、安徽1300多万人受灾，数千万亩土地被淹，人民群众遭受生命财产巨大损失。毛泽东同志当即批示：“除目前防救外，须考虑根治办法，现在开始准备，秋起即组织大规模导淮工程，期以一年完成导淮，

免去明年水患。”同年10月14日，政务院发布了《关于治理淮河的决定》，拉开了新中国第一个大型水利工程建设序幕。11月15日，《人民日报》发表《为根治淮河而斗争》社论，指出淮河水灾是一个历史性灾害，要为完成伟大的治淮任务而斗争。1951年5月，毛泽东同志题词：“一定要把淮河修好。”

第二，战胜1954年的洪水。在治理淮河的同时，从“须考虑根治办法”入手，1950年10月，周恩来同志主持召开政务院会议研究荆江防洪工事。此后，在毛泽东同志和周恩来同志的持续推动下，1952年4月，荆江分洪工程全面开工，仅75天就完工了。1954年7月至8月，长江出现了有水文记录以来最大的洪水。实践证明，荆江防洪工事有效抵御了这场特大洪水。毛泽东同志题词说：“庆祝武汉人民战胜了一九五四年的洪水，还要准备战胜今后可能发生的同样严重的洪水。”

第三，要把黄河的事情办好。1952年10月至11月，毛泽东同志考察黄河时发出了广为流传、动员和激励数代人治理黄河的伟大号召：“要把黄河的事情办好。”1954年10月，黄河规划委员会完成《黄河综合利用规划技术经济报告》；1955年7月，一届全国人大二次会议正式通过《关于根治黄河水害和开发黄河水利的综合规划的报告》。1959年，毛泽东同志充满深情地评价黄河：“黄河是伟大的，是我们中华民族的起源，人说‘不到黄河心不死’，我是到了黄河也不死心。”

第四，一定要根治海河。1963年8月，河北省中南部连降特大暴雨，洪水泛滥，101个县、市的5300余万亩土地被淹，形成了新中国成立以来最严重的灾害。1963年11月，毛泽东同志为抗洪救灾展题词：“一定要根治海河。”在毛泽东同志的号召下，党中央、国务院经认真研究，中央政府成立了由周恩来同志、李先念同志牵头的根治海河领导小组，组织京津冀鲁人民开展了群众性的根治海河运动。从1965年开始至80年代初，经过16年连续施工，海河流域初步形成了完整的防洪、排涝体系，旧貌换新颜。

然而，由于新中国成立后百废待兴，社会主义建设缺乏经验，人们对建设社会主义急于求成，1958年开展的“大跃进”“人民公社化”运动，在“征服自然”“战天斗地”“超英赶美”口号引领下，忽视了经济发展的客观规律，严重破坏了社会生产力，破坏了生态环境。经过“大跃进”的曲折，毛泽东开始关注生态环境问题。他说：“如果对自然界没有认识，或者认识不清楚，就会碰钉子，自然界就会处罚我们，会抵抗。比如水坝，如修得不好，质量不好，就会被水冲垮，将房屋、土地都淹没，这不是处罚吗?”[①] 在反思“大跃进”的重要教训时，毛泽东认为主要是没有搞好平衡。他强调要搞好农业内部、工业内部、工业和农业三种综合平衡。在社会主义建设过程中，资源浪费引起了中央领导的关注，毛泽东多次强调要厉行节约，他告诫全党，对办食堂破坏山林、浪费劳力等问题要引起高度重视：“这些问题不解决，食堂非散伙不可，今年不散伙，明年也得散伙，勉强办下去，办十年也还得散伙。没有柴烧把桥都拆了，还扒房子、砍树，这样的食堂是反社会主义的。”[②] 与此同时，毛泽东同志发出“绿化祖国”、要使祖国“到处都很美丽”的号召，随后便开展了 1962 年修复塞罕坝荒漠化等大型人工林场建设。

这一时期，党内其他领导人也非常重视生态环境建设。周恩来曾多次提到森林资源问题。他指出，森林采伐不按科学的方法，这都需要大力整顿。不科学的采伐，没有护林和育林，森林地带也会变成像西北那样的荒山秃岭。周恩来不仅指出了问题，还提出了环境保护的对策。他强调，必须加强国家的造林事业和森林工业，有计划有节制地采伐木材和使用木材，同时在全国有效地开展广泛的群众性护林造林运动。随着中国社会主义建设事业的发展，环境污染日益严重。周恩来在 1970 年前后曾多次指示国家有关部门和地区切实采取措施防治环境污染。1972 年 6 月，中国派代表团出席了在斯德哥尔摩召开的联合国人类环境会议，1973 年 8 月，我国召开第一次全国环境保护会议，通过了第一个环境保护文件《关于保护和改善环境的若干规定》，指出要从战略上看待环境问题，对自然环境的开发，包括采伐森林、开发矿山、兴建大型水利工程，都要考虑到对气象、水资源、水土保持等自然环境的影响，不能只看局部，不顾全局，只看眼前，不顾长远。中国特色生态环境保护正式开启。

---

① 《毛泽东文集》第 8 卷，人民出版社 1999 年版，第 71 页。

② 《毛泽东文集》第 8 卷，人民出版社 1999 年版，第 254 页。

二、1978—2002年：与国际环境保护接轨阶段

国际上，1970年4月22日，美国举行首次地球日活动；1972年6月5日，联合国在瑞典首都斯德哥尔摩召开联合国人类环境会议，通过了《人类环境宣言》《人类环境行动计划》，提出“只有一个地球”的口号；6月5日被定为世界环境日；1973年联合国环境规划署成立；1981年，美国经济学家莱斯特·R.布朗出版《建立一个可持续发展的社会》一书，首次提出可持续发展问题；1983年联合国成立世界环境与发展委员会，1987年发表报告《我们的共同未来》；1992年联合国在巴西里约热内卢召开第二次世界环境与发展大会，通过《里约环境与发展宣言》《21世纪议程》《联合国气候变化框架公约》；1997年12月，《联合国气候变化框架公约》第三次缔约方会议通过了《京都议定书》。

国内，1978年党的十一届三中全会召开，党和国家的工作中心转移到经济建设上，开始了现代化建设的新征程。为吸取西方发达国家现代化过程中先污染、后治理的教训，以邓小平为核心的党中央深刻认识到环境保护的重要性。1978年12月31日，《中共中央批转〈环境保护工作汇报要点〉的通知》提出，“我们绝不能走先建设、后治理的弯路，我们要在建设的同时就解决环境污染问题”。1981年党中央制定《关于在国民经济调整时期加强环境保护工作的决定》，要求必须“合理地开发和利用资源”，“保护环境是全国人民根本利益所在”。

随着改革开放的推进，我国对生态环境建设问题的重视程度不断提高。1984年5月国务院通过了《关于环境保护工作的决定》，将生态环境建设上升为我国的一项基本国策，并在实践中初步形成了一套适合中国国情的政策和措施。党的十三大、十四大报告中反复强调了环境保护的重要性，并提出把经济效益、社会效益和环境效益很好地结合起来。1989年12月，制定了《中华人民共和国环境保护法（试行）》，标志着我国环境保护进入立法阶段。1992年，江泽民同志在党的十四大会议上着重分析了经济、人口和资源的关系，并在全国第四次环境保护会议上指出：“经济发展必须与人口、资源环境统筹考虑，不仅要安排好当前发展，还要为子孙后代着想，为未来的发展创造更良好的条件，决不能走浪费资源和先污染后治理的路子，更不能吃祖宗饭断子孙路。”1994年，

我国政府通过了《中国21世纪议程——中国21世纪人口、环境与发展白皮书》，系统地论述经济、社会发展与资源生态环境间的关系，明确“转变发展战略，走可持续发展道路，是加速我国经济发展，解决环境问题的正确选择”，按系统工程提出了中国实施可持续发展战略的综合性、长期性和渐进性方案。中国由此成为世界上第一个编制国家21世纪可持续发展议程的国家，标志着中国生态环境保护正式与国际接轨，可持续发展战略正式确立。可持续发展战略成为指导我国经济社会发展的重大战略。江泽民同志指出：“可持续发展，是人类社会发展的必然要求，现在已经成为世界许多国家关注的一个重大问题。中国是世界上人口最多的发展中国家，这个问题更具有紧迫性。”他说：“在现代化建设中，必须把实现可持续发展作为一个重大战略。要把控制人口、节约资源、保护环境放到重要位置，使人口增长与社会生产力的发展相适应，使经济建设与资源、环境相协调，实现良性循环。”1995年9月，党的十四届五中全会《关于制定国民经济和社会发展“九五”计划和2010年远景目标的建议》，将“可持续发展战略”写入其中，提出“必须把社会全面发展放在重要战略地位，实现经济与社会相互协调和可持续发展”。江泽民同志在《正确处理社会主义现代化建设中的若干重大关系》讲话中强调，“在现代化建设中，必须把可持续发展作为一个重大战略”，从而为经济、社会、自然可持续发展提出新的战略遵循。1997年召开的党的十五大，将可持续发展作为战略思想首次写入党代会报告，要求坚持保护环境的基本国策，正确处理经济发展同人口、资源和环境的关系。2002年11月，党的十六大提出要全面建设小康社会，正式将“可持续发展能力不断增强”作为全面建设小康社会的重要目标之一。

党的十六大正式将“可持续发展能力不断增强，生态环境得到改善，资源利用效率显著提高，促进人与自然的和谐，推动整个社会走上生产发展、生活富裕、生态良好的文明发展道路”写入党的报告，并作为全面建设小康社会的四大目标之一。可以说，党的十六大报告关于可持续发展理念的阐述呈现出生态文明建设的端倪。

三、2002—2012年：生态文明建设思想的确立及成熟阶段

进入21世纪，我国生态环境建设已经成为全球性生态建设进程的重

要部分。面对日益紧迫的全球性环境危机，需要一种更加积极的生态文化意识。这一时期，中国共产党基于改革开放以来生态环境建设的理论成果，将生态文明建设列入科学发展观的思想谱系之中，在理论探索和制度层面上做出顶层设计，体现了马克思主义生态理论、中国传统生态文化与当代中国社会发展及转型要求的高度契合。

2003年，胡锦涛同志提出了“坚持以人为本，树立全面、协调、可持续的发展观”，强调按照统筹城乡发展、统筹区域发展、统筹经济社会发展、统筹人与自然和谐发展、统筹国内发展和对外开放的要求推进各项事业的改革和发展。党的十六届三中全会正式使用了“坚持以人为本，树立全面、协调、可持续的发展观”的表述。

党的十七大报告提出了“中国特色社会主义理论体系”的科学概念，把科学发展观等重大战略与邓小平理论、“三个代表”重要思想一起作为中国特色社会主义理论体系的重要组成部分，并把科学发展观正式写入党章。党的十七大报告精辟概括了科学发展观的科学内涵和精神实质。报告指出，科学发展观，第一要义是发展，核心是以人为本，基本要求是全面协调可持续，根本方法是统筹兼顾。从新中国成立之初的“综合平衡”到“可持续发展”，再到“全面协调可持续”的科学发展观，在新的时期赋予了中国共产党关于生态环境建设的理论和实践基础，从而把生态环境建设提高到新的战略地位。

党的十七大报告在对实现全面建设小康社会奋斗目标提出的新要求中明确指出：“建设生态文明，基本形成节约能源资源和保护生态环境的产业结构、增长方式、消费模式。循环经济形成较大规模，可再生能源比重显著上升。主要污染物排放得到有效控制，生态环境质量明显改善。生态文明观念在全社会牢固树立。”①

党的十六大、十七大报告所提出的全面建设小康社会的目标，对从文明的高度提升生态环境建设的重要地位具有里程碑意义。从党的十六大关于“生态良好的文明发展道路”到党的十七大首次明确“建设生态文明”的表述方式表明，中国共产党在生态环境建设探索进程中实现了

---

① 胡锦涛：《高举中国特色社会主义伟大旗帜，为夺取全面建设小康社会新胜利而奋斗》，新华网，2007年10月24日。

理论创新。回顾改革开放以来中国共产党关于生态环境建设的探索过程，从党的十二大首次提及“生态平衡”，到党的十七大把解决环境问题提高到“建设生态文明”的高度，这无疑是我国生态环境建设理论发展的标志性跨越。

党的十七大提出的“生态文明”引起学界的普遍关注。但是生态文明如何界定，生态文明与物质文明、精神文明的关系是什么，生态文明建设与经济建设、政治建设、文化建设和社会建设相比有何特色，这不仅涉及如何推进生态文明建设的问题，也涉及在社会主义事业总体布局中怎样定位生态文明建设的问题。针对这些问题，党的十八大报告已有权威性阐述，具体体现在三个方面。

第一，进一步突出了生态文明建设的地位，将生态文明建设纳入社会主义事业的“五位一体”总体布局之中。党的十七大报告虽然明确提出生态文明建设，但还没有将其视为社会主义事业总体布局中的基本内容。党的十七届四中全会将生态文明建设单列为社会主义建设的基本方面，提出全面推进社会主义经济建设、政治建设、文化建设、社会建设以及生态文明建设。党的十八大报告明确提出，必须更加自觉地把全面协调可持续作为深入贯彻落实科学发展观的基本要求，全面落实经济建设、政治建设、文化建设、社会建设、生态文明建设“五位一体”总体布局，要把生态文明建设放在突出地位，融入经济建设、政治建设、文化建设、社会建设各方面和全过程。从“三位一体”到“四位一体”，再到“五位一体”，显示了中国共产党对生态问题和社会发展认识的不断深入。

第二，提出必须树立尊重自然、顺应自然、保护自然的生态文明理念，这是在新的历史条件下对自然发展规律和人与自然关系的新认识。新中国成立以来的社会主义建设在处理人与自然的关系上曾走过一些弯路，把人与自然的关系看作人对自然的征服和改造，不是尊重自然、顺应自然，而是基于主客二分的思维方式站在自然的对立面，单纯地强调自然为人类服务，而在实践中忽视了自然对人类社会的反制作用。

第三，就大力推进生态文明建设进行了全面部署。党的十八大报告在十六大、十七大确立全面建设小康社会目标的基础上提出了新要求，努力推进资源节约型、环境友好型社会建设取得重大进展。加快建立生态文明制度，健全国土空间开发、资源节约、生态环境保护的体制机制，推动形成人与自然和谐发展的现代化建设新格局。

党的十八大报告提出尊重自然、保护自然和顺应自然的生态文明理念，强调尊重和维护自然发展规律，强调人与自然的和谐，体现了人类对未来生活理想及幸福状态的最高追求。

从我国生态环境建设的历史来看，很长一段时期内，无论在发展理念还是发展实践上都是起步较晚的国家，但生态文明建设的提出，使我国成为当今解决世界环境问题最具有话语权的国家之一，占据了世界生态建设领域道德与文化的制高点。

四、十八大以来：生态文明建设的保障体系趋于完善阶段

如果说党的十八大对大力推进生态文明建设进行的全面部署标志着生态文明建设蓝图的绘就，那么，此后的十八届三中、四中全会出台的两个重要文件则标志着实施生态文明建设蓝图的保障体系的完善。党的十八届三中全会通过的《关于全面深化改革若干重大问题的决定》，进一步将生态文明建设提高到制度层面，更加明确地提出了用制度保护生态环境的任务。《决定》指出，要紧紧围绕建设美丽中国深化生态文明体制改革，加快建立生态文明制度，健全国土空间开发、资源节约利用、生态环境保护的体制机制，推动形成人与自然和谐发展的现代化建设新格局。《决定》明确要求，建设生态文明，必须建立系统完整的生态文明制度体系，健全自然资源资产产权制度和用途管制制度，划定生态保护红线。这种用制度保护生态环境的决策，为生态文明建设提供了前所未有的保障。党的十八届四中全会通过了《中共中央关于全面推进依法治国若干重大问题的决定》，对于生态文明建设从法治上提出了更高要求，规定“用严格的法律制度保护生态环境”，促进生态文明建设。

2015年4月，中共中央、国务院印发《关于加快推进生态文明建设的意见》；同年9月，《生态文明体制改革总体方案》公布，自然资源资产产权制度、国土空间开发保护制度、空间规划体系、资源总量管理和全面节约制度、资源有偿使用和生态补偿制度、环境治理体系、环境治理和生态保护市场体系、生态文明绩效评价考核和责任追究制度等八项

制度成为生态文明制度体系的顶层设计。

2015年7月，《关于开展领导干部自然资源资产离任审计的试点方案》《党政领导干部生态环境损害责任追究办法（试行）》由中央深化改革领导小组审议通过，领导离任审计、责任追究第一次进入生态领域；2016年12月，《生态文明建设目标评价考核办法》正式公布，生态责任成为政绩考核的“必考题”。

2015年12月，中央深化改革领导小组召开第十九次会议，审议通过《中国三江源国家公园体制试点方案》，开启自然资源管理体制改革的新探索。

2017年，党的十九大把“绿水青山就是金山银山”理念写入十九大报告，同时在《中国共产党章程（修正案）》总纲中写入“中国共产党领导人民建设社会主义生态文明。树立尊重自然、顺应自然、保护自然的生态文明理念，增强绿水青山就是金山银山的意识”；划定并严守生态保护红线、控制污染物排放许可制、禁止洋垃圾入境、生态环境监测网络建设、构建绿色金融体系、河长制湖长制等一系列生态文明体制改革举措相继出台，初步建立起“四梁八柱”性质的制度体系。

2018年3月，第十三届全国人民代表大会第一次会议表决通过《中华人民共和国宪法修正案》，生态文明被正式写入国家根本法，实现了党的主张、国家意志、人民意愿的高度统一。同年，颁布了《中共中央国务院关于全面加强生态环境保护　坚决打好污染防治攻坚战的意见》《全国人民代表大会常务委员会关于全面加强生态环境保护　依法推动打好污染防治攻坚战的决议》等一系列顶层设计文件。

相继制订了环境保护法、大气污染防治法、水污染防治法、环境保护税法、土壤污染防治法、野生动物保护法、环境影响评价法等，建立健全资源生态环境管理制度、国土空间开发保护制度，强化水、大气、土壤等污染防治制度，建立反映市场供求和资源稀缺程度、体现生态价值、代际补偿的资源有偿使用制度和生态补偿制度，健全生态环境保护责任追究制度和环境损害赔偿制度，大大强化了法律法规和制度约束的作用，环境保护法律法规的内容更全面，有法必依的法治氛围正在形成，生态文明建设的保障体系趋于完善。被称为“气十条”“水十条”的《大气污染防治行动计划》和《水污染防治行动计划》先后发布实施，各有10个方面35项具体措施，为打赢治污攻坚战提供了制度保证。中共中央、国务院印发的《国有林场改革方案》和《国有林区改革指导意见》，明确“三步走”计划，到2017年实现全面停止全国天然林商业性采伐，重点国有林区从“开发利用”转入“全面保护”的发展新阶段。

面向未来，中国向国际社会宣布了低碳发展的系列目标，包括2030年左右使二氧化碳排放达到峰值并争取尽早实现、2030年单位国内生产总值二氧化碳排放比2005年下降60%—65%等。率先发布《中国落实2030年可持续发展议程国别方案》，实施《国家应对气候变化规划（2014—2020年）》，推动生态环境保护历史性、转折性、全局性变化，成为全球生态文明建设的重要参与者、贡献者、引领者。

制度的生命力在执行。在加快制度创新的同时，强化制度执行，让制度成为刚性的约束和不可触碰的高压线，确保生态文明建设决策部署落地生根见效。

2015年7月，中央深改组第十四次会议审议通过《环境保护督察方案（试行）》，提出建立环保督察工作机制、严格落实环境保护主体责任等有力措施，抓住了解决我国当前环境保护问题的“牛鼻子”。为了规范生态环境保护督察工作，压实生态环境保护责任，推进生态文明建设，建设美丽中国，根据《中共中央、国务院关于全面加强生态环境保护坚决打好污染防治攻坚战的意见》《中华人民共和国环境保护法》等要求，制定了生态环境保护领域的第一部党内法规——《中央生态环境保护督察工作规定》，并于2019年6月印发实施。

2017年，中共中央办公厅、国务院办公厅就甘肃祁连山国家级自然保护区生态环境问题发出通报，对其“落实党中央决策部署不坚决不彻底”“在立法层面为破坏生态行为‘放水’”“不作为、乱作为，监管层层失守”等问题措辞严厉，包括甘肃省3名副省级干部在内的几十名领导干部被严肃问责。对陕西秦岭北麓违建别墅、破坏生态问题，习近平总书记曾多次作出批示。2018年7月，中央派驻专项整治工作组与当地展开联合整治行动，上千栋别墅被依法拆除，土地复绿复耕。

2020年4月，习近平总书记到陕西考察，在听取陕西省吸取秦岭北麓违建别墅问题教训、抓好生态保护等工作汇报时强调，要深刻吸取秦岭违建别墅问题的教训，痛定思痛，警钟长鸣，以对党、对历史、对人民高度负责的态度，做好秦岭生态环境保护和修复工作。

浙江千岛湖违规填湖、青海木里煤田超采破坏植被、新疆卡拉麦里保护区“缩水”给煤矿让路、宁夏一家企业向腾格里沙漠排污……近年来，习近平总书记多次对一些地方出现的破坏生态环境事件作出批示，要求坚决抓住不放，一抓到底，不彻底解决绝不松手。

习近平总书记强调：“在生态环境保护问题上，就是要不能越雷池一步，否则就应该受到惩罚。”2015年1月1日开始实施的新环保法，被称为“史上最严”的环保法，打击环境违法行为力度空前。截至2018年5月，全国实施行政处罚案件23.3万件，罚没款数额115.8亿元，比新环保法实施前的2014年增长265％。在生态文明建设领域制定修订的法律成为遏制环境违法行为的有力武器，生态文明领域国家治理体系和治理能力现代化水平显著提高。

2018年4月，习近平总书记在深入推动长江经济带发展座谈会上明确指出，要积极探索推广绿水青山转化为金山银山的路径，选择具备条件的地区开展生态产品价值实现机制试点，探索政府主导、企业和社会各界参与、市场化运作、可持续的生态产品价值实现路径。

三北防护林、天然林保护、退耕还林还草等一系列重大生态工程深入推进，绿色版图不断扩大；以国家公园为主体的自然保护地体系加快建立，国家公园体制试点工作在理顺管理体制、加强生态保护修复等方面取得阶段性成果；河长制、湖长制全面建立，一条条江河、一个个湖泊有了专属守护者，一大批民间河长、湖长踊跃上岗……

目前，我国海南、贵州、云南、浙江、福建等自然生态禀赋较好的地区，按照习近平总书记“绿水青山就是金山银山”的重要发展理念，已经先行先试，探索出了有别于西方一般发达国家通过工业文明实现经济社会发展的传统道路，示范和样本意义正在显现。

第五章　新时代中国生态文明建设的宏伟蓝图

当前，我国已进入中国特色社会主义新时代。改革开放40多年的快速发展，经济建设取得了令人瞩目的辉煌与成就，物质财富不断增长，人民生活水平显著提高。但同时也积累了大量生态环境问题，各类生态环境污染呈高发态势，成为民生之患、民心之痛。习近平总书记指出："生态文明建设就是突出短板。在30多年持续快速发展中，我国农产品、工业品、服务产品的生产能力迅速扩大，但提供优质生态产品的能力却在减弱，一些地方生态环境还在恶化。这就要求我们尽力补上生态文明建设这块短板，切实把生态文明的理念、原则、目标融入经济社会发展各方面，贯彻落实到各级各类规划和各项工作中。"[①] 近年来，随着社会发展和人民生活水平不断提高，人民群众对蔚蓝的天、干净的水、清新的空气、安全的食品、优美的环境等要求越来越高，生态环境在群众幸福生活指数中的地位不断加大，环境问题日益成为重要的民生问题。人民群众已从过去的"盼温饱"发展到现在的"盼环保"，从过去的"求生存"发展到现在的"求生态"。对此，党的十八大以来，以习近平同志为核心的党中央高度重视生态文明建设，将马克思主义生态理论与新时代中国生态文明建设实践相结合，把生态文明建设作为统筹推进"五位一体"总体布局和协调推进"四个全面"战略布局的重要内容，形成了习近平生态文明思想，这对中国生态文明文化培育、生态文明制度体系构建、生态文明体制改革、生态文明产业体系构建、生态文明能力建设都具有顶层的理论指导意义，体现了党的理论创新。同时在实践中更加注重处理好生态环境保护与发展的关系，坚持在发展中保护、在保护中发

---

① 习近平：《在党的十八届五中全会第二次全体会议上的讲话（节选）》，《求是》2016年第1期。

展，始终保持加强生态环境保护的战略定力，坚持走中国特色社会主义生态文明发展之路，积极探索以生态优先、绿色发展为导向的高质量发展新路子，使良好的生态环境成为新时代经济高质量发展的重要支撑。

习近平总书记指出："小康不小康，关键看老乡。""小康全面不全面，生态环境质量是关键。"[①] 环境就是民生，青山就是美丽，蓝天就是幸福，绿水青山就是金山银山。新时代生态文明必须是生态环境质量全局改善、生态文化素养全面提升、生态资产协同增长的时代。新时代生态文明建设必须按照尊重自然、顺应自然、保护自然的理念，贯彻节约资源和保护环境的基本国策，更加自觉地推动绿色发展、循环发展、低碳发展，形成节约资源和保护环境的空间格局、产业结构、生产方式、生活方式，为子孙后代留下天蓝、地绿、水清的生产生活环境，为全面建成小康社会铺就"绿色化"的发展道路。

第一节　基本架构

习近平总书记在十九大报告中勾画了新时代生态文明建设的宏伟蓝图。在习近平生态文明思想指引下，中国的生态文明建设正发生着历史性、转折性、全局性变化，开启了一场涉及价值观念、思维方式、生产方式和生活方式的革命性变革。这张宏伟蓝图主要包括五个方面的内容。

一、总体目标

十九大报告综合分析国际国内形势和我国发展条件，将建设生态文明上升到关系中华民族永续发展千年大计的高度，把社会主义现代化强国目标从"富强、民主、文明、和谐"拓展为"富强、民主、文明、和谐、美丽"，首次把美丽中国建设作为新时代中国特色社会主义强国建设的重要目标，并提出从物质文明、政治文明、精神文明、社会文明、生态文明协同建设的高度，推进新时代中国特色社会主义发展目标的实现。报告指出，新时代生态文明建设的总体目标是"建设美丽中国，为人民创造良好生产生活环境，为全球生态安全作出贡献"。从阶段目标来看，

① 习近平：《在全国脱贫攻坚总结表彰大会上的讲话》，新华网，2021年2月25日。

十九大报告进一步勾画了全面建成小康社会后的新的两步走战略。

一是从2020年到2035年，在全面建成小康社会的基础上，基本实现社会主义现代化，到那时“生态环境根本好转，美丽中国目标基本实现”，总体形成节约资源和保护环境的空间格局、产业结构、生产方式、生活方式，社会经济发展与生态环境基本协调，绿色低碳循环水平显著提升，绿色经济蓬勃发展，生态安全屏障体系持续优化，生态服务功能稳步恢复；大气、水环境质量全面达标，土壤环境安全有效保障，蓝天常在、绿水长流、自然和谐、风貌独特、设施健全、建筑绿色、乡村美丽的城乡人居环境全面建成；生态文化繁荣昌盛、绿色生活蔚然成风。生态环境治理体系与治理能力现代化基本实现。

二是从2035年到21世纪中叶，在基本实现现代化的基础上，再奋斗十五年，把我国建成富强、民主、文明、和谐、美丽的社会主义现代化强国。到那时，生态环境质量全面得到改善，绿色低碳生产和消费体系全面建立，系统完整协调的生态文明体制机制进一步健全，我国物质文明、政治文明、精神文明、社会文明、生态文明将全面提升，进一步实现国家治理体系和治理能力现代化，最终全面实现人与自然和谐共生，我国人民将享有更加幸福安康的生活，中华民族将以更加昂扬的姿态屹立于世界民族之林，为构建全球生态文明治理体系树立“中国范例”。

二、基本方略

党的十九大报告在充分肯定“生态文明建设成效显著”的同时，指出“生态环境保护任重道远”。习近平总书记指出，总体上看，我国生态环境质量持续好转，出现了稳中向好趋势，但成效并不稳固。生态文明建设正处于压力叠加、负重前行的关键期，已进入提供更多优质生态产品以满足人民日益增长的优美生态环境需要的攻坚期，也到了有条件有能力解决生态环境突出问题的窗口期。通过这三个“期”说明我国生态文明建设所处的现实地位，既指出了生态文明建设面临的形势严峻性、艰巨性和挑战性，也提出了生态文明建设面临窗口期的重要机遇，这是对我国新时代生态文明建设现实基础的重大判断。习近平总书记特别强调“要坚持人与自然和谐共生”。这是新时代中国特色社会主义十四个基本方略之一，也是新时代中国特色社会主义生态文明建设的基本原则。

报告将“人与自然和谐共生”定义为现代化的本质属性，将新时代我国社会主要矛盾明确为人民日益增长的美好生活需要和不平衡不充分的发展之间的矛盾，并进而指出“我们要建设的现代化是人与自然和谐共生的现代化，既要创造更多物质财富和精神财富以满足人民日益增长的美好生活需要，也要提供更多优质生态产品以满足人民日益增长的优美生态环境需要”；同时更加明确和强化生态文明建设在中国特色社会主义建设“五位一体”总体布局和“四个全面”战略布局伟大事业中的重要地位，积极应对包括“自然界出现的困难和挑战”在内的“具有许多新的历史特点的伟大斗争”。

“生态兴则文明兴，生态衰则文明衰”，人与自然的关系是人类社会最基本的关系。自然界是人类社会产生、存在和发展的基础和前提，人类可以通过社会实践活动有目的地利用自然、改造自然，但人类归根到底是自然的一部分，不能盲目地凌驾于自然之上，其行为方式必须符合自然规律。对此，习近平总书记指出：“人与自然是生命共同体，人类必须尊重自然、顺应自然、保护自然。”人与自然相互依存、相互联系，一荣俱荣，一损俱损。对自然界不能只讲索取、不讲投入，只讲利用、不讲建设。生态环境没有替代品，用之不觉，失之难存。报告再次强调，必须树立和践行“绿水青山就是金山银山”的理念，要像保护眼睛一样保护生态环境，像对待生命一样对待生态环境，将科学处理人与自然的关系作为新时代中国特色社会主义的应有之义。这是马克思主义生态思想的一大创新，也是对目前与未来各项生态建设工作的基本要求。

三、具体任务

十九大报告指出，我们要建设的现代化是人与自然和谐共生的现代化，既要创造更多物质财富和精神财富以满足人民日益增长的美好生活需要，也要提供更多优质生态产品以满足人民日益增长的优美生态环境需要。必须坚持节约优先、保护优先、自然恢复为主的方针。在此基础上，提出了“推进绿色发展、着力解决突出环境问题、加大生态系统保护力度、改革生态环境监管体制”四大战略任务。

第一，推进绿色发展。十九大报告重点提出要从四个体系建设大力推进绿色发展。其一是加快建立绿色生产和消费的法律制度和政策导向，建立健全绿色低碳循环发展的经济体系。其二是构建市场导向的绿色技术创新体系，发展绿色金融，壮大节能环保产业、清洁生产产业、清洁能源产业。其三是推进能源生产和消费革命，构建清洁低碳、安全高效的能源体系。其四是推进资源全面节约和循环利用，实施国家节水行动，降低能耗、物耗，实现生产系统和生活系统循环链接。倡导简约适度、绿色低碳的生活方式，反对奢侈浪费和不合理消费，开展创建节约型机关、绿色家庭、绿色学校、绿色社区和绿色出行等行动，建立节约低碳健康的绿色生产生活体系。

第二，着力解决突出环境问题。当前，我国生态环境问题仍十分严重。总体上看，我国环境保护滞后于经济社会发展，多阶段多领域多类型问题长期累积叠加，环境承载能力已经达到或接近上限，全国主要污染物排放总量远高于环境容量，生态环境恶化趋势尚未得到根本扭转，环境质量改善任务艰巨。为了切实改善生态环境，十九大报告把污染防治与防范化解重大风险、精准脱贫作为新时期三大攻坚战，提出要坚持全民共治、源头防治，持续实施大气污染防治行动，打赢蓝天保卫战。加快水污染防治，实施流域环境和近岸海域综合治理。强化土壤污染管控和修复，加强农业面源污染防治，开展农村人居环境整治行动。加强固体废弃物和垃圾处置，提高污染排放标准，强化排污者责任，健全环保信用评价、信息强制性披露、严惩重罚等制度。构建政府为主导、企业为主体、社会组织和公众共同参与的环境治理体系。积极参与全球环境治理，落实减排承诺。

第三，加大生态系统保护力度。当前，我国生态系统服务功能不高，影响国家生态安全。一是生态空间遭受过度挤占。一些地区不合理的城镇建设和工业开发，导致湿地、海岸带、湖滨、河滨等自然生态空间不断减少。二是自然保护区遭受人为活动的影响剧烈。2015 年，446 个国家级自然保护区中均存在不同程度的人类活动，占国家级自然保护区总面积的 2.95%。三是生态退化导致生态服务功能降低。全国水土流失面积 295 万平方公里，年均土壤侵蚀量 45 亿吨，导致江河湖库淤积、崩岗和耕地损毁，长江上中游、黄河上中游、珠江上游和东北黑土区等地区水土流失十分严重。四是生物多样性加速下降的总体趋势尚未得到有效遏制。高等物种受威胁比例高，10.72%的维管植物、40.1%的哺乳动物、15%的内陆鱼类处于受威胁状态，大量物种处于极危和濒危状态。为此，十九大报告提出，必须贯彻山水林田湖草生命共同体理念，加快推进生态保护修复，实施重要生态系统保护和修复重大工程，优化生态安全屏障体系，构建生态廊道和生物多样性保护网络，提升生态系统质量和稳定性。完成生态保护红线、永久基本农田、城镇开发边界三条控制线划定工作。开展国土绿化行动，推进荒漠化、石漠化、水土流失综合治理，强化湿地保护和恢复，加强地质灾害防治。完善天然林保护制度，扩大退耕还林还草。严格保护耕地，扩大轮作休耕试点，健全耕地草原森林河流湖泊休养生息制度，建立市场化、多元化生态补偿机制。

第四，改革生态环境监管体制。当前，我国生态文明管理体制仍面临诸多问题。2015年中共中央、国务院印发的《生态文明体制改革总体方案》提出了生态文明体制改革总体方向和战略部署，十九大报告又进一步明确提出了改革生态环境监管体制的主要思路和具体任务。随着我国生态文明体制改革全面展开，改革成效将成为一个全世界、全社会关注的焦点，改革成功与否将直接影响“走向生态文明新时代”的进程。新时代生态文明体制改革，必须牢固树立绿色发展的理念，推动建立政府、企业、公众良性互动、互促共治的新机制。十九大报告提出，要加强对生态文明建设的总体设计和组织领导，设立国有自然资源资产管理和自然生态监管机构，完善生态环境管理制度，统一行使全民所有自然资源资产所有者职责，统一行使所有国土空间用途管制和生态保护修复职责，统一行使监管城乡各类污染排放和行政执法职责。构建国土空间开发保护制度，完善主体功能区配套政策，建立以国家公园为主体的自然保护地体系。坚决制止和惩处破坏生态环境行为。通过各方努力，2020年基本建立统一协调、高效共治的自然资源和生态环境保护统一监管体制。

四、基本途径

生态文明建设是一项系统工程，如何建设、从哪里着手，是重大的理论和实践问题，关系到生态文明建设成败。习近平总书记从世界性、全局性和现代化强国的战略高度推进了理论创新，破解了实践上的难点，符合中国国情和当前的迫切需要，成为新时代中国特色社会主义生态文明建设的根本遵循。

首先，树立社会主义生态文明观。在十九大报告中，坚持人与自然和谐共生、绿水青山就是金山银山、良好生态环境是最普惠的民生福祉、山水林田湖草是生命共同体、用最严格制度最严密法治保护生态环境、共谋全球生态文明建设等等，体现的都是顺应时代发展和规律要求，以人民为中心，始终把人民对美好生活的向往作为党和国家奋斗目标的先进价值理念。观念引导行动，有什么样的观念就会有什么样的行动。社会主义生态文明观，是在对工业文明和传统现代化发展模式深刻反思基础上提出的一种有效指导经济社会发展和生态环境保护的新型文明观，有利于实现人与自然的和谐共生。树立社会主义生态文明观，有助于人们充分认识人与自然的交互关系，使尊重自然、顺应自然、保护自然、人与自然和谐共生等理念深入人心，从而激发其忧患意识和保护生态的道德责任。只有树立社会主义生态文明观，坚持节约优先、保护优先、自然恢复为主的方针，才能还自然以宁静、和谐、美丽。

其次，推进绿色发展方式和生活方式。推进绿色发展方式和生活方式是发展观的一场深刻革命，必须充分认识其重要性、紧迫性与艰巨性。当前，我国经济社会发展与生态资源环境保护间的矛盾日益突出，为缓解并逐步解决这一矛盾，需要彻底改变原有高投入、高消耗、高污染的经济增长模式，积极探索低投入、低消耗、低污染的绿色发展模式，建立健全绿色低碳循环发展经济体系，从源头上推动经济实现绿色转型；依靠科技进步发展绿色技术，推动节能环保产业、清洁生产产业、清洁能源产业发展，提高资源利用率，形成清洁低碳、安全高效的能源体系；积极发展绿色金融，动员和激励更多的社会资本进入绿色产业，加快经济的绿色转型。同时推动消费方式转型，倡导简约适度、绿色低碳的生活方式，反对奢侈浪费和不合理消费，使绿色消费成为每一个公民的责任，从自身做起，自觉为美丽中国建设作贡献。

再次，实行严格的生态环境保护制度。建设生态文明，是一场涉及生产方式、生活方式、思维方式和价值观念的革命性变革。实现这样的变革，必须依靠制度与法治。习近平总书记指出：“只有实行最严格的制度、最严密的法治，才能为生态文明提供可靠保障。”[①] 奉法者强则国强，奉法者弱则国弱。在生态环境保护问题上，坚决不能越雷池一步，否则应受到严厉惩罚。建设生态文明，首要在建章立制。目前，我国生态文明建设中存在的突出问题，大多与体制不健全、制度不严格、法治不严密、执行不到位、惩处不得力有关。例如，由于部分地区生态环境保护的责任机制不完善，口号环保、数字环保，假治理、走过场，平时不努力、临时一刀切的行为仍在频频发生，屡禁不止，导致一些地区的生态环境质量恶化、风险加剧。因此，制度建设是环境保护工作的重中之重。为此，要加快制度创新，建立产权清晰、多元参与、激励约束并重、系统完整的生态文明制度体系，着力破解制约生态文明建设的体制机制障碍。强化制度执行，让制度成为刚性约束和不可触碰的高压线。针对目前我国生态文明制度建设存在的不足，党的十九大报告提出了一系列推进生态文明建设的指导性意见。比如，加快建立绿色生产和消费的法律制度和政策导向，建立健全绿色低碳循环发展的经济体系；构建政府为主导、企业为主体、社会组织和公众共同参与的环境治理体系；严格保护耕地，扩大轮作休耕试点，健全耕地草原森林河流湖泊休养生息制度，建立市场化、多元化生态补偿机制等。通过这些制度设计和制度保障，形成不敢且不能破坏生态环境的高压态势和社会氛围，从而为实现美丽中国提供制度保障。

最后，为全球生态安全作出贡献。党的十九大报告指出，“坚持推动构建人类命运共同体”“构筑尊崇自然、绿色发展的生态体系”“要坚持环境友好，合作应对气候变化，保护好人类赖以生存的地球家园”“成为全球生态文明建设的重要参与者、贡献者、引领者”[②]。人类只有一个地球家园，就全球范围来看，自1987年《我们共同的未来》发表以来，可持续发展已经被广泛认同和接受，成为世界各国普遍的发展战略；2013年，在联合国环境规划署第27次理事会上通过了我国的生态文明理念的决定草案。这表明，由中国首创，具有中国特色、中国话语的生态文明

---

① 思力：《习近平生态文明思想的六项原则》，求是网，2019年4月30日。

② 习近平：《决胜全面建成小康社会　夺取新时代中国特色社会主义伟大胜利》，人民网，2017年10月18日。

建设，越来越成为一种国际话语体系。

五、关键措施

习近平总书记指出："只有实行最严格的制度、最严密的法治，才能为生态文明建设提供可靠保障。"[①] 目前，我国已经出台一系列改革举措和相关制度，生态文明制度的"四梁八柱"已经基本形成。其中习近平总书记主持审定的《生态文明体制改革总体方案》，明确以八项制度为重点，加快建立产权清晰、多元参与、激励约束并重、系统完整的生态文明制度体系。具体体现在以下几方面：

第一，健全党内法规和环境立法，开展制度建设。党的十八大以来，党中央重视党内法规建设，通过制度建设加强党对环境保护工作的领导，落实地方党委和政府及相关部门生态环保责任。《党政领导干部生态环境损害责任追究办法（试行）》《生态文明建设目标评价考核办法》《领导干部自然资源资产离任审计暂行规定》《关于深化环境监测体制改革提高环境监测数据质量的意见》《环境保护督察方案（试行）》等一系列党内法规和文件的出台，环境保护"党政同责"、中央生态环境保护督察、生态文明建设目标评价考核、领导干部离任环境审计等举措得以实施，各级党委、人大和政府更加重视环境保护。2015 年 1 月 1 日，我国的新《环境保护法》开始实施，有法必依、违法必究的法治氛围正在形成。

第二，打击监测数据和环境治理作假行为，开展环境信用管理。《环境保护法》针对排污单位环境监测数据造假的行为以及国家机关和国家公职人员环境监测数据造假的行为，制定了行政处罚的措施。《生态环境监测网络建设方案》《关于省以下环保机构监测监察执法垂直管理制度改革试点工作的指导意见》《生态文明建设目标评价考核办法》《关于深化环境监测体制改革　提高环境监测数据质量的意见》等一系列文件陆续出台。

第三，开展区域统筹和优化工作，改善区域环境质量。国家加强了京津冀、长三角、珠三角、汾渭平原、长江经济带等区域和流域的环境保护协调工作。通过"多规合一"、划定生态红线、建立健全区域环境影

① 思力：《习近平生态文明思想的六项原则》，求是网，2019 年 4 月 30 日。

响评价制度和区域产业准入负面清单制度等，优化了区域产业布局，预防和控制了区域环境风险，区域生态保护补偿机制正在全面建立。

总体来看，党的十八大以来，我国生态环境保护从认识到实践发生了历史性、转折性和全局性变化，生态文明建设取得显著成效。

在认识上，进入认识最深、力度最大、举措最实、推进最快，也是成效最好的时期，可以说是五个“前所未有”：思想认识程度之深前所未有；污染治理力度之大前所未有；制度出台频度之密前所未有；监管执法尺度之严前所未有；环境质量改善速度之快前所未有。

在实践上，具体成效包括：通过生态文明建设目标评价考核，一些地方通过特色发展、优势发展、错位发展，增强产品和服务的科技含量与比较优势，减少污染和资源消耗，绿色发展模式正在确立。在生态保护方面，通过“绿盾”行动等措施，侵占自然保护区、破坏湿地、污染环境的现象被大力遏制，一批综合、特色的国家公园已经建立，一些物种正在恢复，生物系统的稳定性得以增强。在环境质量改善方面，京津冀、长三角、珠三角等重点区域 2017 年细颗粒物（PM2.5）平均浓度比 2013 年分别下降 39.6％、34.3％、27.7％，分别达到 64 微克/立方米、44 微克/立方米和 35 微克/立方米。在经济发展质量方面，企业发展活力和经济发展质效继续提升①。

第二节　五大创新

习近平总书记勾画的新时代生态文明建设的宏伟蓝图具有以下五大创新。

其一，新定位。报告指出，“生态文明建设功在当代、利在千秋”，“建设生态文明是中华民族永续发展的千年大计”②。首次把“美丽”纳入中国特色社会主义建设的总任务，提出要 21 本世纪中叶建成富强民主文

① 常纪伟：《深化体制机制创新　破解生态文明建设难题》，《中国环境报》2018 年 11 月 8 日。

② 习近平：《决胜全面建成小康社会　夺取新时代中国特色社会主义伟大胜利》，人民网，2017 年 10 月 18 日。

明和谐美丽的社会主义现代化强国。报告充分肯定了我国在引导应对气候变化国际合作方面所发挥的积极作用，指出我国已成为全球生态文明建设的重要参与者、贡献者、引领者。

其二，新目标。报告提出，新时代生态文明建设的总体目标是“建设美丽中国，为人民创造良好生产生活环境，为全球生态安全作出贡献”。从阶段目标来看，十九大报告进一步提出了全面建成小康社会后的新的两步走战略，一是到2035年，基本实现社会主义现代化，到时候“生态环境根本好转，美丽中国目标基本实现”；二是到21世纪中叶，把我国建成富强、民主、文明、和谐、美丽的社会主义现代化强国，到那时，我国的生态文明将与物质文明、政治文明、精神文明、社会文明一起得到全面提升。

其三，新格局。十九大报告强调“推动形成人与自然和谐发展现代化建设新格局”，把“坚持人与自然和谐共生”作为新时代中国特色社会主义基本方略之一，将“人与自然和谐共生”定义为现代化的本质属性。将新时代我国社会主要矛盾明确为人民日益增长的美好生活需要和不平衡不充分的发展之间的矛盾，并进而指出，“我们要建设的现代化是人与自然和谐共生的现代化，既要创造更多物质财富和精神财富以满足人民日益增长的美好生活需要，也要提供更多优质生态产品以满足人民日益增长的优美生态环境需要”。

其四，新观念。十九大报告提出牢固树立社会主义生态文明观。这一新观念包括：坚持人与自然是生命共同体，人类必须尊重自然、顺应自然、保护自然的自然观；坚持“绿水青山就是金山银山”的发展观；坚持倡导简约适度、绿色低碳的生活方式，反对奢侈浪费和不合理消费的消费观；坚持山水林田湖草系统治理、政府企业公众协同共治的治理观；坚持生产发展、生活富裕、生态良好“三生共赢”的政绩观等。

其五，新体制。十九大报告突出强调改革生态环境监管体制，从顶层设计的高度提出新设国有自然资源资产管理和自然生态监管机构，统一行使三大职责——全民所有自然资源资产所有者职责、所有国土空间用途管制和生态保护修复职责、监管城乡各类污染排放和行政执法职责。按照这个要求，国家未来将对国有的土地、矿产、海域、森林、草原、湿地、河湖、荒漠等自然资源实行中央和地方二级所有权管理。报告还明确提出要建立以国家公园为主体的自然保护地体系。

十九大报告不仅为中华民族伟大复兴的中国梦描绘了一幅宏伟蓝图，而且为实现这一蓝图提出了一系列新思想、新论断、新举措。作为中国梦的一个重要组成部分，“美丽中国”的生态文明建设目标第一次被写进政府工作报告。经过五年气势磅礴的伟大实践之后，尤其是中国特色社会主义进入了新时代的今天，我国生态文明建设在理论思考和实践举措上均有了重大创新。

第六章　生态文明的理论基点

第一节　生态与生态文明

一、生态

“生态”一词源于古希腊，原意指住所或栖息地。简单地说，生态是指一切生物的生存状态以及它们之间和它们与环境之间的和谐关系。目前，“生态”一词涉及的范畴越来越广，人们常常用它定义健康、美好、和谐的事物。

生态是生态学研究的对象，生态学形成于19世纪60年代，是生物学的分支。生态学的基本任务是研究、认识生物与其环境所形成的结构以及这种结构所表现出的功能关系的规律。1866年德国动物学家E. 海克尔首先把生态学定义为“研究有机体与环境相互关系的科学”。随着生态学的发展，生态学家逐渐把生物与环境当作一个整体来研究。1935年，英国生态学家亚瑟·乔治·坦斯利爵士受丹麦植物学家尤金纽斯·瓦尔明的影响，明确提出生态系统的概念，他认为生物有机体与自然环境相互依赖、相互作用，形成有机自然系统，这是第一次把自然视作生态系统的观点。1949年美国学者威廉·福格特在《生存之路》一书中阐述了人类与自然环境的紧张关系，强调人类要维护和恢复生态平衡，为争取明天的生存作斗争。福格特首创“生态平衡”概念，他把人类对自然环境过度开发所引起的消极后果概括为破坏了“几千年来形成的生态平衡”，这一提法表达了人类关于自然环境的基本理念，即维护人类生存的方式是维护生态平衡。生态学理论真正得到全面发展和广泛应用则是20世纪60年代之后。随着《寂静的春天》《增长的极限》等描写人类生态环境遭到破坏的著作不断问世，这些著作揭示的二战后西方发达资本主义国家高速经济增长所导致的严重生态破坏和环境污染，敲响了人和自然关系危机的警钟。在此背景下，生态学朝着人和自然相互作用的复杂的、综合性的理论方向发展起来，其影响进一步加深。

20世纪80年代以来，我国学者相继翻译介绍了一批西方生态学著作，开始结合国情进行研究，主要侧重于马克思主义生态观、国民生态意识培养与生态素质建构等方面，根据目前学界研究成果，生态的特征或属性具有以下几方面。

其一，系统性。生态是生命体存在的前提和基础，任何生命体都离不开生态环境要素而单独存在，正如人离不开空气、水、食物一样。不仅如此，生命体只有不断同环境系统之间实现物质、能量、信息的交换，才能适应不断变化的环境，所以离开生态环境要素，生命体不仅不能向前发展，甚至维持自身的生存都是不可能的。因此，在某种意义上，生命体是环境的产物，生命体与环境之间所形成的生态关系是一种系统关系。习近平总书记提出的“人与自然是生命共同体”“山水林田湖草是生命共同体”[①] 正是对生态系统性的形象表述。

其二，演替性。对于生命体来讲，生态不是静止不动、一成不变的，相反，任何水平的生态都处于不断发展变化中。在生态学上，一般将生态动态发展过程中一个生物群落逐渐被另一个生物群落所取代，直至达到一个相对稳定的阶段称为生态演替。生态演替的趋势可能出现两种截然相反的方向，即更加有序化或更加无序化。前者指系统朝着有利于生命体及其环境因子的方向运动，后者指由于生态间的输入、输出而减少了整体系统的有序性，甚至导致生态向病态、死态方向运动。

其三，区域性。由于生命体之间存在着“竞争排斥法则”，不同水平的生命体通常存在于一定特殊范围的环境区域，即使是同一水平的生命体也都分别拥有自己独特的活动空间。“竞争排斥法则”使生命体的存在总是处于既对立又统一的关系之中，简言之，就是两个相似物种的竞争结果很少能在同一区域生存，所谓“一山不容二虎”，每个物种大都以占有某种特别的食物而存在于特定的区域之中，并具有不同其竞争者所特

---

① 李干杰：《推进生态文明　建设美丽中国》，人民出版社、党建读物出版社2019年版，第10—14页。

有的生活方式。

其四，社会性。指生态的某种群体性特征，如动物之间的分散、隔离、群居以及领域性等。在一定区域内，相同或彼此存在依赖性的个体往往以群体的形式存在着，它们之间既存在着一定的竞争性，各自拥有自己的小环境，又存在着某种食物链或寄生、共生等不可分割的关系。这种生态的群体性特征，使生物呈现出不同于个体层次的许多社会性特征。

二、生态文明

文明与文化是近义词，第一位从文化人类学的高度对人类文化现象进行总结和概括的是英国学者泰勒。他在《原始文化》一书中明确指出："文化与文明，就其广泛的民族学意义上来说，乃是包括知识、信仰、艺术、道德、法律、习俗和任何人作为一名社会成员而获得的能力和习惯在内的复杂整体。"泰勒所说的复杂整体，即包括多层次、多方面内容的文化综合体，代表人类创造和积累起来的全部物质财富和精神财富以及人们的生活方式。我国著名文化学者梁漱溟先生认为："文化，就是吾人生活所依靠的一切。"[①] 随着文化的发展和人类对自身研究的日益深入，"文明"一词被赋予了多元含义，广义上指的是文化，狭义上则是指文化中与"野蛮""原始"相对的高级的、进步的状态或"开化的行为和状态"。唐代孔颖达注疏《尚书》时将文明解释为："经天纬地曰文，照临四方曰明。"[②] 这里的"经天纬地"指的是世世代代的人在劳动实践过程中所创造的物质财富和精神财富的总和，即一般意义上的文化，而"照临四方"意为启迪智慧，驱走愚昧，指的是文化中的开化、进步、开明的状态，即文明。

生态文明是由生态和文明两个概念构成的复合概念，基于以上对生态和文明概念的理解，生态文明也有狭义和广义之分。

从狭义上讲，生态文明就是人类在改造自然以造福自身的过程中为实现人与自然之间的和谐所做的全部努力和所取得的全部成果，它表征

① 徐言行：《中西文化比较》，北京大学出版社 2004 年版，第 12 页。

② 徐言行：《中西文化比较》，北京大学出版社 2004 年版，第 10 页。

着人与自然相互关系的进步状态或人类在处理与自然的关系时所达到的文明程度[①]。

从广义上讲，生态文明是指人类遵循人、自然、社会和谐发展这一客观规律而取得的物质与精神成果的总和；是指以人与自然、人与人、人与社会和谐共生、良性循环、全面发展、持续繁荣为基本宗旨的文化伦理形态[②]。这个定义涵盖的内容比较全面，既包括人与自然，也包括人与人、人与社会，涉及政治、经济、文化、道德、伦理等各个领域。

生态文明大致可从以下几个层面来理解：

其一，生态文明是人类文明发展过程的一个新阶段。迄今为止，人类文明经历了三种既相互区别又相互联系的历史形态，即原始文明（也称之为狩猎文明或采猎文明）、农业文明、工业文明，目前正处于从工业文明向第四种文明即生态文明迈进的新阶段。

原始文明。诞生于原始时代，人类以捕鱼打猎为生，本能地利用自然资源。由于生产力水平低下，原始人类没有明确的自我意识，支配他们劳动和交往活动的是一种以图腾崇拜、交感巫术、万物有灵观念为基础的、神秘的物我不分的直觉思维以及积淀在神话表象中的禁忌、戒律、集体表象或集体意象等，因而人类遵循的是适应自然并绝对依附自然的活动原则，人类只能被动地适应自然，盲目地崇拜自然、依赖自然，对自然生态没有实质性的破坏和威胁，处处受到自然界的束缚，其活动没有超出自然界的承受能力。因此，原始文明是初始的、低级的，是受自然支配的文明阶段，历经数百万年。

农业文明。以农业生产劳动为核心，随着生产力的进一步发展，人类开始发挥主观能动性，改造自然、利用自然的能力得到提高，人与自然在物质变换过程中既满足了人类的生存需求，也产生了一些生态问题。不过由于农业时代是一种自给自足的自然经济，人类所生产的产品主要是供自己消费，而不是为了交换或实现货币增值，生态问题波及的范围及其造成的影响比较有限。另外，农业时代，人类在生产与生活中也积淀了一些生态经验、生态常识和生态习惯习俗以及对生态的天然情感等

① 沈国明：《21世纪生态文明环境保护》，上海人民出版社2005年版，第134页。

② 姬振海：《生态文明论》，人民出版社2007年版，第2页。

文明要素，因此，农业时代的生态文明本质上是一种经验主义的文明模式。

工业文明。工业时代，人类主体意识大大增强，科技的发明和运用使生产力得到空前发展。与此相应，人对自然的“控制”和“征服”能力日益增强，并创造了巨大的物质文明。但是，以消耗自然资源和能源为基础的工业文明，对生态平衡造成了极大破坏，导致了一系列全球性生态问题的出现：人口暴涨、资源短缺、环境污染、生态破坏，以至于自然界不断对人类进行报复：厄尔尼诺现象、温室效应、沙尘暴、洪涝旱灾、沙漠化、流行病等等。

生态文明。随着人口、资源、环境问题的日益突出，人类逐步认识到：必须选择一种新的文明方式实现人与自然的协调发展。生态文明正是在对传统的经济发展模式和经济行为深刻反思的基础上形成的，是人类在对待人与自然关系上的质的飞跃，是文明发展的高级阶段和表现形式，它以了解、尊重自然为前提，实现人的发展与自然发展的双赢，其核心是要求人类重建人与自然和谐与统一的关系。因此，生态文明顺应了人类文明发展的规律，走生态文明发展之路，是当今人类社会生存和发展的必然选择。

其二，生态文明是指社会文明体系的一个构成方面，是社会文明不可或缺的重要组成，与物质文明、政治文明、精神文明、社会文明互为条件，不可分割，协同发展，共同支撑整个和谐社会大厦。在五大文明体系中，物质文明为和谐社会提供了物质保障，政治文明为和谐社会提供了公平正义，精神文明为和谐社会提供了智力支持，社会文明为和谐社会提供了良好的社会环境，生态文明是整个社会文明体系的基础。如果人们对待生态、自然的态度出现了问题，即生态文明程度较低，“没有良好的生态条件，人类既不能有高度的物质享受，也不可能有高度的政治享受和精神享受。没有生态安全，人类自身就会陷入最深刻的生存危机”①。

其三，生态文明是一种新的发展理念。生态文明是与“野蛮”相对

① 潘岳：《论社会主义生态文明》，《绿叶》2006年第10期。

的，指的是在工业文明已经取得成果的基础上，用更文明的态度对待自然，拒绝对大自然进行野蛮与粗暴的掠夺，积极建设和认真保护良好的生态环境，改善与优化人与自然的关系，从而实现经济社会的可持续发展。

其四，生态文明具有社会制度属性。生态文明反映的是人与自然的关系，是人对待自然的态度与行为的文明程度表现，实质反映的是社会制度及社会公平问题。通过对历史上生态环境事件的分析和反思，特别是对资本主义制度下生态环境的分析可知，资本主义制度的本质使它不可能停止剥削和实现公平，只有社会主义才能真正解决社会公平问题，从而在根本上解决环境公平问题。生态文明是社会主义文明体系的基础，是社会主义基本原则的体现，只有社会主义才能自觉承担起改善与保护全球生态环境的责任①。

其五，生态文明是一种先进的价值观和系统化的思维方式。生态文明以人与自然、人与人、人与社会的和谐为重要主题，以实现人、自然、社会的和谐共生，良性循环，最终实现人自由而全面的发展为目标，旨在引导人类在人与自然的关系上学会确立和谐相处的自然价值观，在人与人、人与社会的关系上学会树立科学的社会价值观，在人与自我方面学会确立崇高的精神价值观，并以整体性和系统性的生态化思维方式为基础，自觉扬弃以往人与自然、人与人、人与社会、人与自我之间二元对立的主客体的单向改造关系模式，转变为一种以人的实践为中介，主客体之间和谐相处、协同发展的互利关系模式。在这种模式中，人的地位发生了改变，人不再是中心，而是自然系统中的成员；自然及其存在的价值被充分肯定和尊重，评价事物价值的尺度不再是唯一的——人的利益，而是人和自然的双标尺。在这个双标尺评价体系中，人的利益与自然系统的利益都得到充分的考虑，人在自然中的权益和对自然的责任都被清晰地确定②。

基于以上对生态文明内涵的理解，可以看出生态文明有以下主要特征：

---

① 潘岳：《论社会主义生态文明》，《绿叶》2006年第10期。

② 彭秀兰：《浅论高校生态文明教育》，《教育探索》2011年第4期。

第一，自律调节性。发展是硬道理，与以往农业文明、工业文明一样，生态文明也要以发展生产力为基础，以提高人的生活水平为目的。但区别在于，生态文明强调首先要学会尊重和保护自然，树立“人与自然和谐相处和协同发展”的生态价值观，在遵循生态环境发展客观规律的基础上进行改造和利用自然。从表面看，生态问题好像是自然问题，但根源在于人类，换言之，是人类违背自然规律的活动与发展的结果。因此，在处理人与自然的关系中，生态文明要求人类必须学会自律，主动修正和调整自己的错误，改善与自然的关系。

第二，和谐公平性。生态文明旨在增进和谐，和谐意味着和睦相处、和平共生。生态文明强调人与自然、人与人、人与社会的和谐共生，良性循环和全面发展，充分体现人与自然之间的公平、当代人之间的公平、当代人与后代人之间的公平。习近平总书记指出：“保护生态环境就是保护生产力，改善生态环境就是发展生产力。良好生态环境是最公平的公共产品，是最普惠的民生福祉。”

第三，可持续性。人与自然是一个统一体，只有维持好这个统一体，才能做到可持续性发展，而生态文明是保证可持续发展的关键。因此，只有实现生态文明，搞好生态文明建设，才能使人口、环境与社会生产力协调发展，使经济建设与资源、环境循环发展，保证世世代代永续发展。

第四，整体多样性。地球是一个有机系统，其中的有机物、无机物、气候、生产者、消费者之间时时刻刻都存在着物质、能量、信息的转换。多样性是自然生态系统内在丰富性的外在表现，承认地球上每个物种都有其存在的价值，始终以一种宽阔的胸怀和眼光关注自然界中的万事万物，保护自然界本身的丰富性和多样性。为此，生态文明要求具备全球性视野，从整体的角度考虑问题，与物质文明、精神文明、政治文明、社会文明协同并进。

第二节　中国传统生态思想追溯

“中国古代生态思想源于农耕文明，在旧石器的采集、狩猎期形成了生态思想萌芽，从新石器时代以来就进入了农耕文明，农耕文明则促使生态思想由萌芽走向人类生态思想的逐步形成。”①

中国传统文化在孕育、发展、演变过程中，逐步形成了以儒、佛、道相结合为主的特色文化形态，其中人与自然的关系被普遍确认为“天人合一”，强调人对自然的顺应、协调和感恩，以人与自然的亲和为其价值取向，从根本上培育和形成了民众敬畏自然、爱护环境的朴素环境意识，从而在不同时期为生态环境保护作出巨大贡献。在儒、佛、道三家及其他经典精辟的论述和实践中，虽然其天人关系的内容非常复杂，并不完全等同于人与自然的关系，但其中包含的大量生态思想对于今天建设生态文明、培育公民生态文明意识具有借鉴意义。

一、儒家生态思想

儒家文化是中国传统文化的主流。在儒家思想中，人与自然的关系首先表现为“天人关系”，即“天人合一”。儒家生态思想的主要代表有孔子、荀子、孟子。

孔子虽然没有明确提过“天人合一”，但他的思想却包含着这一命题，即主张把人类社会放在整个大生态环境中加以考虑，强调人与自然共生并存、协调发展，体现着和谐自然的生态伦理观。在谈及什么是“天”时，孔子说：“天何言哉，四时行焉，万物生焉，天何言哉?”（《论语·阳货》）这里所说的天，就是自然之天。在孔子看来，四时运行，万物生长，是自然界的最大特点和基本功能，也是客观存在的不可抗拒的自然规律，天道不可违，人们只有掌握它，春耕播种，才有金秋收成；人们只有适应它，热天降暑，冬日防寒，才能健康不病。如果违背天命、天道，既不能搞好粮食生产，也难以保证人自身健康成长，这无异于自取灭亡，所以君子必然要敬畏天命。也就是说，孔子的“畏天命”思想不仅强调人们要遵循自然规律办事，而且还将其与“君子”人格结合起来，体现了“天人合一”的生态伦理意识。他在《论语·尧曰》中讲“不知命，无以为君子也”，把“知命畏天”看作君子应具备的美德，认为“天命”是一种客观必然性，“知天命”就是对自然规律的了解和掌

① 宋宗水：《生态文明循环经济》，中国水利水电出版社2009年版，第56—57页。

握，体现了一个人对自然应有的素质和态度。孔子以思考“知命畏天”为起点，身体力行，进而培养起“乐山乐水”的生态伦理情怀和人生境界，“知者乐水，仁者乐山；知者动，仁者静；知者乐，仁者寿”（《论语·雍也》)，在“乐山乐水”的追求中将人的价值目标与热爱自然有机融合在一起。同时，孔子还有“弋不射宿”的生态资源保护和节用观，《论语·述而第七》记录“子钓而不纲，弋不射宿”，即孔子捕鱼用钓竿而不用网，用带生丝的箭射鸟却不射巢宿的鸟，体现了他对再生资源可持续发展的生态思想。

荀子在《荀子·天论》中基于自然界（天）与人类的本质区别即“天人之分”的考虑，提出了“天行有常”的生态观——“天行有常，不为尧存，不为桀亡。应之以治则吉，应之以乱则凶。强本而节用，则天不能贫；养备而动时，则天不能病；循道而不贰，则天不能祸。故水旱不能使之饥，寒暑不能使之疾，妖怪不能使之凶。受时与治世同，而殃祸与治世异，不可以怨天，其道然也。故明于天人之分，则可谓至人矣。”这明确告诉世人：大自然运行变化有一定的常规，不会因为尧统治天下就存在，也不会因为桀统治天下就消亡。用正确的治理措施适应大自然的规律，事情就办得好，用错误的治理措施对待大自然的规律，事情就会办得糟。值得一提的是，荀子提出人类社会出现的饥荒、疾病、殃祸“不可以怨天”，是由于“应之以乱”，即没有处理好人与自然的关系造成的。这里谈的“天人关系”包含人与自然之间的伦理关系即生态伦理问题。荀子不仅在“天行有常”中表现了关于人与自然关系的“天人合一”生态观，而且提出“制天命而用之”的生态实践观。在强调人必须尊重自然规律的同时，强调要发挥人利用与改造自然的能动性，达到人与自然和谐的可持续发展。他说：“大天而思之，孰与物畜而制之；从天而颂之，孰与制天命而用之；望时而待之，孰与应时而使之；因物而多之，孰与骋能而化之！思物而物之，孰与理物而勿失之也！愿于物之所以生，孰与有物之所以成！故错人而思天，则失万物之情。”（《荀子·天论》）荀子在这段话里强调与其尊崇天而思慕它，不如把天当作自然物来蓄养、控制和利用它，既要学会顺应季节的变化使之为生产服务，又要施展人类的才能促使其保持不断繁殖再生，确保万物生长下去；既要合理利用万物，又要不造成浪费；不能放弃人类的努力，一心指望天赐恩惠而放弃人治，这样会“失万物之情”。只有发挥主观能动性，认识自然与事物的规律，充分而合理地利用和爱护好生态资源，才能建立良好的人与自然的关系。

孟子认为人性本善，“人皆有不忍人之心”，这种同情心不仅对人类，推人及物，对万物也一样，这也是其生态伦理意识产生的内在心理基础。孟子最早意识到破坏山林资源可能带来的不良生态后果，并概括提炼出一个具有普遍意义的生态学法则：物养互相长消法则。孟子认为：“牛山之木尝美矣，以其郊于大国也，斧斤伐之，可以为美乎？是其日夜之所息，雨露之所润，非无萌蘖之生焉，牛羊又从而牧之，是以若彼濯濯也。人见其濯濯也，以为未尝有材焉，此岂山之性也哉？……故苟得其养，无物不长；苟失其养，无物不消。”（《孟子·告子上》）意思是说，齐国都城临淄郊外的牛山原本树木茂盛，老用斧子去砍伐，还能茂盛吗？自然，日日夜夜雨露滋润，不是没有嫩芽新叶长出来，但紧跟着又放牧牛羊，所以变得那样光秃秃了。人们看见牛山光秃秃的样子，便以为不曾有过大树，这哪里是牛山的本性啊！最后，孟子得出结论：如果得到保养，没有东西不生长；如果失去保养，没有东西不消亡。

二、佛教生态思想

佛教的本质是以“法”为本。“法”贯穿于人的生命和宇宙生命之中，所有生命都归于“生命之法”的体系内，主张“天地同根，万物一体，法界通融”，还提出“依正不二”的思想，“依”指生存环境，“正”指生命主体。也就是说，生命主体和生存环境作为同一整体是相辅相成、密不可分的，一切现象都处在相互依存、相互制约的因果联系中，一切生命都是自然界的有机组成部分。这与儒家和道家的“天人合一”思想有异曲同工之处。

众生平等是佛教生态思想的核心。佛教从佛性出发，认为十二类众生虽有别，但其生命本质是平等的，皆由缘而生，皆有佛性，“一切众生，悉有佛性”，“青青翠竹，尽是法身；郁郁黄花，无非般若”。这就从观念上否定了人在自然界“唯我独尊”的地位，否定了人对万物自命不凡的“妄有之见”。

为了自觉践行“众生平等”的思想，佛教还提出了诸如不杀生、素食、放生、爱护环境等一系列行为规范，并以善恶业报法则进行约束，体现了佛教尊重生命、关爱生命的慈悲精神。

三、道家生态思想

道家的核心思想和最高范畴是“道”，道生万物，天地同源。“道生一，一生二，二生三，三生万物。”（《老子·四十二章》）在此基础上，老子提出“道法自然”，“人法地，地法天，天法道，道法自然”（《道德经·二十五章》）。在道家看来，万物皆由道而生，由此决定了万物具有共同的本质并遵循共同的规则。

道家反对等级观念，在人与自然的关系上，主张“物无贵贱”、“物我合一”，同时也主张“天人合一”，“天地与我并生，而万物与我为一”。天是自然，人只是自然的一部分，“人与天地相参也”（《灵枢》《庄子·齐物论》）。但与儒家的“天人合一”有所不同，儒家积极入世，带有一定的人类中心主义倾向；而道家追求无为而治，不是把自然看作人类索取和控制的对象，而是把人看作自然界的一部分，追求人的自然化，强调人与万物和谐相处。对于违背自然规律的胡作非为，庄子予以强烈谴责：“且夫待钩绳规矩而正者，是削其性者也；待绳约胶漆而固者，是侵其德者也。”（《庄子·外篇·骈拇》）这里的“钩绳规矩”是指画曲线、直线、圆形、矩形的工具，泛指外在的标准，庄子指出如果用这些外在的标准去校正事物，就伤害了事物的自然之性，破坏了事物的自然之道。庄子进一步警告说：“知常曰明，不知常，妄作，凶”（《道德经·十六章》），“乱天之经，逆物之情”必然造成“云气不待族而雨，草木不待黄而落，日月之光益以荒矣”，“灾及草木，祸及止虫”等灾难性后果。

道家认为人类的物质欲望应建立在正常合理的需求基础上，所谓“量腹为食，度形而衣”，同时认为“五色令人目盲；五音令人耳聋；五味令人口爽；驰骋畋猎，令人心发狂；难得之货，令人行妨”（《老子·十二章》）。意思是凡事过度肯定反致祸患，因此对待万事万物都要有度，适可而止。

总之，以儒、佛、道三家为代表的中国传统文化均主张人与自然和谐共生，但各家学说又具体不同，相互补充，呈现的是“天人合一”的整体思维，形成了独特的中国生态伦理思想。

第三节　西方传统生态思想追溯

人与自然的关系作为人类生存与发展的基本关系，不仅是中国传统生态思想的重要议题，也是西方传统生态思想的重要议题。由于不同的地理环境、生产经营方式和民族思维方式，东西方文明呈现出显著不同的特点。有学者把西方文明称为商业文明、海洋文明。李大钊在《东西文明根本之异点》中将东方文明称为“南道文明”，将西方文明称为“北道文明”，并认为“南道得太阳之多，受自然赐予厚，故其文明为与自然和解与同类和解之文明。北道得太阳之恩惠少，受自然赐予啬，故其文明为与自然奋斗之文明”。如果说中国传统文化偏重伦理的话，那么西方传统文化则重视科学精神，即如康有为所说：“中国人重仁，西方人重智。”[①] 这主要与西方文化产生的地理环境有关，比如古希腊临地中海，多山地与丘陵，土地贫瘠，相对恶劣的生存忧患使古代希腊人产生了人与自然对立的观念，这一方面引起他们对超自然神秘力量的畏惧与膜拜，同时也激发了他们征服和驾驭自然的雄心，而要驾驭自然其先决条件便是认识和掌握自然规律。

一、古希腊时期的生态观

在西方传统文化林林总总的成果中，希腊人尤其偏爱能帮助人认识自然、利用自然的知识。伊壁鸠鲁说：“一个人没有自然科学的知识就不能享受无比的快乐。”显然，早期希腊人探求和发现自然之奥秘乃是战胜自然、实现人的自由意志最有效的手段。最早对自然本质进行思考的是活动于古希腊伊奥尼亚米利都城邦的“米利都三杰”，即泰勒斯、阿那克西曼德和阿那克西美尼三位哲学家。他们探索的共同问题是：世界从何而来？事物由什么构成？而他们的任务就是寻找世界本原。泰勒斯认为世界的本原是“水”，阿那克西曼德认为是“无定”（一种无形、虚拟的物质）；阿那克西美尼认为是“气”。宇宙万物的生成、变化是物质性本

① 徐言行：《中西文化比较》，北京大学出版社2005年版，第77页。

原“浓聚”或“稀散”的结果。不仅如此，他们认为决定自然界的是一个“活”的具有内在秩序的有机体，而决定这种秩序的源泉是渗透在自然界中的“心灵”。换言之，自然界是一个有灵魂、有生命的世界，是一个“活”的世界。

米利都学派本原说的局限在于，它无法解释宇宙的秩序问题，这一步由伊奥尼亚另一位哲学家赫拉克利特诠释与跨越。他认为，宇宙的本原是“火”，火生万物的依据是“道”（logos，又译“逻各斯”，有规律、理性等含义）。“道”是本原“火”所固有的属性，“火”按照自身的“道”燃烧、熄灭，生成万物。从泰勒斯的“灵魂”到赫拉克利特的“道”，一个视自然界为生命机体的哲学隐喻逐步确立。伊奥尼亚时代以后的哲学家都把自然的内在生命力称作“宇宙理性”或“世界灵魂”（nous，又译“奴斯”）

苏格拉底和柏拉图时代，哲学发生了重大转向，主要关注人与社会。二人的可贵之处是，将善导向自然，导向人类，使善的生活与自然相一致，与人相一致。

亚里士多德是古希腊哲学的集大成者。他将自然界分为两类，即有生命的和无生命的，并对自然的涵义作了进一步区分，在此基础上，提出自然哲学的研究任务是寻找事物存在和发展的本原或原因，进而提出了“自然就是目的或为了什么”“自然是一种原因，并且就是目的因”的思想。他提出的著名“四因说”（即质料因、形式因、动力因、目的因），提示了事物存在和发展最初的、第一位的原因。他研究最多的是其自然哲学。他在对植物、动物和人的比较中揭示出三者具有的自然本性，而这种自然本性隐藏在万事万物的自然行为和功能背后。对此，黑格尔曾作出评价：“亚里士多德的主要思想是，他把自然理解为生命，把某物的自然（或本性）理解为这样一种东西，其自身即是目的，是与自身的统一。”①

从总体上看，古希腊人认为：“自然具有生命，像人一样具有心灵。心灵是自然界的共性，是自然界规则或秩序的源泉。”② 由于当时生产力

---

① 李东：《〈目的论〉的三个层次》，《自然辩证法通讯》1997年第1期。

② 罗宾·柯林伍德著，吴国盛等译：《自然的观念》，华夏出版社1999年版，第4页。

水平很低，人对自然的解释还不科学，带有直观的、猜测的性质，反映了当时一种朴素的自然观。不过，这种朴素的自然观为后人发现自然、探究自然提供了有益的启示与借鉴。

二、文艺复兴时期的机械自然观

中世纪的欧洲，基督教占统治地位，上帝凌驾于一切创造物之上。16世纪时，随着生产力的发展，特别是力学和数学的应用，机械自然观开始兴起，并在17—18世纪占据支配地位。培根提出“知识就是力量”，其出发点就是“控制自然”。笛卡尔认为，万物都有一个量化的过程，他的至理名言是，“给我空间与运动，我就可以创造出宇宙来”。他认为，自然界的一切运动，包括生命运动，都是机械运动，进而认为“动物是机器”。牛顿著名的三定律最终完成了解释世界的任务，“如果社会运行失常，那只能怪它没有严格按照支配宇宙的自然规律来行事”。人们只要按照这些规律行事，杂乱的社会就会进入有条不紊的状态；只要人们世代向着这个方向发展，社会就会不断进步。18世纪，拉美特利说，不仅动物是机器，人也是机器。狄德罗把自然界非生物向生物的过渡归结为一定性质的元素“或多或少的量的比例”，进而断言“生命，就是一连串的作用与反作用”。总之，机械自然观对自然过度量化，或单纯用数学、力学模式阐释自然，导致人与自然完全分离，使自然单方面客体化，最终使西方人走上了试图统治自然的道路。

三、西方近现代社会的自然观

文艺复兴之后，工业革命推动了西方科技的发展，特别是19世纪生物学的兴起，机械自然观受到严峻挑战。面对复杂多样的自然现象，机械自然观已经无法解释，整体自然观开始形成。整体自然观以有机的、自律的系统为基础，重新确认了古代自然观中的生命机体概念。例如英国哲学家怀特海，主张把自然理解为生命机体的创造进化过程，理解为众多事件的综合或有机联系。德国古典哲学将历史观引入对自然界的研究中，例如，1755年康德在《自然通史和自然体》中提出的关于太阳系起源和演化的“星云假说”，第一次科学阐明了太阳系是由原始混沌弥漫的星云在吸引和排斥相互作用下，逐渐形成和发展起来的，这个辩证法萌芽对于形成关于自然界的历史观做出了最初的贡献。黑格尔在《自然哲学》中论述了有机论自然观，他认为自然是一个有机整体，是有理性、有目的和充满意义的。19世纪后，达尔文以自然选择为核心的生物进化论以及主张孤立系统会自发走向热平衡状态的热力学第二定律，分别证明了整个生物界的历史性和某些非生物系统的历史性，逐步催生了辩证唯物主义自然观。

辩证唯物主义自然观将唯物论和辩证法、自然观和历史观、客观辩证法与主观辩证法统一起来，为人类正确认识和把握自然界提供了科学的世界观和方法论，对人类摆脱生态危机困境，解决人与自然、人与社会、人与人之间的矛盾具有重要的意义。马克思主义的辩证唯物主义自然观认为，人与自然的关系是人类一切活动的前提和基础，作为具有自然属性的历史的人只有处理好与自然的关系，把握好利用、改造自然的“度”，尊重自然规律，与自然界和谐共生，才能为实现人类解放奠定基础。马克思主义的辩证唯物主义自然观的形成与确立，是人类自然史观上一次伟大的飞跃，标志着人与自然的关系由对立走向统一。

第四节　新中国成立后中国共产党生态思想的演进

一、新中国成立初期:“绿化治水”的生态思想

新中国成立以来，中国共产党人把马克思主义生态文明理论与中国实际相结合，对生态文明进行了理论研究与实践探索，实现了对马克思主义生态文明理论的丰富和发展，取得了马克思主义生态文明中国化的成果，为推进我国社会经济持续发展与自然生态环境和谐奠定了根基。

新中国成立初期，修复因长期战争造成的严重生态环境破坏是摆在中国共产党面前的一项紧迫任务。以毛泽东为核心的党中央在领导社会主义改造和建设实践中注意到人口、资源、环境问题以及生态环保的重要性，相继提出了一系列生态环保的主张和措施，形成了“绿化治水”的生态思想，主要体现在以下几方面。

第一，倡导勤俭节约。经济发展离不开自然资源。1956年，毛泽东指出:“天上的空气，地上的森林，地下的宝藏都是建设社会主义所需要的重要因素”，“要使我国富强起来需要几十年艰苦奋斗的时间，其中包

括执行厉行节约、反对浪费这样一个勤俭建国的方针”[1]。

第二，提倡植树造林。毛泽东十分重视植树造林和林业建设。1958年，中共中央、国务院发布《关于在全国大规模植树造林的指示》，开启了新中国成立以来独具特色的植树造林运动。在党中央第一代领导集体的努力下，我国绿化面积持续增加，绿化率明显上升，极大地改善了生态环境。

第三，兴修水利。毛泽东在江西瑞金期间就提出“水利是农业的命脉”的著名论断。新中国成立后，在毛泽东兴修水利思想的指引下，治理淮河、黄河、荆江等大型水利工程相继开工建设，三门峡水库、葛洲坝水利枢纽建设相继开展。1958 年 2 月，毛泽东在主持讨论三峡工程和发展水电问题时，意味深长地说道：“我们祖先已经烧了 2000 多年的煤，现在我们会用水来发电，应尽量少用煤，让煤再埋它个 2000 年，留给我们的子孙吧。”

第四，控制人口均衡发展。毛泽东控制人口均衡发展的思想是马克思主义人口理论与中国实际相结合的产物，是毛泽东生态文明思想的重要组成部分。他提出的“有计划的生育”这一论断，切实符合当时的社会背景和现实需要，在解决当时中国人口发展问题的过程中，有效地控制了人口的快速增长。以“控制人口、计划生育”为主基调的人口观点，为我国计划生育基本国策的确立和实施奠定了重要思想基础，为以后的生态文明思想发展提供了理论与实践前提。

二、十一届三中全会以来：“协调、促进、发展”的生态思想

党的十一届三中全会标志着中国进入了改革开放新时期。以邓小平为代表的中国共产党第二代领导集体在继承马克思主义生态理论的基础上，认真总结经验教训，重新审视人与自然生态的关系，不断发展毛泽东生态观，形成了“协调、促进、发展”的生态思想。

第一，大力开展全民义务植树。邓小平继承毛泽东的植树造林思想，提出“植树造林，绿化祖国，造福后代”，每年带领中央领导亲自参与植树。他在会见美国驻华大使伍德科克时指出：“我们打算坚持植树造林，

---

① 《毛泽东文集》第 8 卷，人民出版社 1999 年版，第 240 页。

坚持它二十年，五十年。就会给人们带来好处，人们就会富裕起来，生态环境也会发生很好的变化。”1979 年，全国人大决定将每年的 3 月 12 日定为我国的义务植树节，有力推动了全国义务植树造林运动的蓬勃开展。

第二，以生态建设促经济发展。邓小平主张通过改善生态环境，发展林业生产，提高经济效益。1982 年，他在治理黄土高原水土流失问题时明确指出：“我们计划在那个地方先种草后种树，把黄土高原变成草原和牧区，就会给人们带来好处，人们就会富裕起来，生态环境会发生很好的变化。”此后，全国各地纷纷减少对自然资源的采伐力度，努力加强对生态环境的保护和建设。

第三，依法保护生态环境。1979 年，我国颁布了新中国成立以来的第一部综合性环保基本法——《中华人民共和国环境保护法（试行）》，这标志着我国环境保护开始走上法制轨道。随后又制定和颁布多部地方性法律法规，初步形成了完整的环境保护法规体系。

第四，以科技提升生态文明建设水平。邓小平提倡使用清洁能源，减少环境污染，实现可持续发展，指出“解决农村能源，保护生态环境等等，都要靠科学”①。1982 年 9 月，在陪同金日成参观四川农村时，邓小平指出，沼气“这东西很简单，可解决农村的大问题。光四川省，每年就可以节省煤炭六百多万吨。沼气能煮饭，能发电，还能改善环境卫生，提高肥效”②。1990 年，邓小平在谈到发展新能源时指出：“核电站我们还是要发展，油气田开发、铁路公路建设、自然环境保护等都很重要。”③ 邓小平的科技思想为解决资源环境问题、建设生态文明指明了方向。

三、十三届四中全会后：“可持续发展”生态文明思想

十三届四中全会后，以江泽民同志为核心的第三代中央领导集体坚持与时俱进，对我党已有的生态文明思想进行了全面科学的继承，并结合我国改革开放不断深化的具体实际，进行了扩展和完善，形成了更为

① 刘金田：《邓小平对新时期农村改革和发展的历史贡献》，《党的文献》2009 年第 5 期。
② 林震、冯天：《邓小平生态治理思想探析》，《中国行政管理》2014 年第 8 期。
③ 贺新元：《邓小平发展思想论纲》，《中国人口·资源与环境》2011 年第 10 期。

全面的可持续发展生态文明思想。

第一，确立可持续发展战略。随着我国人口、资源和环境问题的不断突出，1995年，党的十四届五中全会第一次把可持续发展确定为我国经济和社会发展的重要指导方针，并对可持续发展做出科学界定。1996年，江泽民在全国计划生育工作会议上提出："我国人口多，人均资源相对不足，这些都要求我们把控制人口、节约资源、保护环境放在重要位置，为子孙后代创造可持续发展的良好环境。"1997年，党的十五大报告把"转变经济增长方式、实施可持续发展"作为我国现代化建设的一项重要战略。

第二，高度重视生态资源开发和保护。2002年，党的十六大报告将"可持续发展"纳入全面建设小康社会的目标，江泽民在报告中明确要求："全面建设小康社会的一项重要目标就是要走出一条可持续发展能力不断增强、生态环境不断改善、资源利用效率不断提高，促进人与自然的相互和谐，推动全社会走上生产发展、生活富裕、生态良好的文明之路。"生态文明建设作为全面建设小康社会的重要目标首次载入党的正式文献，标志着中国共产党对社会主义文明形态理论与实践探索上了一个新台阶。

第三，注重生态国际合作。随着可持续发展领域国际合作的日益密切，江泽民及时做出了开展国际生态合作的重大决策。他指出，人类共同生存的地球和共同拥有的天空，是不可分割的整体，要切实抓好环境保护工作，在改善投资环境的同时要注意防止国外把污染严重的项目甚至洋垃圾向我国转移。在这一思想的指引下，我国可持续发展领域的国际交流合作快速发展。

四、党的十六大以来：建设社会主义生态文明的思想

党的十六大以来，以胡锦涛为总书记的新一代中央领导集体，高举中国特色社会主义理论伟大旗帜，提出了建设社会主义生态文明的思想。

第一，科学发展观。根据我国社会经济发展实际，胡锦涛在党的十六届三中全会上提出全面、协调、可持续的科学发展观，这是中国特色社会主义理论体系的又一创新，为我国经济发展和环境问题的解决指明了正确方向，推动了我国生态环境建设水平的不断提升。

第二，资源节约型与环境友好型社会。进入21世纪，随着科技水平的提升，循环经济逐渐成为新的增长方式。2004年5月，胡锦涛在江苏考察工作时强调：各地区在推进发展的过程中，要抓好资源的节约和综合利用，大力发展循环经济，抓好生态环境保护和建设，构建资源节约型国民经济体系和资源节约型社会。党的十六届四中全会创造性地提出了构建社会主义和谐社会的重大命题，并强调“必须把建设资源节约型、环境友好型社会放在工业化、现代化发展战略的突出位置”。

第三，建设社会主义生态文明。党的十七大报告在明确科学发展观深刻内涵的基础上，将建设生态文明并列为实现全面建设小康社会奋斗目标的五大新要求之一，“生态文明”首次写入党的十七大报告，说明中国共产党对保护环境的认识提升到了前所未有的高度。

五、党的十八大以来：坚持人与自然和谐共生、建设美丽中国的生态文明观

党的十八大把生态文明建设纳入中国特色社会主义事业五位一体总体布局，明确提出大力推进生态文明建设，努力建设美丽中国，实现中华民族永续发展。以习近平同志为核心的新一代中央领导集体在贯彻落实党的十八大精神的同时，给生态文明建设制定了新的发展方向，坚持节约优先、保护优先、自然恢复为主的方针，树立生态观念、完善生态制度、维护生态安全、优化生态环境，形成节约资源和保护环境的空间格局、产业结构、生产方式、生活方式，使中国不断走向社会主义生态文明新时代。

总之，新中国成立以来，历届中央领导集体对生态文明建设思想进行了不懈的探索与追求，取得了巨大的理论成果，为推进我国社会经济与自然生态环境和谐与持续发展奠定了根基。

第七章　生态文明的实践视点

第一节　千姿百态的生态系统

生态系统，是指在自然界一定的空间内，生物与环境构成的统一整体。在这个统一整体中，生物与环境之间相互影响、相互制约，并在一定时期内处于相对稳定的动态平衡状态。自 1935 年英国生态学家亚瑟·乔治·坦斯利爵士提出生态系统概念后，生态系统一词逐渐走进人们的视野。

生态系统主要由生物部分和非生物部分组成。生物部分包括：生产者、消费者和分解者，非生物部分主要指生物的生存环境，包括空气、水分、养分和气候因素等。

在生态系统中，生产者是指绿色植物能够利用太阳能，通过光合作用，把光能转变成有机物中的化学能。消费者是指不能制造有机物，必须直接或间接地依赖于绿色植物维持生命的动物。分解者是指许多看不见的细菌和真菌，能将动植物的遗体、排出物和残留物中所含的有机物逐渐分解成无机物，重新回到无机环境中被绿色植物所利用。

自然环境中的生物，根据各地不同的气温、水量、地形、土质等环境条件以及生活方式，组成不同的生物群落，从而形成不同的生态系统。

生态系统有陆生生态系统和水生生态系统。陆生生态系统包括：森林生态系统、草原生态系统和农田生态系统；水生生态系统包括：海洋生态系统和淡水生态系统（河流生态系统、湖泊生态系统、池塘生态系统）。现以较为典型的生态系统为实例介绍如下。

一、森林生态系统

森林生态系统是森林生物群落与其环境在物质循环和能量转换过程

中形成的功能系统。简单地说，就是以乔木树种为主体的生态系统，是陆地上面积最大、结构最复杂、对其他生态系统最具影响的一个系统。

森林生态系统的主要类型有四种，即热带雨林、亚热带常绿阔叶林、温带落叶阔叶林和针叶林。

森林生态系统分布在湿润或较湿润的地区，主要特点是动物种类繁多，群落结构复杂，种群密度和群落结构能够长期处于稳定的状态。

森林不仅能够为人类提供大量的木材和许多林副业产品，而且在维持生物圈稳定、改善生态环境方面起着重要作用。森林植物通过光合作用，每天消耗大量的二氧化碳，释放出大量的氧，对于维持大气中二氧化碳和氧含量的平衡具有重要意义。降雨时，乔木层、灌木层和草本植物层能够截留部分雨水，大大减缓雨水对地面的冲刷，最大限度地减少地表径流。同时，枯枝落叶层像厚厚的海绵，大量地吸收和贮存雨水。因此，森林在涵养水源、保持水土方面起着重要作用，有“绿色水库”之称，具有如下特点和优势：

第一，森林占据空间大，林木寿命延续时间长。森林占据空间方面的优势主要表现在三个方面。一是水平分布面积广。以我国为例，北起大兴安岭，南到南海诸岛，东起台湾省，西到喜马拉雅山，广袤的土地上处处有森林。二是森林垂直分布高，一般可以达到终年积雪的下限，在低纬度地区分布可以高达海拔4200—4300米。三是森林群落高度高于其他植物群落。生长稳定的森林，森林群落高度一般在30米左右，热带雨林和环境优越的针叶林，其高度可达70—80米，有些单株树木，高度甚至可以达100多米，而草原群落高度一般只有20—200厘米，农田群落高度多数在50—100厘米之间。另外，森林中许多树种的寿命很长。在中国，千年古树屡见不鲜。据资料记载，苹果树能活200年，梨树能活300年，核桃树能活400年，榆树能活500年，桦树能活600年，樟树、栎树能活800年，松、柏树的寿命可超过1000年。在收益上，森林虽然不如农作物对人类直接贡献大，但从生态角度看，却能够长期起到覆盖地面、改善环境的作用。对此，印度一位教授曾对一棵树算了两笔不同的账：一棵正常生长50年的树，按市场上的木材价格计算，最多值300多美元，但从它产生的氧气、减少大气污染、涵养水源以及为鸟类与其他动物提供栖息环境的生态效益看，则值 20 万美元。

第二，森林是物种宝库，生物产量高。森林分布广，垂直高度达 4000 多米，在这样广大的森林环境里，繁生着众多的森林植物种类和动物种类。有关资料表明，90%以上的地球陆地植物存在于森林或起源于森林。森林中的动物种类和数量，远远大于其他陆地生态系统。而且森林植物种类越多，结构越多样化，发育越充分，动物的种类和数量也就越多。多层林、混交林内的动物种类和数量，比单纯林要多得多。在海拔高度基本相同的山地森林中，混交林比单纯林的鸟类种类要多 70%—100%；成熟林中的鸟类种类要比幼林多 1 倍以上，且数量却要多 4—6 倍。另外，在森林分布地区的土壤中，动物和微生物极为丰富，主要的生物种类有：藻类、细菌、真菌、放线菌、原生动物、线形虫、环节动物、节足动物、哺乳动物等。据统计，1 平方米表土中，有数百万个细菌和真菌，数千只线形虫，在稍深的土层中，1 立方米土体就有蚯蚓数百条甚至上千条。

第三，森林资源更新快，繁殖能力强。老龄林可以通过自然繁殖进行天然更新，或者通过人工造林进行人工更新。森林只要不受人为或自然灾害的破坏，会在林下和林缘不断生长幼龄林木，形成下一代新林，并且能够世代延续演替下去，不断扩展。在合理采伐的森林迹地和宜林荒山荒地上，通过人工播种造林或植苗造林，可以使原有森林恢复，生长成新的森林。

总之，森林生态系统是一个复杂的巨大系统，具有丰富的物种多样性、结构多样性以及功能多样性等。

二、草原生态系统

草原生态系统是草原地区生物（植物、动物、微生物）和草原地区非生物环境构成的，进行物质循环与能量交换的基本机能单位。草原生态系统的主要类型有：草甸草原生态系统、典型草原生态系统、荒漠草原生态系统、山地草原生态系统、高寒草原生态系统等。

草原生态系统在其结构、功能过程等方面与森林生态系统、农田生态系统具有完全不同的特点，它不仅是重要的畜牧业生产基地，而且是重要的生态屏障，在水土保持和防风固沙等方面起着重要作用。

草原生态系统一般分布在年降雨量较少的干旱地区。与森林生态系统相比，其动植物种类要少得多，群落结构也不如前者复杂。在不同的季节或年份，降雨量很不均匀，因此，种群密度和群落结构常常发生剧烈变化。草原上的植物以草本植物为主，也有少量的灌丛。由于降雨稀少，乔木非常少见。与草原环境相适应，这里的动物大都具有挖洞或快速奔跑的能力。草原上啮齿目动物几乎都过着地下穴居的生活，而瞪羚、黄羊、高鼻羚羊、跳鼠、野兔、狼、狐、豹、狮等动物则具有很强的奔跑能力。瞪羚的奔跑速度每小时可达 60 千米，猎豹的奔跑速度每小时可达 90 千米。由于缺水，在草原生态系统中，几乎不存在两栖类和水生动物。

草原生态系统中，各种禾草和灌木以水、土壤、二氧化碳为养料，在一定温度下，叶绿体利用太阳能把这些无机物转化成有机物，供牛、马、羊、野兔等食用，一些肉食动物，如狼、鹰又吃食草动物，微生物又把动植物尸体分解为无机物，重新供草原植物利用。这是草原生态系统的一个共同特点。

三、农田生态系统

农田生态系统是在以农作物为中心的农田中，生物群落与其生态环境（农田内的生物群落和光、二氧化碳、水、土壤、无机养分等非生物要素）之间在能量和物质交换及其相互作用上所构成的一种生态系统。

农田生态系统是人工建立的生态系统，因此人的作用非常关键，种植的各种农作物是这一生态系统的主要成员。农田中的动植物种类较少，群落结构单一，人必须不断地从事播种、施肥、灌溉、除草和治虫等活动，才能够使农田生态系统朝着有益于人的方向发展。可以说农田生态系统在一定意义上是人工控制的生态系统，一旦人的作用消失，农田生态系统很快就会退化，杂草和其他植物就会占据优势。

相对于陆地其他自然生态系统，农田生态系统中的生物群落结构比较简单，优势群落往往只有一种或数种作物，伴生生物为杂草、昆虫、土壤微生物、鼠、鸟及少量其他小动物，大部分农作物产品随收获而移出系统，留给食物链的残渣较少，养分循环主要靠系统外输入而保持平衡。总之，农田生态系统的稳定有赖于一系列耕作栽培措施，在相似的自然条件下，土地生产力远高于自然生态系统。

四、海洋生态系统

海洋生态系统是海洋中由生物群落及其环境相互作用所构成的自然系统，由生产者、消费者与分解者组成。

第一，生产者主要由能够进行光合作用的浮游生物组成，包括浮游植物、底栖植物，如单细胞底相藻类、海藻和维管植物等，它们数量多、分布广，是海洋生产力的基础，也是海洋生态系统能量流动和物质循环的主体。

第二，消费者包括各类海洋鱼类、哺乳类（如鲸、海豚、海豹、海牛等）、爬行类（如海蛇、海龟等）、海鸟、某些软体动物（如海参等）、虾类以及底栖动物等。消费者不能制造有机物质，只能靠捕食为生。

第三，分解者主要由各海洋微生物组成，它们是辛勤的“清道夫”，其终极产物如氨、硝酸盐、磷酸盐以及二氧化碳等直接或间接地为海洋植物提供营养。

这三者在海洋生态系统循环中缺一不可，彼此之间相互依存、相互制约。

海洋生态系统中最具活力的有四类：红树林、珊瑚礁、上升流和海岸带湿地生态系统。

第一，红树林。红树林是热带、亚热带海岸淤泥浅滩上富有特色的生态系统。全世界现有红树林 1700 万公顷，中国有 1.5 万多公顷，适于生长在风平浪静、淤泥深厚的海滩、湿地或河口地区。

第二，珊瑚礁。珊瑚礁广泛分布于热带和暖流所经过的部分亚热带海域。珊瑚礁区繁衍着数量惊人的各种鱼类及贝类、藻类、龙虾、海参和海龟等，为人类提供了丰富的水产资源，同时又为栖息于此地的大量鸟类提供了充足的食物。

第三，上升流。海水运动具有连续性和不可压缩性，一个地方的海水流走，相邻海区的海水会流过来补充，这就产生补偿流。补偿流有水平和垂直之分，垂直补偿流又分为上升流和下降流。在摩洛哥、非洲西南海岸、加利福尼亚海岸、秘鲁海岸等地都有上升流。在这些海区，强劲的信风把表层海水吹离海岸，上升流则把较冷、高营养盐的下层海水带到海洋表面，从而使这些海区的气候和生物条件发生变化。

第四，海岸带湿地。海岸带湿地既是珍稀濒危物种、鱼类和其他水生生物的栖息地，又是鱼类产卵区、海洋哺乳动物哺乳栖息地、候鸟觅食区。我国海岸带湿地生态系统生物资源相当丰富，有1590多种适应海岸带沼生物种和水生物种，包括61种鱼类、308种甲壳类和513种软体动物。海岸带生态系统属海陆相交的过渡带，具有高生产力、高梯度变化和高脆弱性等特征，具有非常重要的生态、经济和社会价值。

五、河流生态系统

河流生态系统是指河流水体的生态系统，属流水生态系统的一种，是陆地与海洋联系的纽带，在生物圈的物质循环中起着重要作用，具有以下特点：

第一，纵向成带现象。物种的纵向替换并不是均匀的连续变化，特殊种群可以在整个河流中反复出现。

第二，生物大多具有适应急流环境的特殊形态结构。表现在浮游生物较少，底栖生物多具有体形扁平特征，适应性强的鱼类和微生物丰富。

第三，与其他生态系统相互制约。流域内陆地生态系统的气候、植被以及人为干扰强度等对河流生态系统产生较大影响。例如，流域内森林一旦被破坏，水土流失加剧，就会造成河流含沙量增加、河床升高。同时，河流生态系统的营养物质也主要是靠陆地生态系统输入。河流在生物圈物质循环中起着重要的作用，全球水平衡与河流营养的输入有关，它将高等和低等植物制造的有机物质、岩石风化物、土壤形成物和陆地生态系统中转化的物质不断带入海洋，成为海洋特别是沿海和近海生态系统的重要营养物质来源，进而影响着沿海特别是河口、海湾生态系统的形成和进化。因此，河流生态系统若遭到破坏，对环境的影响比湖泊、水库等静水生态系统更大。

第四，自净能力强，受干扰后恢复速度快。由于河流生态系统流动性大、水体更新速度快、系统自净能力较强，一旦污染源被切断，系统的恢复速度比湖泊、水库迅速。由于有纵向成带现象，污染危害的断面差异较大。这也是系统恢复速度快的原因之一。

六、湖泊生态系统

湖泊生态系统，是由湖泊内生物群落及其生态环境共同组成的动态平衡系统。湖泊内的生物群落与其生存环境之间、生物群落内不同种群生物之间彼此进行着物质和能量交换，并处于互相作用和互相影响的动态平衡之中。

湖泊生态系统属静水生态系统的一种，水流动性较小或不流动，底部沉积物较多，水温、溶解氧、二氧化碳、营养盐类等分层现象明显。湖泊生物群落丰富多样，分层与分带明显；水生植物有挺水植物、漂浮植物、沉水植物；植物上生活着各种水生昆虫及螺类等；浅水层中生活着各种浮游生物及鱼类等；深水层有大量异养动物和嫌气性细菌；水体的各部分广泛分布各种微生物。各类水生生物群落之间及其与水环境之间维持着特定的物质循环和能量流动，构成一个完整的生态单元。

七、池塘生态系统

池塘生态系统就是池塘中生物与环境共同组成的动态平衡系统。具体来讲，池塘生态系统中，生物环境就是水体、空气、淤泥等非生物部分，植物和部分藻类既是生产者又是消费者，鱼类等是消费者，分解者是池塘的微生物。

在一个池塘里，大鱼吃小鱼，小鱼吃浮游生物，鱼死后的尸体又被微生物分解成无机物，重新供浮游生物利用，这是池塘生态系统中常见的食物链。

从以上千姿百态的生态系统可知，生态系统的主要功能可概括为能量流动、物质循环和信息传递三个方面，它们是通过生态系统的核心部分——生物群落来实现的。

生存与发展的辩证关系表明：在一定的限度内，发展是对生存的完善与促进，但超过这一限度，发展对生存就会构成一定威胁。从生态系统的角度看，当外来因素的干扰超过生态系统自我调整能力，不能使之恢复到原初状态时，即称之为生态平衡的破坏或生态失调。

第二节 人类家园的蜕变

人类生活的家园是地球，人类又是地球的一员，在地球—生命—人类的复杂大系统中，自然与人类就像一对相生相依的朋友，相互依存、互惠互利，共同推动着世界的良性发展。

一、大气圈现状与问题

在地球引力作用下，大量气体聚集在地球周围，形成数千公里的大气层，亦称大气圈。大气圈气体密度随着地面高度的增加变得愈来愈稀薄，气体的总质量仅占地球总质量的0.86%，尽管看上去微不足道，但却是人类赖以生存的最基本条件。就干洁空气而言，按体积计算，在标准状态下，氮气占78%、氧气占21%、氩气占0.93%、二氧化碳占0.03%，此外还有水汽和尘埃等。各种自然变化往往会引起大气成分的变化。例如，火山爆发时有大量的粉尘和二氧化碳等气体喷射在大气中，雷电等自然原因引起的森林大面积火灾也会增加二氧化碳中烟粒的含量。一般来说，这种自然变化是局部的、短时间的。随着现代工业和交通运输的发展，人类向大气中持续排放的物质数量越来越多，种类越来越复杂，必将引起大气成分发生急剧的变化。例如，温室气体含量增多就会引发地球“感冒发烧”，当大气正常成分之外的物质达到对人类健康、动植物生长以及气象气候产生危害的时候，一般称之为大气受到了污染。

大气层中还含有一定数量的水和各种尘埃杂质，是形成云、雾、雪的重要物质。由于地心引力的作用，几乎全部的气体集中在离地面100千米的高度范围内，其中75%的大气又集中在地面至10千米的对流层范围内。根据大气分布特征，在对流层之上还可分平流层、中间层、热成层等。平流层中氧气分子在紫外线作用下，形成臭氧层，像一道屏障保护着地球上的生物免受太阳高能粒子的袭击。可以说，大气层是人类生存的最基本条件之一，也是气象万千的气候变化依据之一。

在人体所有的组织器官中，大脑、心脏和肺部等器官需要的氧气最多，对氧气的供应最为敏感。当空气中氧气含量下降到12%—15%时，会出现呼吸加快、心跳加速、判断力下降，甚至可能出现肺水肿；当空气中氧气含量下降到8%—10%时，会出现脸色苍白、失去知觉；当空气中氧气含量下降到4%—8%时，会在5分钟内死亡。同时，呼吸不洁净的空气则会造成罹患各种疾病甚至丧失生命。

二、水圈现状与问题

按照水体存在的方式可以将水圈划分为海洋、河流、地下水、冰川、湖泊等五种主要类型。水圈中的水上界可达大气对流层顶部，下界至深层地下水的下限，包括大气中的水汽、地表水、土壤水、地下水和生物体的水。各种水体参加大小水循环，不断交换水量和热量。水圈中大部分水以液态形式储存于海洋、河流、湖泊、水库、沼泽及土壤中，部分水以固态形式存在于极地的广大冰川、积雪和冻土中，水汽主要存在于大气中。三者常通过热量交换而部分相互转化。水圈内全部水体的总储存量为13.86亿立方千米，其中海洋为13.38亿立方千米，占总储存量的96.5%。分布在大陆上的水包括地表水和地下水，各占余下的一半左右。在全球水的总储量中，淡水仅占2.35%，其他均为咸水。

淡水资源弥足珍贵，是满足人类生存和生长的必备要素。水在能量交换过程中调节气候，形成生物群落。同时，在循环过程中不断释放或吸收热能，调节着地球上各层圈的能量，塑造着地表的形态，是地球的天然空调。生物圈中的生物受洪涝、干旱影响很大，生物的种群分布与水的时空分布有着密切的关系，生物群落随水的丰缺而不断交替、繁殖和死亡。

三、岩石圈现状与问题

岩石土壤是人类居住地，生活资料和生产资料大多直接取自陆生环境，人类对它的依赖和影响相当大。如果没有陆地就没有海洋生物登陆，更不可能有今天的人类。人类的食物主要依赖于岩石表层的土壤生产力，没有岩石就没有土壤，人类的食物和矿产来源就成为问题。不仅如此，岩石土壤圈与人类健康息息相关。研究表明，人体血液中的元素组成与地壳的元素组成有显著的关系。例如，克山病是贫硒或贫钼所致，甲状腺疾病是缺碘的结果，这说明岩石圈的元素组成对人体健康有着直接、明显的影响，岩石土壤圈的污染会通过饮水、呼吸或食物对人体造成危害，大气圈、水圈的污染也可能间接作用于岩石土壤圈，影响人体健康。

另外，岩石土壤圈因自然或人为原因产生变化，由此带来的地质性灾害威胁着人类的生存和生活，例如地震、火山、雪崩、滑坡、地面裂缝、地面沉降、海水入侵等。随着地形地貌的改变和地质灾害的频频发生，地质环境对人类的制约作用越来越明显。

总之，人与自然共处于地球生物圈之中，存在着既对立又统一的关系，主要表现在两个方面：一是人类对自然的影响作用，包括从自然界索取资源与空间，享受生态系统提供的服务功能，向环境排放废弃物；二是自然对人类的影响与反作用，包括资源环境对人类生存发展的制约，自然灾害与生态退化对人类的负面影响。

随着生产力发展水平的不断提高和人类对自然规律认识的不断深化，人类活动范围无论广度还是深度都在加强，但事实证明，不管人类认识能力多高，科技发展到什么程度，只要人类身处地球和生态系统之中，就必然依赖着自然。自工业革命以来，随着科技进步和人口增长，人与自然的关系发生了深刻变化，人类生活和社会经济文化发展对自然生态系统的依赖性、自然对人类社会发展所做出的贡献被日渐忽视，从而产生了生态问题，危及人类自身的家园。

2007 年 10 月 25 日，联合国环境规划署（UNEP）发布了《全球环境展望：为了发展保护环境-4》（简称 GEO-4），对全球目前诸如大气、土地、水资源、生物多样性等状况做出了评估，阐述了自 1987 年以来全球环境所发生的变化，是一份涵盖内容最广的有关全球环境问题的报告。该报告首次强调非洲等七个地区亟待重视和解决的环境问题。

第一，强调气候变化可能对非洲等七个地区带来的影响。在非洲，土地退化甚至沙漠化已对人类生存构成威胁，1981 年以来，人均食品生产量已经下降了 12%；亚太地区的城市空气质量、淡水资源、生态系统退化、农用土地使用以及不断增加的废弃物等问题日益严重；欧洲地区随着收入的提高以及家庭数量的不断增加，已产生了包括不可持续的生产与消费方式、能耗高、城市空气质量低以及运输紧张等问题，同时还有亟须解决的生物多样性的缺失、土地用途的改变以及淡水资源的压力等问题；拉丁美洲以及加勒比海地区正面临着城市扩大、生物多样性缺失、海岸线被污染、海洋污染以及难以应对的复杂气候变化问题；北美正在努力解决气候变化带来的诸如使用何种能源、城市扩大以及淡水资源等问题；西亚面临的问题主要是淡水资源短缺、土地退化、海岸及海洋生态系统污染、城市管理以及地区安全方面的问题；两极地区已经感受到了气候变化带来的影响，由于环境中汞的含量越来越高，加上不易分解的有机污染物，当地居民的食品安全及健康受到了威胁。

第二，气温升高2℃是一道坎。报告指出，现在气候变化带来的影响“清晰明了”，一致认为人类活动对这种变化起了决定性作用。1906年以来，全球温度升高了大约0.74℃，21世纪预计还会升高1.8—4℃。有些科学家认为全球平均温度比工业化前水平升高2℃是一道坎，超过这道坎极有可能造成重大的、不可逆转的危害。

冰核的成分显示，目前二氧化碳和甲烷的含量远远超过了过去50万年期间自然变化的范围，地球的气候变化进入了一个全新的史无前例的状态。与世界其他地方相比，北极平均温度上升的速度要快两倍，在可以预见的将来，由于海水因热膨胀以及冰川、冰层的融化而造成的海平面上升还会继续下去，可能造成严重的后果（全世界有60%以上的人口居住在离海岸线不到100千米的地方）。

报告同时指出，1990年到2003年期间，航空运输里程数增加了80%，船运荷载量从1990年的40亿吨增加到了2005年的71亿吨，每个领域的能源需求都在大幅增加。同时，尽管消耗臭氧层的物质在很大程度上被淘汰，但是南极上空的臭氧层空洞依然在扩大。

在欧洲和北美洲，酸雨已经不是大的问题，但是在墨西哥、印度和中国，问题依然很严重。

第三，污染和食物短缺加剧。报告指出，因环境原因而导致的疾病占所有疾病的1/4，全世界每年约有200万人因室内或室外空气污染而过早死亡。

在食物方面，病虫害给全球农业生产带来的损失约有14%。报告指出，自1987年以来，农作物种植面积已经缩小，但土地的使用密度却急剧上升，这种不可持续的土地使用方式所造成的土地退化，与气候变暖、生物多样性减少等一样严重，污染、土壤侵蚀、富营养化、缺水、土地含盐量增加以及生态圈断裂，已经威胁到全球1/3的人口。

同时，全球生物多样性所面临的形势不容乐观。报告经过综合评估认为，60％生态系统的功能已经退化或正被以不可持续的方式使用。从1987年到2003年，淡水脊椎动物的总数减少了近50％，比陆地和海洋物种减少的速度快很多。

第四，全球水环境状况严峻。报告提供的数据显示，在世界的各大河流中，每年有10％的水因灌溉需求不能持续抵达大海。在发展中国家，每年大约有300万人死于与水相关的疾病，他们中绝大部分甚至不到5岁。到2025年，预计发展中国家水的浪费率将上升50％，而发达国家也会上升18％。

第八章　生态文明的文学视点

自然是文学不可或缺的领域。18 世纪中期，伴随着工业化的进程，人与自然的关系严重疏离，至 20 世纪 80 年代，开始出现一系列生态危机，这期间兴起的深层生态运动及其所蕴含的价值观逐步渗透到文学领域，形成了生态文学。

生态文学作为一种新的文学艺术形式，是以人与自然的关系为主题，依据生态学思维，将传统文学关注重点即人与人之间的关系，拓展到人与自然之间的关系，引导人们在与自然的接触中，感受自然的美好与伟大、窘迫与伤痛，从而在生态观念指导下，体悟自然本身的价值。一定意义上，生态文学是人类生存困境的艺术显现。

生态文学往往以作者切身的体验呼唤人类生态意识的觉醒，反思人与自然的关系，确立人与其他物种以及环境间的平等交流关系，揭示自然之美、生态之美、地球之美，具有独特的视角和魅力；强调人对自然的敬畏和尊重，表达关于生态危机的警示，具有强烈的忧患意识。

西方生态文学发展较早，具有代表性的作品主要有《瓦尔登湖》《沙乡年鉴》《寂静的春天》等，这三部作品被喻为“西方自然文学三部曲”。

20 世纪 80 年代至 90 年代，在生态问题日益严峻的背景下，中国也涌现出一批生态文学作品。例如，徐刚的《伐木者，醒来》、沙青的《倾斜的北京城》、陈桂棣的《淮河的警告》、郭雪波的《沙狐》、乌热尔图的《七叉犄角公鹿》、姜戎的《狼图腾》等等，其中影响较大的是姜戎的《狼图腾》。

这里主要介绍中外生态文学中具有代表性的四部作品。

第一节　梭罗与《瓦尔登湖》

《瓦尔登湖》是浪漫主义时代最伟大的生态作家亨利·大卫·梭罗（1817—1862）的代表作。梭罗 1817 年出生于康科德城，1837 年从哈佛大学毕业后在家乡执教，曾给当时的作家、思想家爱默生当过两年助手。1845 年是他一生的转折点。他撇开名利束缚，从 1845 年 7 月到 1847 年 9 月，独自生活在瓦尔登湖边，边观察，边体验，最后积淀成名著《瓦尔登湖》，从此走上了钟爱自然的道路。按照唐纳德·沃斯特的说法："梭罗是一位活跃的野外生态学家，也是思想上大大超越了我们这个时代基调的自然哲学家。在他的生活与作品中，我们会发现一种最重要的浪漫派对待地球的立场和感情，同时也是一种日渐复杂和成熟的生态哲学。我们也会在梭罗那里发现一个卓越的、对现代生态运动的颠覆性实践主义具有精神和先导作用的来源。"① 1985 年《美国遗产》评选"十本构成美国人性格的书"，《瓦尔登湖》名列第一。

《瓦尔登湖》的问世与当时美国的社会背景有关。19 世纪上半叶，美国正处于农业时代向工业时代转型的初始阶段。伴随着工业化的脚步，美国经济迅猛发展，拜金主义和享乐主义占据主导地位，人们对财富和金钱无限追逐，过度地攫取和霸占自然资源，机器的轰鸣声随处可闻，大面积的森林随之消失，而鸟儿的歌声却再难寻觅，生物多样性不断减少，整个自然生态受到前所未有的破坏与污染，人类自身的生存环境变得岌岌可危。

《瓦尔登湖》的主要思想体现在以下几方面：

其一，回归自然，简朴生活。这是贯穿作品始终的一个主题，也是梭罗的人生价值追求。他反复强调，现代人被家庭、工作和各种物质需求所困，过着极度物欲的生活，已失去了精神追求。在他看来，很多人追求的生活不是必需的，而是日趋奢侈的，"他们不是住房子，而是房子占有了他们"，进而认为人完全不必、也完全可以做到挣脱物质的罗网。

① 唐纳德·沃斯特著，侯文蕙译：《自然的经济体系：生态思想史》，商务印书馆 1999 年版，第 81—82 页。

面对时尚崇拜和物质至上的光怪陆离的世界，梭罗一再疾呼“简单，简单，再简单”，倡导人类简约生活。

其二，倡导人与自然的和谐。梭罗对当时多数人的生活方式极为不满，“大多数人，在我看来，并不关爱自然。只要可以生存，他们会为了一杯朗姆酒出卖他们所享有的那一份自然之美”。为引导人们热爱自然，梭罗在作品中描写了宁静美妙的大自然，并身体力行隐居于自然山水之中，和自然交流、对话、沟通，体验着一种和谐相处、物我交融的绝妙境界。在他看来，自然是人类的哺育者，也是人类的朋友，人类不仅在物质方面依靠自然，而且在精神方面也受自然的熏陶。因此，人的发展绝不是对物质财富的过度占有，而是精神生活的充实和丰富，是人格境界的完善和提升，是人与自然、人与社会、人与他人、人与自身的一种和谐。

其三，崇敬一切生命。梭罗不仅把动物、植物视为与人一样有着生存权利的生命主体，而且还把无生命的自然物也视为富有生机活力的生命有机体，他认为，世上没有一物是无机的……大地是活生生的诗歌，像一株树的树叶，它先于花朵，先于果实……一切动物、植物、人和其他无机物都是一个个生命主体，都值得尊重和关怀。

总之，《瓦尔登湖》不仅描写了美丽的湖光水色，抒发了作者观景时的丰富感受，更是表达了作者亲近自然的心声、皈依大自然的心愿以及人类发展对大自然破坏的深沉忧思，启发着人们追求人与自然的和谐。

第二节　奥尔多·利奥波德与《沙乡年鉴》

奥尔多·利奥波德（1887—1948），美国作家、生态学家，环境保护主义代表人物，被誉为“美国野生生物管理之父”“一个热心的观察家，一个敏锐的思想家，一个造诣极深的文学巨匠”。他一生共出版三部书和发表五百多篇文章，其最著名的作品《沙乡年鉴》于 1949 年出版，这是一本随笔和哲学论文集，是他一生观察、经历和思考的结晶，反映了人与自然、人与土地之间的关系，试图重新唤起人们对自然应有的爱与尊重。

奥尔多·利奥波德家境优渥，从小深受父亲影响，对大自然充满浓厚兴趣，经常天不亮就上山，用一整天时间看林观鸟，具有极高的动植物辨识能力和捕捉转瞬即逝的禽兽运动轨迹的能力。1909年获耶鲁大学硕士学位，后在联邦林业局工作，1928年专门从事野生动物管理。1935年近50岁的利奥波德在康斯威星州买下一块约为80英亩的土地，这是一个被荒弃的名为沙乡的农场，生态环境极其恶劣。在这里他开始了长达13年的恢复生态平衡的探索，直到去世，《沙乡年鉴》就是在这里诞生的。

《沙乡年鉴》写于第二次世界大战期间。二战后，随着环境的不断恶化，直到20世纪60年代，人们才认识到环境问题的严重性，发现利奥波德思想的重要意义，从而在美国激起巨大的反响。随着我国生态文明建设的发展，教育部把《沙乡年鉴》列为新编初中语文教材指定阅读作品，其中《大雁归来》《像山那样思考》等名篇被选入中学语文课本。2013年，李克强总理夫人程虹教授亦将利奥波德的这部作品作为美国自然文学的经典之作撰文推荐。

《沙乡年鉴》全书涵盖众多学科知识，语言清新优美，内容严肃深邃，字里行间体现了作者细致入微的观察，洋溢着对飞禽走兽、奇花异草的挚爱情愫。全书共分为三个部分：

第一部分描写了农场周围的四季景色以及作者为恢复生态所做的不懈努力。这些文字按12个月份的顺序依次排列，构成了“一个沙乡的年鉴”，一幅幅由文字描绘而成的画面，反映了作者对自然的崇敬与热爱；第二部分记述了作者从事科学研究的经历、本人与大地的亲密关系、生态观念的转变背景以及大地的恶化进程等；第三部分从美学、文化传统以及伦理的角度，阐述了人与自然的关系、人与土地的关系，其中《土地伦理》部分思想比较深邃。

《沙乡年鉴》主要思想体现在以下几方面：

其一，强调人与自然是一个有机体。早年的利奥波德是一个经济学视野下的资源保护主义者，观念里充满了对狼的敌意，认为狼越少，鹿就越多，就可以经常从打猎中获得乐趣，直到有一天遭遇一只母狼后，他的思想发生了重大的转变。他当时坐在河的上游，忽然发现河里有东西在嬉戏，原来是一只母狼和几只狼崽，于是，他情不自禁地向这一小群狼开了枪。当烟散尽的时候，母狼已经垂死，一只幼崽跛了足，正要躲到岩石中去。当他接近母狼的时候，正好看见它眼中闪烁着的、令人难受的、垂死的绿光。“这时，我觉察到，而且以后一直是这样想，在这双眼睛里，有某种对我来说是新的东西，是某种只有它和这座山才了解的东西。我总是认为，狼越少，鹿就越多，因此，没有狼的地方就意味着是猎人的天堂。但是，在看到这垂死的绿光时，我感到，无论是狼，或是山，都不会同意这种观点。”

利奥波德被这件事震撼了。从那时起，他开始用不同的眼光看世界，把自然看做一个有机生物体，“因为没有了狼，鹿变得多了，于是草、灌木、树苗消失了，山坡变得光秃秃的，没有了食物的鹿群也随之消失了。如果是牛，那么没有了狼，牛变多了牧场承载不起，草吃光了，牛也生存不了，所以狼起到了平衡生态的作用”。于是，他进而反思：“野生生物如同风和黄昏一样，被认为是理所应当的存在。直到有一天，人类的进步开始将它们毁灭。我们现在面临的问题是，我们所追求的更高标准的生活质量是否值得我们以牺牲自然的、野生的、自由的东西为代价。对我们这些少数群体来说，遇见一只大雁的机会比收看一档电视节目更加重要；寻觅到一朵白头翁花的运气就好像获得了一场不可剥夺的自由演讲的机会。”

其二，倡导土地伦理。利奥波德提出了伦理演变的三个秩序：最初的伦理观念是处理人与人之间的关系，如《摩西十诫》；后来增添了处理个人与社会之间的关系的内容，如《圣经》中的金科玉律、资本主义的民主；“但是，迄今还没有处理人与土地，以及人与土地上生长的动物和植物之间的伦理观”。因此，现代伦理有必要面向第三步骤：向人类环境延伸，这种伦理当然就是土地伦理。他说：“我们滥用土地，因为我们将土地视为隶属于我们的商品。只有当我们将土地视作我们拥有的共同体时，我们才会开始带着爱心和尊重去使用它。”

利奥波德耗费 40 多年的时间，实地对动植物进行记录，对山川河流进行考察，启发和鼓励人们走出个人生活的局限，将视线落向沉默但美丽的自然界。他强调指出，人与自然处在同一个共同体之中，人类要避免环境危机，不仅需要改变那种对待自然只以人类利益为衡量标准的传统，而且还要真正在观念上树立和谐共生的生态意识。“在人类历史上，我们已经知道（我希望我们已经知道）征服者最终都将祸及自身。”由此，他倡导一种崭新的价值评判体，“一个事物，只有在它有助于保护生物共同体的和谐、稳定和美丽的时候，它才是正确的；否则，它就是错误的”。

总之，利奥波德的思想启发了人类生态保护意识，改变了人们对于自然的态度，赋予了人与自然之间的一种崭新的关系——伦理关系，并把和谐共生作为对这一关系的新要求，进一步强化了人类生态环保意识的形成，提高了人类自身的精神境界。

第三节　蕾切尔·卡逊与《寂静的春天》

蕾切尔·卡逊（1907—1964），美国海洋生物学家、自然文学作家。1907 年 5 月 27 日生于宾夕法尼亚州泉溪镇，并在那儿度过童年。1935 年至 1952 年间供职于美国联邦政府所属的鱼类及野生生物调查所，这使她有机会接触到许多环境问题。在此期间，她曾写过一些有关海洋生态的著作，如《在海风下》《海的边缘》和《环绕着我们的海洋》等。

1962 年，她出版的《寂静的春天》一书，在世界范围内引起轰动，“标志着人类首次关注环境问题”。书中指出，滥用杀虫剂已经伤害许多生命，严重影响了自然生态，如果再不改变，春天将不再鸟语花香，人类也将惨遭毒害。正是这本不同寻常的书，在世界范围内引起对野生动物的关注，唤起了人们的环境意识，引发了人们对环境问题的关注，促使环境保护问题提到各国政府面前，各种环境保护组织纷纷成立，联合国于 1972 年 6 月 12 日在斯德哥尔摩召开“人类环境大会”，并由各国签署了“人类环境宣言”，开始了环境保护事业。

20 世纪 50 年代，正值二战之后东西方对峙的“冷战”时期，美国的企业界为了经济开发大量砍伐森林，破坏自然，“三废”污染非常严重，特别是为了增加粮食生产和木材出口，美国农业部放任财大气粗的化学工业界开发 DDT 等剧毒杀虫剂，不顾后果地执行大规模空中喷洒计划，从而导致鸟类、鱼类和益虫大量死亡，而害虫却因产生抗体日益猖獗；同时化学毒性通过食物链进入人体，诱发癌症和胎儿畸形等疾病。然而，人们熟视无睹，在他们的常识观念中，大自然是人们征服与控制的对象，而非保护并与之和谐相处的对象。对此，蕾切尔·卡逊提出了质疑和挑战。1958年，她把全部注意力转到危害日益增长的杀虫剂使用问题上，花了四年时间查阅相关资料，在详细调查研究基础上完成了《寂静的春天》。

在书中，蕾切尔·卡逊以生动而严肃的笔触，描写因过度使用化学药品和肥料导致环境污染、生态破坏，最终给人类带来不堪重负的灾难；阐述了农药对环境的污染，用生态学的原理分析了这些化学杀虫剂对人类赖以生存的生态系统带来的危害，进而指出人类用自己制造的毒药提高农业产量，无异于饮鸩止渴，提醒人类应该走“另外的路”。

该书以寓言式的开头描绘了一个美丽村庄的突变。书的前半部分是对土壤、植物、动物、水源等相互联系的生态系统的讲解，说明了化学药剂对大自然产生的毒害；后半部分针对人类生活接触的化学毒害问题，提出严重的警告。作者以详尽的阐释和独到的分析，细致地讲述了以DDT为代表的杀虫剂的广泛使用，给人类的生存环境所造成的难以逆转的危害；同时对农业科学实践活动、政府的政策提出了质疑和挑战，号召人们迅速改变对自然界的看法和行为，呼吁人们认真思考人类社会的发展问题。

《寂静的春天》主要思想体现在以下几方面：

其一，对杀虫剂等化学物质的控诉。蕾切尔·卡逊指出，从水到土壤，人类研究制造的化学合成剂造成的污染已经到了触目惊心的地步，而大自然的自我排解能力又极其有限，对于这些新的致命性的污染，大自然需要更长的时间来适应和“代谢”，但是人却没有给予它们足够的时间甚至还在变本加厉地制造污染，几乎每一天都有新的化学合成剂被付诸使用。随着农业的大规模发展，人们不仅用化学合成剂清除和杀死对庄稼有害的昆虫，同时还用化学合成剂替农夫们对侵入田地的杂草实施大规模的“清洗”，除草剂的研制生产和付诸使用已成为人们对付杂草的“杀手锏”。由于除草剂的广泛使用，造成的破坏事件很多。作者写道：

“几百万年之前，这片生长鼠尾草的土地是美国西部高原和高原上的低坡地带，是一片由落矶山系巨大隆起所产生的土地……鼠尾草，长得很矮，是一种灌木，能够在山坡和平原上生长，它能借助于灰色的小叶子保持住水分而抵住小偷一样的风。这不是偶然的，而是自然长期选择的结果，于是西部大平原变成了生长鼠尾草的土地。”也就是说，鼠尾草的茂盛是遵循自然规律的，现在人们要把这种草除去，换成更适宜的牧场，这本身就是对大自然自身特性的一种“冒犯”和“篡改”，其结果只能是，一些原本依靠和适应鼠尾草环境的动物遭到了灭顶之灾。其中有哺乳类的尖角羚羊，有鸟类的鼠尾草松鸡，还有寻找并以鼠尾草为食的黑尾鹿等，这些动物与鼠尾草彼此之间均存在着相互依赖的关系，一旦这种紧密关系被撕裂，羚羊和松鸡将随同鼠尾草一起绝迹，鹿儿也将受到威胁。由于依赖土地的野生生物的毁灭，土地会变得更加贫瘠，甚至有意饲养的牲畜也将遭难。

其二，对人类征服自然的进一步质问。蕾切尔试图扭转人们固有的“对有益的植物进行保护，对有害的进行排斥甚至灭绝”等错误观点。她说：“水、土壤和由植物构成的大地的绿色斗篷组成了支持着地球上动物生存的世界；纵然现代人很少记起这个事实，即假若没有能够利用太阳能生产出人类生存所必需的基本食物的植物的话，人类将无法生存。我们对待植物的态度是异常狭隘的。”在人们的生活经验中，特别在乡村，农夫们是不喜欢田间杂草的，还有那些对他们毫无用处且只会带来伤害的动植物，总是想尽办法杀死或者移植到其他地方。在城市，人们往往对一些植物特别厌恶，就连家庭养花，也只喜欢其中几种，而对其他花草采取“斩草除根”的方式，这种行为，实际上出自人类固有的功利主义天性，总是以为这样的行为是在为大自然“除暴安良”，殊不知，这些行为本身就是对大自然的最大伤害。正如蕾切尔指出的那样：“动植物是生命之网的一部分，在这个网中，植物和大地之间，一些植物和另一些植物之间，植物和动物之间存在着密切的、重要的联系。”进而她明确地指出：“当人类向着他所宣告的征服大自然的目标前进时，他已写下了一部令人痛心的破坏大自然的记录，这种破坏不仅仅直接危害了人们所居住的大地，而且也危害了与人类共享大自然的其他生命。最近几世纪的历史有其暗淡的一节——在西部平原对野牛的屠杀，猎商对海鸟的残害，为了得到白鹭羽毛几乎把白鹭全部扑灭。在诸如此类的情况下，现在我们正在增加一个新的内容和一种新型的破坏——由于化学杀虫剂不加区别地向大地喷洒，致使鸟类、哺乳动物、鱼类，事实上使各种类型的野生物直接受害。”

事实还不仅如此，对于那些渴望使害虫和杂草永远不再影响他们的收成及生活的人而言，化学药剂的使用在同一地区不止一次出现。连番密集的喷洒活动，使野生动物连喘息的机会都没有，不仅某一地区的原有动植物遭到此类伤害，即使刚刚迁徙而来的动植物也难逃厄运。药物使用的面积越大，对动植物的伤害就越深。但是，在当时的美国，私人性和团体性的喷洒活动并没有因此而减少，反而越来越积极。正是这种“集体无意识”，使得当时的美国野生动物死亡案例越来越多。1959 年，政府为控制从日本迁徙而来的甲虫，在密执安州东南部以及底特律郊区的土地上喷洒高剂量的艾氏剂，受到化学药剂影响的不只是公众陆续反映的鸟类问题，还有猫、狗甚至许多人在接触艾氏剂后，出现的恶心、呕吐、发烧、发冷、异常疲劳和咳嗽等症状。这一事例说明，在毒药污染之下，没有任何生命可以躲过劫难，人对动物的化学毒杀，导致的是另一种新疾病的诞生。一定意义上，杀虫剂和除草剂可以称为“杀生剂”。因此，“现在美国，越来越多的地方已没有鸟儿飞来报春；清晨早起，原来到处可以听到鸟儿的美妙歌声，而现在却只是异常寂静”。

其三，对所有生命形式进行伦理关怀。蕾切尔的文字优美细腻，在娓娓叙说之间，体现着浓浓的情怀，并将种种可怕迹象演绎得惊心动魄，让人有种身临其境之感。她在书中提到，1958 年一位家庭妇女在绝望中从伊利诺伊州给美国自然历史博物馆名誉馆长罗伯特·库什曼·莫菲写了一封信，信中说道：“我们村子里，好几年来一直在给榆树喷药。当六年前我们搬到这儿时，这儿鸟儿多极了，于是我就干起了饲养工作。在整个冬天里，北美红雀、山雀、绵毛鸟和五十雀川流不息地飞过这里；而到了夏天，红雀和山雀又带着小鸟飞回来了。在喷了几年 DDT 以后，这个城几乎没有知更鸟和燕八哥了；在我的饲鸟架上已有两年时间看不到山雀了，今年红雀也不见了；邻居那儿留下筑巢的鸟看来仅有一对鸽子，可能还有一窝猫声鸟。孩子们在学校里学习已知道联邦法律是保护鸟类免受捕杀的，那么我就不大好向孩子们再说鸟儿是被害死的。它们还会回来吗？孩子仍问道，而我却无言以答。榆树正在死去，鸟儿也在死去。是否正在采取措施呢？能够采取些什么措施呢？我能做些什么呢？”这封信更像是一篇哀婉的悼词，不解的追问。

紧接着，蕾切尔还说道，在此之前收到的信件，无一例外反映了一种“寂静”的变化：鸟儿绝迹或者不再复出，植物推迟抽条等等奇怪现象。她还说到“知更鸟的故事”。第一只知更鸟的鸣声预示着河流解冻，春天来临，可是由于化学污染，“一切都变了，甚至连鸟儿的返回也不再被认为是理所当然的事情了”。导致知更鸟死亡的是喷洒 DDT 后，只要有 1 条蚯蚓被知更鸟所食，知更鸟就会死亡。这说明，药物毒性的传播体现在食物链当中，一旦有一环坏死、带毒，另一环就会随之死亡和断裂。不仅如此，农药还可以转换成另一些毒素，使某些动物的受孕率和繁殖量急剧下降。因为蚯蚓中毒，以蚯蚓为主要食物的浣熊、鼹鼠、地鼠也深受其害。黑白鸟、燕子、金翅雀和木兰鸟、五月篷鸟、鸽子、八哥、雀鹰以及狐狸、茶隼、野兔、负鼠也都难逃劫难。有的在飞行中突然坠地而死，有的在捕猎过程中瘫倒在地，还有的发生惊厥后死于非命……

那么，人类又怎样呢？蕾切尔措辞严厉：“在加利福尼亚喷洒了这种兑硫磷的果园里，与一个月前喷过药的叶丛接触的工人们病倒了，并且病情严重，只是由于精心的医护，他们才得以死里逃生。印第安纳州是否也有一些喜欢穿过森林和田野进行漫游甚至到河滨去探险的孩子们呢？如果有，那么有谁在守护着这些有毒的区域来制止那些为了寻找纯洁的大自然而可能误入的孩子们呢？有谁在警惕地守望着以告诉那些无辜的游人们他们打算进入的这些田地都是致命的呢？”

《寂静的春天》一书的出版在美国激起轩然大波，并引起世人广泛关注，生态伦理观念得以迅速传播，而那些化学药品公司、主管农业的政府机构尽管大肆诋毁，甚至扬言要把蕾切尔告上法庭，但该作品特别是其中包含的环境保护思想最终还是赢得多数人的支持，由此掀起了一场环境保护运动，在生态文明思想史上留下不可抹去的一页。

第四节　姜戎与《狼图腾》

《狼图腾》是中国作家姜戎创作的长篇小说，首次出版于2004年4月。

该书是一本描写内蒙古草原狼、探讨人与自然关系以及中华民族精神的长篇小说，同时也是一部别具风格的生态小说。它以草原狼—人—草原之间的关系为题材，讲述内蒙古大草原上“狼”的故事。该作品蕴含着保护生态系统、敬重生命等深邃的生态思想，起到了传播生态文明的积极作用。在中国出版后，先后被译为30种语言，并在全球110个国家和地区发行。2019年9月23日，《狼图腾》入选“新中国70年70部长篇小说典藏”。

《狼图腾》的主要思想体现在以下几方面：

其一，倡导保护生态系统。小说由几十个有机连贯的“狼故事”组成，通过北京知青陈阵11年在蒙古草原的所见所闻，讲述了蒙古人和草原狼的生存发展状况以及草原上各种生物间的内在联系。这里是中国一块靠近边境的原始草原，这里的牧民在20世纪60年代末还保留着游牧民族的生态特点，他们自由浪漫地在草原上放养着牛、羊，并与成群强悍的草原狼共同维护着草原生态系统。一方面他们憎恨狼（狼是侵犯他们家园的敌人），另一方面他们也敬畏狼（草原狼帮助蒙古牧民猎杀着草原上不能够过多承载的食草动物：黄羊、兔子和大大小小的草原鼠），由此揭示了狼在草原生态圈中的特殊地位及其对维护整个草原生态平衡的重要作用。同时作者还描绘了蒙古民族将狼作为崇拜对象的文化习俗，狼是他们敬畏的敌人，也是他们相伴一生、甚至是来生的朋友。这部以狼为叙事主体的小说彻底颠覆了传统文学作品中凶残狡猾的狼形象，让人们对狼有了新的认识：它们和人类一样，是大自然生态链中不可缺少的一个环节，维护着草原生态的平衡；同时狼的凶悍、残忍、智慧和团队精神，又让蒙古民族对其多了一份敬畏。

其二，批判人类中心主义。小说描写了来自农耕文明的人对草原的无知与鲁莽，他们为了改善自身生活质量，在草原上大搞经济建设，并捕食天鹅、大雁和野鸭。为了在蒙古草原建立大批定居点，早日实现兵团干部描绘的安定幸福生活，号召全师上下不惜一切代价打狼：使用剧毒毒狼、用火烧狼、用雷管炸狼、用吉普车追击狼等种种狠毒的、灭绝性的打狼运动，迫使狼群越过边境线，离开原生地。狼灭了接着打旱獭，旱獭没了再灭狗，以为这样就能实现“节约宝贵的牛羊肉食，用来供应没有油水的农业团”。作者深刻地批判了人类活动对草原生态的干预，以及人类的物质欲望和目光短浅对草原生态环境造成的严重破坏。在作品的最后，草原上鼠害横行，大片的草原沙化，来自蒙古草原的沙尘暴已经遮天蔽日地肆虐着北京，浮尘甚至飘过大海，在日本和韩国的天空游荡……以此警告人们，人类失去的不仅是草原，不仅是狼，真正失去的是人与自然和谐共存的价值观，失去的是中华民族早期的图腾：自由、独立、顽强、勇敢的精神，永不屈服、决不投降的性格、意志和尊严。

总之，《狼图腾》这部生态作品旨在灌输生态理念，倡导绿色生活，提高人们的生态及环保意识，引导人们抛弃人类中心主义，明白自然是生态系统中不可缺少的重要组成部分，人与自然不是统治与被统治、征服与被征服的关系，而是相互依存、和谐共处、共同促进的关系。

第九章　生态文明的医学视点

第一节　生态环境与疾病

人类在环境中成长，环境是以人为主体的外部世界，是地球表面物质和现象与人类发生相互作用的各种自然及社会要素构成的统一体，是人类生存发展的物质基础，也是与人类健康密切相关的重要条件。现代科学研究表明，许多疾病与环境因素（大气、土壤、水、居住条件等）密切相关。2007 年 10 月 25 日，联合国环境规划署（UNEP）发布了《全球环境展望—4》综合报告，1400 位专家为地球“会诊”的结果令人触目惊心——自 1987 年以来的 20 年间，人类消耗地球资源的速度已经将自身的生存置于岌岌可危的境地，报告还指出，“第 6 次生物大灭绝已经开始”。

一、水污染与疾病

水是生命之源，也是人类发展的基础性资源。目前人类正面临水资源的严重污染与破坏。造成水污染的主要原因是由人类活动产生的污染物，包括工业污染源、农业污染源和生活污染源三大部分。

人类生产活动造成的水体污染中，工业引起的水体污染最严重，主要包括工业废水、固体废物和废气等。工业废水是工业污染引起水体污染的最重要原因，占工业排出污染物的大部分。工业废水所含的污染物因工厂种类不同而千差万别，即使是同类工厂，生产过程不同，其所含污染物的质和量也不一样。工业废水所含污染物多、成分复杂，不仅在水中不易净化，而且处理比较困难。工业除了排出的废水直接注入水体引起污染外，固体废物和废气也会污染水体。

农业污染首先是由于耕作或开荒使土地表面疏松，在土壤和地形还未稳定时降雨，大量泥沙流入水中，增加水中的悬浮物。其次是农药、化肥使用量的日益增多，使用的农药和化肥只有少量附着或被吸收，其余绝大部分残留在土壤和漂浮在大气中，通过降雨，经过地表径流的冲刷进入地表水和渗入地下水形成污染。

生活污染主要是人口集中的城市生活污水、垃圾和废气引起的水体污染，包括厨房、洗涤房、浴室和厕所排出的污水未经处理直接排入水体进而对水体造成污染。世界上仅城市一年排出的工业和生活废水就多达500立方千米，而每一滴污水将污染数倍乃至数十倍的水体。

目前，全世界每年约有4200亿立方米的污水排入江河湖泊，污染5.5万亿立方米的淡水，相当于全球径流总量的14%以上。在发展中国家，大部分生活和工业废水未经严格处理就直接排入江河湖泊，全世界发展中国家约有12亿人喝不到清洁卫生的水。例如，印度有114个城市将未处理的污水和未完全焚化的垃圾排放于神圣的恒河，埃及主要工业城市亚历山大则把各种未经处理的污水直接排入地中海和马里乌特湖。

2017年，我国水资源总量为28761.2亿立方米，占全球水资源的6%，仅次于巴西、俄罗斯和加拿大，居世界第四位。但我国人均水资源拥有量仅为2074.53立方米，约占世界平均水平的1/4，在世界上名列121位，是全球13个人均水资源最贫乏的国家之一，也是一个严重干旱缺水的国家，而造成我国水资源贫乏的主要原因之一就是水污染加剧。在河流方面，我国水利部开展了20.8万千米重要江河河段的监测，Ⅰ—Ⅲ类水河长比例占68.6%，比2012年提高了1.6%，即好水的比例有所升高，但是Ⅴ类和劣Ⅴ类水的比例仍然很高，占20%左右。目前中国七大水系的污染程度依次是：辽河、海河、淮河、黄河、松花江、珠江、长江，其中42%的水质低于Ⅲ类标准（不能作饮用水源），36%的城市河段为劣Ⅴ类水质，丧失了使用功能，黄河多次出现断流现象。从湖泊来看，我国监测的120个开发利用程度比较高、面积比较大的湖泊当中，总体水质满足Ⅰ—Ⅲ类标准的只有39个，仅占被监测湖泊的32.5%，大型淡水湖泊（水库）和城市湖泊水质普遍较差，75%以上的湖泊富营养化加剧，主要由氮、磷污染引起①。2015年，国土资源部发布的数据显

① 赵其国、黄国勤、马艳匠：《中国生态环境状况与生态文明建设》，《生态学报》2016年第19期。

示，在我国202个地市级行政区的5118个地下水监测点中，较差和极差的水质监测点占比超过60%，水质优良级的仅占9.1%。

即使在发达国家，农业径流也将被粪便和有害化学物质污染的水排放于河流和其他水域。例如在美国，约有50%的湖水遭受硝酸盐、磷酸盐和其他化学物质的污染，从而影响饮用水的质量。

日趋加重的水污染，已对人类的生存和安全构成了重大威胁，成为人类健康、经济和社会可持续发展的重大障碍。据世界卫生组织调查显示：全世界80%的疾病、50%的儿童死亡都与饮用水水质有关。由于水质污染，全世界每年约有5000万儿童死亡，3500万人患心血管病，7000万人患结石病，9000万人患肝炎，3000万人死于肝癌和胃癌。即使在发达国家例如美国，每年也有约94万人因水污染而罹患传染病。饮用水污染已经成为最主要的水环境问题，成为人类健康的头号杀手。

因水污染而引起的疾病有消化疾病、传染病、各种皮肤病、糖尿病、癌症、结石病、心血管疾病等，达50多种。在水传性传染病中，最常见的是腹泻。全世界每年患腹泻的人数有20亿，病死人数为400万（多数为婴幼儿）。另外，血吸虫病导致的患病和死亡人数每年分别为6亿和100万；经过幼虫孳生于积水中的蚊子而传播的疟疾，其年发病和死亡人数分别为5亿和270万，其中90%的疟疾发生于非洲。

二、大气污染与疾病

大气污染威胁着全世界40亿—50亿人的健康。造成大气污染的主要原因：

一是工业生产的废气排放。主要是指由于化石燃料燃烧和化工原料的大量使用而排放出的二氧化碳等污染性气体，这是大气污染物的主要来源。

二是燃料的大量燃烧。煤炭是我国最主要的燃料，在我国能源消费中占比70%左右，是大气环境中二氧化硫、氮氧化物、烟尘的主要来源。在京津冀及周边地区，秋冬季的工业和采暖所排放的大气污染物占比高达三分之二，煤烟型污染仍将是我国大气污染的重要特征。

三是汽车尾气的排放。随着机动车数量的不断增加，汽车尾气排放成为大中城市空气污染的重要来源之一。汽车在行驶过程中排放的尾气含有大量的污染性气体，其中包括氮氧化物、一氧化碳、二氧化碳等，一些大型柴油车辆的尾气排放物中还含有一些颗粒状有毒物质。大中城市空气污染呈现煤烟型和汽车尾气复合型污染的特点。

四是扬尘。随着建筑行业的快速发展，建筑工程施工工地粗放式管理、施工道路未硬化、拆迁未采取抑尘措施、冲洗设备成摆设、土地裸露较多、渣土车管理不严格等成为扬尘形成的主要因素。

据统计，薪材、煤炭和垃圾燃烧时产生的烟雾威胁着全球约 40 亿人的健康，这种烟雾含有大量的大气悬浮颗粒物和 200 余种化学物质，其中包括数种致癌物，全世界每年有 400 万儿童死于薪材燃烧时产生的烟雾。

汽车尾气对人类的危害也很大。其主要污染物包括：一氧化碳（CO)、氮氧化物（NOx)、碳氢化合物（HC)、铅（Pb)、苯并芘（BaP）等，这些污染物不仅污染环境，而且对人体有巨大危害。经实验，柴油机排出的废气中所含的苯并芘，不但破坏动物的肺组织、引起哮喘，同时还具有致癌性。

总之，大气污染是呼吸道疾病的主要诱因。据 WHO 官方文件，随着空气质量下降，中风、心脏病、肺癌、气管炎等各种呼吸道疾病发病概率会大大增加。

三、土壤污染与疾病

土壤的污染，一般是通过大气与水污染的转化而产生，它们可以单独起作用，也可以相互重叠和交叉进行。随着农业现代化，特别是农业化学化水平的提高，大量化学肥料及农药残留在土壤中，土壤遭受污染的机会越来越多，程度也越来越严重，在水土流失和风蚀作用等的影响下，污染面积不断地扩大。

2005 年 4 月至 2013 年 12 月，我国开展了首次全国土壤污染状况调查。总体情况是全国土壤环境状况不容乐观，部分地区土壤污染较重，耕地土壤环境质量堪忧，工矿业废弃地土壤环境问题突出。工矿业、农业等人为活动以及土壤环境背景值高是造成土壤污染或超标的主要原因。

全国土壤污染总的超标率为 16.1％，其中轻微、轻度、中度和重度污染点位比例分别为 11.2％、2.3％、1.5％和 1.1％。污染类型以无机型为主，有机型次之，复合型污染比重较小，无机污染物超标点位数占全部超标点位的82.8%。

从污染分布来看，南方土壤污染重于北方；长江三角洲、珠江三角洲、东北老工业基地等部分区域土壤污染问题较为突出，西南、中南地区土壤重金属超标范围较大；镉、汞、砷、铅4种无机污染物含量分布呈现从西北到东南、从东北到西南方向逐渐升高的态势。

据国家环保部《全国土壤污染状况调查公报》显示，污水灌溉、化肥、农药、农膜等农业投入品的不合理使用，是导致耕地土壤污染的重要原因。

第一，因水污染而造成的土壤污染。我国是一个农业大国，需要大量的水对农作物进行灌溉。然而，水土是互连互通的，生活污水和工业废水不经科学处理就排放，必然会使得大量的污水流到农田，进而使农田遭受污染，农田生长的农作物就会带有多种有害的物质，致使食用后的人类和动物生病。

第二，农业生产过程中过度使用化肥造成的污染。据统计，我国每年化肥的使用量已经超过4100万吨，成为世界第一化肥消费大国[①]。长期使用化肥，会破坏土壤结构，扰乱土壤内部营养成分的平衡，造成土壤板结，土质变差，储水功能降低等一系列问题。同时，过量使用化肥会使一些农作物在生长过程中吸收过多硝酸盐，而动物或人食进这些农作物后，将影响体内氧气的运输，使其患病，严重时甚至死亡。

第三，大量使用农药同样会对土壤造成危害。大部分农药都含有有害化学物质，如苯氧基链烷酸酯类农药、多环芳烃、二噁英、邻苯二甲酸酯等，这些有害化学物质近1/2会残留在土壤中，随着时间的推移，在生物、非生物以及阳光等共同作用下，有害化学物质就成了土壤中的组成成分，种植在土壤上的农作物又从土壤中吸收有害物质，在植物根、茎、叶、果实和种子中积累，通过食物进入人和动物体内就会引发各种疾病。

第四，工业生产和生活垃圾处理不当造成的污染。随着工业污染的

① 吴云：《浅谈土壤污染与防治》，《现代农业》2010年第6期。

加剧，重金属对土壤的污染日益严重。工业和矿业产生的固体废弃物、污水都含有大量的重金属。生活污水、石油化工污水、工矿企业污水和城市混合污水是污水的四大来源，污水中含有大量的铅、铬、汞、铜等重金属，这些废弃物和污水通过日晒雨淋等作用就会进入土壤。重金属污染物进入土壤后，因其移动性差，停滞时间长，微生物难以对其分解，经过水、植物等中介最终危害到人类。据估算，全国每年遭重金属污染的粮食达1200万吨，造成的直接经济损失超过200亿元。土壤污染造成有害物质在农作物中积累，并通过食物链进入人体，引发各种疾病，最终危害人体健康。

第五，大气污染对土壤的污染。大气中的有害气体主要是工业生产中排出的有毒废气，它的污染面大，会对土壤造成严重污染。工业废气污染大致分为两类：气体污染，如二氧化硫、氟化物、臭氧、氮氧化物、碳氢化合物等；气溶胶污染，如粉尘、烟尘等固体粒子及烟雾、雾气等液体粒子，它们通过沉降或降水进入土壤，造成污染。例如，有色金属冶炼厂排出的废气中含有铬、铅、铜、镉等重金属，对附近的土壤造成污染；生产磷肥、氟化物的工厂会对附近的土壤造成粉尘污染和氟污染。

除此之外，牲畜和人的粪便，以及屠宰场的废物通常不经过有效处理就直接排放到土壤中，其中的寄生虫和病毒就会引起土壤和水的污染，有时还会使土壤中毒，改变土壤原本的正常状态，有害土壤通过水和农作物最终又会危害到人类。目前，全世界有约20亿人感染一种以上的肠道寄生蠕虫，如十二指肠钩口线虫、粪类圆线虫和人蛔虫。

总之，生态环境状况与人类健康息息相关，生态环境的恶化使各类疾病层出不穷，问题叠加，对人类健康造成的危害触目惊心。为此，必须加大环境保护力度，还人类一个蓝天、碧水、净土的优良生态环境，提高人类生活质量。

第二节　历史上的重大瘟疫及启示

一、历史上的重大瘟疫

人类的历史是一部充满矛盾与斗争的历史，与瘟疫的斗争即是其中的一部分。瘟疫即流行性传染病，瘟疫的形成与人类生存的大环境和小环境紧密相关。大环境是指人类在大范围内的交往行为，它是关系到一般传染病能否从一个族群传播到另一个族群，并形成跨地区转移，进而发展成为大规模的烈性传染病——瘟疫的基本因素。小环境则指特定族群在特定地区的居住环境、生活方式和医疗条件等，它是关系到传染病最终是否可以发生，或者说病原体能否成功在人群之间传播的基本因素。

自农耕文明以来就有了传染病。因为农耕文明阶段，人群定居在一起，人类实现了对多种动物的驯养，人类和家禽、家畜密切地生活在一起，这种变化增加了动物和人群之间、人群与人群之间相互传播疾病的机会，也使得动物身上的病原体成功侵入人体，其中一些病原体从此在人体内安家落户，成为典型的人类疾病。对人类来说，几乎所有的传染病都源自动物携带的病原体。对此，美国学者戴蒙德（Jared Diamond）指出："人类疾病源自动物这一问题是构成人类历史最广泛模式的潜在原因，也是构成今天人类健康的某些最重要问题的潜在原因。"回顾历史，不难发现，一万年以来，人类历史上最严重的几次传染病的流行，基本上都是从动物身上传播到人身上的。比如，天花和肺结核来自牛，麻风病来自水牛，普通感冒最早则是来自马。病毒的快速进化、人类与动物的接触、城市规模及人口密度的提高、人员流动的加快等将使新的瘟疫不断产生。瘟疫的流行不仅危及个人生命健康，同时也深刻影响人类历史发展进程。

第一，古希腊罗马时期雅典鼠疫和安东尼瘟疫。公元前 5 世纪，雅典发生瘟疫，有专家认为此次瘟疫即鼠疫，症状包括高烧，口渴，喉咙、舌头充血，皮肤红肿病变等。这次鼠疫导致近二分之一的人口死亡，连当时的执政官伯里克利也未能幸免。鼠疫发生时，正值第二次伯罗奔尼撒战争，雅典将大量人力、物力投入军事行动，没有认真防控疾病，导致瘟疫蔓延，使其输掉了与斯巴达的战争，雅典政治陷入混乱，实力大为下降。

公元 2 世纪，罗马帝国安东尼王朝统治时期发生瘟疫，史称古罗马安东尼瘟疫。罗马皇帝安东尼在 163 年和 164 年两次派遣罗马大军进攻安息，而此时瘟疫已经在安息帝国的境内逐渐蔓延。罗马士兵打仗回来，带回了天花和麻疹（至今尚未定论，有人说可能是腺鼠疫），并且传染给了当地的人们。史书描述该传染病症状：剧烈腹泻、呕吐、喉咙肿痛、手脚溃烂、高烧、严重口渴、皮肤化脓。瘟疫持续十几年，使罗马失去近500万人，严重时几乎一天造成约2000人死亡，其中两位罗马皇帝（维鲁斯大帝及安东尼大帝）也先后染疫而亡，罗马帝国从此逐渐走向衰败。

同一时期欧亚大陆的另一边东汉也发生大疫，死人无数。历史学家许倬云认为，其来源可能是西边丝绸之路上的军队将疾病带入了中国。东汉张仲景在《伤寒杂病论》中说："余宗族素多，向逾二百，自建安以来，犹未十年，其亡者三分之二，伤寒十居其七。"特别是建安二十二年（217年），死人更多。魏文帝曹丕回忆说："昔年疾疫，亲故多受其灾。"又说："疫疠多起，士人凋落。"那时中原"家家有伏尸之痛，室室有号泣之声，或合门而亡，或举族而丧者"。

第二，中世纪时期查士丁尼瘟疫和欧洲中世纪黑死病。公元541—542年，在地中海暴发的第一次大规模鼠疫，由于是东罗马帝国皇帝查士丁尼一世执政时期，因此史学界称为查士丁尼瘟疫。根据欧洲中古史学者的研究，这次鼠疫大流行最早暴发于埃及，致病原为鼠疫杆菌，主要通过寄生于啮齿类动物上的跳蚤传播。

这次鼠疫持续了近半个世纪，死亡率极高，严重时一天高达上万人死亡，导致东罗马帝国人口下降，劳动力和兵力锐减，毁灭了查士丁尼皇帝试图复兴罗马帝国往日辉煌的梦想，对地中海乃至欧洲的历史发展都产生了深远影响。更可怕的是，伴随着地中海的贸易和军事行动，鼠疫在之后的一个多世纪里蔓延到整个欧洲。此后，鼠疫又多次在欧洲暴发，其中最为悲惨的是发生在14世纪四五十年代，席卷欧洲夺走了2500万人口的鼠疫（占当时欧洲总人口的1/3），史称欧洲中世纪黑死病。40年后，鼠疫再次爆发，共造成全世界约7500万人死亡，这是当时也是人类史上最致命的瘟疫之一。

第三，16世纪美洲瘟疫。美洲曾经居住着400万到500万原住民，在哥伦布发现新大陆后，西班牙殖民者无意中带去了天花，进而传染给土著印第安人，致使美洲大陆暴发了长达8年的天花大流行。由于印第安人从未接触过天花而缺乏免疫力，病死率高达 90％，被一些历史学家称为人类史上最大的种族屠杀。

第四，17 世纪米兰大瘟疫。1629—1631 年，意大利暴发一系列鼠疫，被称为米兰大瘟疫，包括伦巴和威尼斯均受严重影响，共造成约 28 万人死亡。当时，意大利与德、法交战，德、法军队将疫情带到意大利中北部地区曼图亚（位于米兰城东南部，在历史上是北意大利文艺复兴时期的中心，是一座享有盛名的中世纪古城）。疫情初期，米兰立即采取措施，限制士兵与货物出入境，开展隔离检疫等。然而，1630 年 3 月，米兰举办了一场嘉年华，海量民众交叉感染，最终导致米兰 13 万总人口中 6 万人死亡。一次放纵毁灭了一座城市，米兰一时成为恐怖之城。

第五，18 世纪马赛大瘟疫。1720 年，法国马赛突发腺鼠疫，这是当时欧洲最强烈的一次暴发，造成 10 万人死亡。

当时，一名土耳其乘客在前往马赛的商船上突发疾病暴毙，他的主治医生及数名船员也相继染病死亡。商船靠岸后被隔离，不料一些商人因货物被扣押而强行要求港口机关取消隔离。几日后，瘟疫在市区大规模暴发，填埋尸体的万人坑一个接一个。为了阻止瘟疫蔓延，法国国王下令隔绝马赛和普罗旺斯及其他地区的交通，违反者处死，同时修建一堵瘟疫隔离墙，用石头砌成，高 2 米，厚 70 厘米，有守卫把守，最终控制住了疫情。

第六，19 世纪霍乱。霍乱是一种由霍乱弧菌引起的烈性肠道传染病，它通常通过被霍乱弧菌感染的水和食物传播。感染霍乱的人主要表现为剧烈呕吐，同时排泄大量米泔水样肠内容物，并出现脱水、肌肉痉挛、少尿和无尿等症状，较严重的则会因休克、尿毒症或者酸中毒而死亡。

在人类漫长的历史长河中，有记载的霍乱大流行共发生过 7 次，其中最著名的当属 1817 年的恒河大霍乱。

古印度的恒河三角洲早就有霍乱局部流行的历史，但由于当时人们活动区域的局限性，霍乱并没有出现大规模的暴发。然而进入 19 世纪之后，欧亚大陆的交通贸易日益频繁，人们的活动范围不断扩大，霍乱随之迅速传播开来。第一次大暴发始于 1817 年，霍乱从印度首先传到阿拉伯地区，然后又被传到非洲和地中海沿岸。1826 年出现第二次大流行，此时霍乱已经抵达阿富汗和俄罗斯，紧跟着又扩散到整个欧洲。1831 年，臭名昭著的英国东印度公司从恒河三角洲带回大量的黄金白银，同时也带回了霍乱，当时的英国国王威廉四世在国会开幕式上说："我向诸位宣布一下大家关心的可怕疾病在东欧不断发展的情况。同时我们必须想方设法阻止这场灾难进入英国。"当时，英国人对霍乱的了解还仅限于它的发病症状和惊人的杀伤力，而对于它的传播和治疗一无所知。人们用蓖麻油冲洗肠胃，有的甚至用电击，或用炽热的铁片去烫身体的各个部位来治疗，但都无法阻止霍乱的持续蔓延。没等英国人想出任何有效方法，1832 年英伦三岛就有超过 8 万人因此而丧生。在第三次大流行中，它漂洋过海到达北美。到 1923 年，仅仅百余年间，霍乱就出现了六次大暴发，其传播范围不断扩展，给人类造成的损失难以计算，仅印度因霍乱死亡的人就超过了 3800 万。

1961 年，霍乱又开始了它的第七次大流行。这次首先起于印度尼西亚，然后传到亚洲其他国家和欧洲，1970 年又进入非洲，已经百年不见霍乱踪影的非洲从此深受其害。1991 年，霍乱开始袭击拉丁美洲，一年之内就造成 40 万人感染，4000 人死亡。到了 1993 年，仍有 78 个国家报告存在霍乱。在霍乱流行的高峰时期，全球每年都会有 20 万人死于霍乱。据世界卫生组织统计，2001 年非洲霍乱患者占全球 94％，至今一些非洲国家，霍乱仍未得到有效控制。

在霍乱发生第一次全球大流行的时候就从国外传入了我国，直至 1948 年的近 130 年间，霍乱在我国的大小流行不下百次，其中比较严重且有记载的就有 60 次以上。新中国成立后，我国加强了国境卫生检疫和传染病管理，并大力开展群众性爱国卫生运动，使得古典型霍乱迅速从中国大地上消失。但在第七次霍乱世界大流行中，它又于 1961 年 7 月出现在我国广东西部沿海的阳江、阳春等地。

第七，20 世纪初西班牙流感。西班牙流感即西班牙型流行性感冒，这一名字的由来并不是因为此流感从西班牙爆发，而是因为当时西班牙疫情严重而被命名。当时约 800 万人感染此病，甚至西班牙国王也未能幸免。其流行途径：1918 年 3 月 4 日一处位于美国堪萨斯州的军营发生流感，接着在中国、西班牙、英国等除澳洲以外的各大洲流行蔓延。当时的症状只有头痛、高烧、肌肉酸痛和食欲不振等，但到了1918年秋季则在全球大量暴发，至1920年春季在全世界造成约10亿人感染，约5000万到1亿人死亡，其中美国死亡68万人，占总人口的0.6%。流感在6个月内造成的死亡数比第一次世界大战死亡人数还多，由于各国人口下降，一定程度上间接地结束了第一次世界大战。

当时人们并不清楚此次流感是由什么病原体造成，直到1933年英国科学家才分离出第一个人类流感病毒，并命名为H1N1，从此人们才知道流行性感冒是由流感病毒所造成。1997年，美国科学家杰弗里·陶贝格尔在《科学》周刊上发表了他与同事利用遗传学技术得出的研究成果，认为1918年的流感病毒与猪流感病毒十分相似，是一种与甲型（A型）流感病毒（H1N1）密切相关的病毒。

第八，1957年亚洲流感。亚洲流感是1957年2月爆发于亚洲的H2N2型流行性感冒，该病在不到8个月内席卷全球，发病率在15%—30%，全球共有至少100万人死于该病毒。该流感整整持续3年，直到1959年末，人体内的抗体水平不断增长，病毒本身毒力减弱，疫情才宣告结束。虽然这次流感相对温和，病死率不高，但还是导致1958—1959年全球经济大衰退。

第九，1968年香港流感。亚洲流感病毒稍后由抗原转化为H3N2，即所谓的香港流感。由于香港世界金融中心的地位，病毒通过飞机传播全球主要地区，1968年8—9月份，美国、英国、日本、印度和澳大利亚等国纷纷中招，再次形成全球性流感爆发。据统计，香港流感的死亡人数在50万—200万之间，香港报告了4万—6万个病例，占当时人口的15%。美国有3.4万人因感染死亡，英国死亡人数也大约为3万。这一次的流感暴发又恰逢美国紧缩性政策时期，再次推动了美国经济衰退进而影响全球。美国GDP增速自1968年6月起开始走低，直至1970年年末，增速从5.5%降低到－0.2%。

第十，2003年非典型肺炎。非典型肺炎是指严重急性呼吸综合征，中国大陆简称非典（SARS），于2002年在中国广东首发，并扩散至东南亚乃至全球，直至2003年中期疫情才被逐渐消灭。SARS流行期间，一共确诊8096例病例，死亡率约为9%。这次疫情传播快、结束快，持续了半年多。当年受 SARS 影响，我国 2003 年二季度的 GDP 数字出现了短暂的下跌。

第十一，2009 年新型 H1N1 流感。根据美国疾病预防控制中心估计，在病毒传播的第一年，美国有 6080 万例感染，近 27.4 万人住院治疗，1.2 万余人死亡。全球范围内，因 H1N1 而失去生命的人数在 15 万至 58 万之间。世界卫生组织同样把 H1N1 列为全球突发公共卫生事件，受到感染高发的影响，美国学校停课，直至当年 10 月美国投放疫苗。次年 8 月，世界卫生组织宣布疫情结束。

第十二，2012 年中东呼吸综合征（MERS)。2012 年 6 月首次出现在沙特，一直持续到 2015 年。截至 2015 年 5 月 10 日，沙特确诊 MERS 病例累计 976 例，其中死亡 376 例，中东地区总计 1090 例。中东地区确诊病例占世界 MERS 总病例 95％以上，为世界主要疫区。疫情爆发后，沙特经济持续下跌，影响持续了 3 个季度。之后 2014 年再度爆发，GDP 增速再次下滑。

第十三，2015 年巴西爆发的寨卡病毒。从疫情开始到世界卫生组织宣告全球突发公共卫生事件的 8 个月时间里，巴西一共感染 150 万人，此外有 4000 例孕妇感染导致分娩小头畸形儿的情况出现。受到寨卡病毒感染人数巨多的影响，巴西经济在 2015—2016 年出现了一定的滑坡，连续数个季度 GDP 负增长。

第十四，2014—2018 年暴发的埃博拉病毒。2014 年 2 月，西非地区开始爆发大规模的埃博拉病毒疫情，主要集中爆发于几内亚、利比里亚等国。2016 年 1 月 14 日，世界卫生组织宣布非洲西部埃博拉疫情结束，最终感染人数为 28646 人，包括 11324 例死亡，死亡率达 40％。2018 年 5 月，刚果确认出现新一轮埃博拉病毒疫情，5 月 8 日一天死亡 17 人。之后 7 月 24 日，世界卫生组织宣布疫情结束，总计出现 53 例病例。8 月 5 日疫情再次暴发，从 2018 年 8 月至 2020 年 1 月，刚果民主共和国第 10 轮埃博拉病毒病疫情公共报告显示，埃博拉病毒病例 3411 例，其中死亡 2237 例，另有 489 例疑似病例。世界卫生组织随后在 2019 年 7 月 17 日，宣布该次疫情为全球突发公共卫生事件。虽然非洲国家经济在全球占比不显著，但疫情对当地的影响依然很大。

回顾历史上产生重大影响的瘟疫，21 世纪前 20 年间发生了 5 次，20 世纪 4 次，19 世纪 4 次，其他在 2、6、8、14、16、17、18 世纪分别各 1 次。最近 3 个世纪累计发生了 13 次，超过总数 20 次的一半还多。其原因如下：

从大环境来说，殖民行为、民族冲突和全球化背景下经济往来使区域间的交往变得更加复杂和紧密，城市化的进程则加速了城乡之间的人口流动。从小环境来说，工业化带来的严重污染使环境更差了。这种局面让消化道病原体活跃异常，并最终发展成世界性的瘟疫。而由冠状病毒引发的几次大瘟疫，都集中在 21 世纪的前 20 年。从 2002 年非典型肺炎暴发、2012 年中东呼吸综合征出现，到 2019 年新冠肺炎出现，平均每六年发生一次冠状病毒灾难。现在人类面对的新冠病毒，显然在传染力、耐热性、危害性等方面，远超前两次引起非典型肺炎和中东呼吸综合征的冠状病毒。前两次的冠状病毒都有明显的怕热弱点，但现在的新冠病毒在天气炎热的南美、澳大利亚、新西兰等地依然肆虐。

可以肯定的是，如果气候变化继续严重破坏自然界的稳定性，那么，生态系统会被继续扰乱，生物物种的栖息地会被继续破坏，人类的生活会继续受到威胁。

从现实状况看，某个阶段的环境问题已经超越了人类的控制，一定程度上，这是病毒肆虐人类、人类必须正视并重构与自然界的关系所面临的重要课题。大量的事实和研究证明，大自然平衡、和谐的生态，是生物多样性组成的命运共同体，一旦这个平衡被打破，人类遭受病毒的袭击就会不期而至。

通过环境与疾病的关系以及历史上重大疫情发生情况不难看出，重大疫情不只是一个全球性公共卫生事件，更是一场生态灾难或生态危机的表现。因为疫情的出现并非偶然，而是人类与大自然关系日趋恶化的必然结果，一定意义上，是人类中心主义的必然产物。疫情的解决或避免，仅仅依靠医学是远远不够的，它还需要一种崭新的思维方式，需要一种新的文明视角，需要政治、经济、社会、文化、教育、道德、心理及生活方式的多管齐下。

二、钟南山院士的忠告

2010 年十一届全国人大三次会议期间，钟南山院士接受《羊城晚报》

记者专访，其中有这样一段对话：

《羊城晚报》：非典、甲流、手足口病……这几年，老百姓总是被突如其来的疫情困扰。为什么现在疫情这么多？是因为医学发展后发现能力比以前强，还是疫情确实比以前多？

钟南山：这些疫情其实在近30年都有出现，但是以前没这么重视。

《羊城晚报》：这几年很多疫情都与动物有关。人类该怎么办？

钟南山：仔细分析，最近30多年来，大概有60%—80%，甚至更接近80%的人类新的传染病是来自动物。这是因为人与自然的生态平衡被打破，才会导致这个结果。现在我们对非典疫情出现的整个来龙去脉还不够了解，但其中有一条非常了解，就是跟吃果子狸有关系。现在我们讲和谐社会，和谐社会的含义不但是在人与人之间，国与国之间，和谐社会的含义也应该包括人与自然、人与生态环境的和谐，只有这样，地球才能可持续发展、人类才能可持续发展。

《羊城晚报》：在非典刚刚被战胜后的一两年内，你曾经多次说过“非典会卷土重来”，但直到现在，非典还是没有来。您的预测跟结果不一样，为什么呢？

钟南山：我的解释非常简单，那时候广东、广州对果子狸采取了各种非常坚决的措施。但现在很多研究证实还是像过去那样，估计还是会来。因为现在一些动物还存在病毒，如中华菊头蝠就存在类似非典的病毒，在香港、武汉都有发现。假如我们坚决采取措施，我估计非典不会回来；如果不加强管理，那肯定还会回来①。

对于钟南山院士的忠告，非典刚结束之后不久，人们还觉得是杞人忧天，有的几乎当成耳旁风，没有重新审视人类自身与自然的关系，没有善待一切生物。新冠肺炎的爆发可以说为人类又一次敲响了警钟，人类必须意识到自身只不过是自然界整体生物链中的一个环节，人类自我意识的膨胀必然招致其他生物链的失衡进而导致自然界多种形式的报复。

新冠肺炎疫情发生以来，针对滥食野生动物以及对公共卫生安全构成的巨大隐患，社会各界广泛关注。为了全面禁止和惩治非法野生动物

---

① 王普、孙璇、余颖：《六成以上新传染病来自动物》，《羊城晚报》2010年3月3日。

交易行为，革除滥食野生动物的陋习，维护生物安全和生态安全，有效防范重大公共卫生风险，切实保障人民群众生命安全，加强生态文明建设，促进人与自然和谐共生，2020 年 2 月 24 日，在疫情防控的关键时刻，十三届全国人大常委会第十六次会议表决通过《关于全面禁止非法野生动物交易、革除滥食野生动物陋习、切实保障人民群众生命健康安全的决定》，要求有关方面要严格执行决定，加强市场监管，严厉打击非法野生动物市场和贸易，倡导和推动全社会增强生态环境保护和公共卫生安全意识，养成科学健康文明的生活方式，为打赢疫情阻击战，保障人民群众生命健康安全提供有力的法律保障。

第十章　新时代高校生态文明素质教育

目前，中国特色社会主义进入新时代，这是我国发展的新的历史方位。这是承前启后、继往开来、在新的历史条件下继续夺取中国特色社会主义伟大胜利的时代，是决胜全面建设小康社会、进而全面建设社会主义现代化强国的时代，是全国各族人民团结奋斗、不断创造美好生活、逐步实现全体人民共同富裕的时代，是全体中华儿女勠力同心、奋力实现中华民族伟大复兴中国梦的时代，是我国日益走近世界舞台中央、不断为人类作出更大贡献的时代。新时代对党和国家事业发展提出许多新要求，教育事业必须顺应时代潮流，把握时代特点，服务时代需求。

习近平总书记在党的十九大报告中，提出我国优先发展教育事业的总战略、加快教育现代化的总方向、建设教育强国的总要求，既体现了历史发展的总要求，又体现了实践发展的新要求，是新时代教育事业改革发展的重大战略部署。

面对工业革命以来层出不穷的生态问题，特别是2019年新冠肺炎疫情的暴发，教育格局必将发生巨大变化，教育必将自己融入一个全新的文明体系之中，与生态文明同呼吸、共命运，破茧转型为新时代生态文明教育。习近平总书记在全国教育大会上指出，要不断使教育同党和国家事业发展要求相适应、同人民群众期待相结合、同综合国力和国际地位相匹配，这为新时代教育事业发展指明了方向。时代需要一种服务于生态文明的教育，服务于生态文明的大学。为此，新时代的教育应主动作为，积极适应新时代中国特色社会主义事业需要，服务全面建设小康社会和中华民族伟大复兴的目标，牢固树立绿色发展理念，适应和引领经济发展新常态，推动我国经济高质量发展，为生态文明乃至国家现代化建设厚植人才优势，培养担当民族大任的时代新人。

高校是高素质人才培养的主阵地，虽然有多种功能，但立身之本在于立德树人。立足新时代生态文明建设对人才提出的新要求，高校应与时俱进，加强思想政治教育、品德教育，加强社会主义生态文明核心价值观教育，引导学生从自己做起、从身边做起、从小事做起，一点一滴积累，养成好思想、好品德、好习惯，最终成为社会主义生态文明核心价值观的坚定信仰者、积极传播者、模范践行者。因此，高校生态文明素质教育的开展势在必行。

第一节　高校生态文明素质教育的内涵

一、生态文明素质教育与环境教育、可持续发展教育

生态文明素质教育有广义和狭义之分。广义的生态文明素质教育是针对社会全体公众而言的，狭义的生态文明素质教育则是指专门的学校教育。教育的核心内容主要是关于生态知识、生态伦理和道德、生态安全、生态政治、循环经济与低碳生产等方面的理论教育与实践体验，其着眼点在于提高学生的综合素质，具体目标落实在教育过程中的知识、技能和价值观领域。通过教育培养学生良好的生态意识和生态道德素质，使其牢固树立人与自然、人与社会、人与人和谐相处的理念，从而激发学生保护生态环境的强烈社会责任感和义务感。

生态文明素质教育是在环境教育、可持续发展教育基础上演化而来的。

20世纪60年代，随着环境的恶化，人们意识到保护环境的重要性并提出环境教育。1970年，美国政府通过了世界上第一部《环境教育法》，使环境教育走上法制化的道路。1972年，联合国人类环境会议正式将环境教育名称确定下来，明确了环境教育的性质、对象和意义，并推动环境教育走向国际化。会议强调："主要开展资料收集、出版环境教育通讯《连接》、进行理论交流与传播、加强世界各国师资培训、帮助各国将环境教育纳入正规教育体系等活动。"[①] 国际环境教育计划的启动，进一步

① 祝怀新：《环境教育的理论与实践》，中国环境科学出版社2005年版，第12页。

推动了各国环境教育的正规化，加强了国际环境教育的合作。

我国环境教育正式开始于1972年，中国代表团参加联合国第一次人类环境会议，随即翻译出版了《只有一个地球》，环境教育工作由此迅速展开。1973年，全国第一次环境保护会议召开，随后利用报纸、杂志、广播、电视等各类媒体广泛宣传。1978年，中共中央批转《环保工作汇报要点》，指出："普通中学和小学也要增强环境保护知识的教学内容。"中小学有关学科教学大纲和教材如小学自然、中学地理、化学、生物等，开始收入环境保护内容。1979年，中国环境科学学会环境教育委员会第一次会议，确定在广州、辽宁、甘肃、上海、湖南、黑龙江和北京等地进行中小学环境教育试点工作，直至走向制度化、规范化和经常化。1992年11月，国家教委和国家环保局在苏州联合召开了第一次全国环境教育工作会议，强调指出"环境保护，教育为本"，充分肯定了环境教育的地位与作用，同时要求各类师范院校要开设环境选修课或专业讲座，有条件的师范院校应开设环境科学基础课，以适应中小学环境教育的需要。至此，环境教育在我国进入一个新阶段。

简单地说，环境教育是一种以环境关怀为重点的教育，关注的焦点主要是人与自然之间的关系，核心是通过探讨环境质量对人类健康及社会经济发展的影响，引导人们转变观念，善待环境。1977年，第比利斯政府间环境教育大会将教育目标定义为意识、知识、态度、技能和参与，并指向个人和社会群体，旨在促使全体大众具备有关环境问题的知识、技能、态度、动机和义务。

概括起来，环境教育具有以下几方面特征及要求：

第一，跨学科性。环境是一个整体，是自然、生态、人文、经济、社会和法律的综合统一，涉及学科较为广泛，包括生态学、生物学、物理学、化学、地理学、政治学、经济学、社会学、历史学、伦理学、哲学、教育学、医学、文化学、文学等。因此，环境教育需要跨学科联动，发挥不同学科优势，着眼于整体性，同向同行。

第二，整体性。环境教育的目的，是使受教育者获得知识、技能、情感、态度、价值观等有助于热爱环境、保护环境的综合素质，它不仅要关注受教育者的认知状况，更要关注其情感体验、动机、信念、意志、态度、价值观、道德感、责任感等状况并加以积极引导，培养其主动参与保护环境的兴趣和解决环境问题所需要的技能，正确认识发展与环境保护的关系，自觉养成热爱环境和保护环境的行为习惯。

第三，终身教育。环境教育是终身学习的过程，它始于学前幼儿教育阶段，贯穿正规教育和非正规教育的各个环节，伴随着人的一生。在各年龄阶段，要立足实际，有针对性地培养受教育者对环境的认知、有关知识、情感及态度。

第四，实践性。环境教育不只是让学生获得知识，更重要的是让学生立足实际，以问题为导向，具备解决问题的方法与能力。为此，要让受教育者学会观察和调查，重视培养其综合性、探究性能力，使其在亲身感受和动手探索中体验环境问题的严重性，形成正确的环境保护意识和价值观，能够积极主动地参与个人与社会保护环境的活动。

20世纪80年代后，随着可持续发展观念的产生，国际环境教育由“为了环境的教育”转变为“为了可持续发展的教育”，环境教育逐步被可持续发展教育取代。1983年，在第38届联合国成立的世界环境与发展委员会提出的《我们共同的未来》报告（也称《布伦特兰报告》），第一次正式提出可持续发展概念，强调可持续发展是既满足当代人的需要，又不损害后代人满足其自身需要的能力的发展。可持续发展教育除继续关注人与自然的关系外，在资源的永续利用、代际平衡以及生态环境改善等方面又进了一步。1991年，世界自然保护联盟、联合国环境规划署和世界野生动物基金会共同发表的《保护地球——可持续生存战略》，对可持续发展进行了阐述，提出“要在生存与不超过维持生态系统涵容能力之情况下，改善人类的生活品质”，并且提出人类可持续生存的九条基本原则。1994年，联合国教科文组织启动了“为了可持续性教育”的国际创意——“环境、人口和教育”计划。该计划广泛吸引青少年和广大公众积极参与到改善人类生存环境中，把可持续发展教育与环境、人口等问题结合起来，使环境教育更系统化、综合化、整体化和全球化。2005年，联合国教科文组织公布的《联合国教育促进可持续发展十年（2005—2014）国际实施计划》（简称《国际实施计划》），对可持续发展教育定义为：可持续发展教育基本上是价值观念的教育，核心是“尊重”，即尊重他人，包括现在以及未来的人们、尊重差异与多样性、尊重环境、尊重我们居住的星球上的一切资源。

《国际实施计划》将可持续发展教育的特征概括为七个方面，跨学科性和整体性：可持续发展根植于整个课程体系中，而不是一个单独的学科；价值驱动：强调可持续发展的观念与原则；批判性思考和解决问题：帮助树立解决可持续发展遇到的困境和挑战的信心；多种方式：文字、艺术、戏剧、辩论、体验……采用不同的教学方法；参与决策：学习者可以参与决定他们如何学习；应用性：学习与每个人和专业活动相结合；地方性：学习不仅针对全球性问题，也针对地方性问题，并使用学习者最常用的语言①。

1994 年，国务院第 16 次常务会审议通过了《中国 21 世纪议程——中国 21 世纪人口、环境与发展白皮书》，特别强调要更新国家教育战略，“加强受教育者的可持续发展思想的灌输。在小学自然课程、中学地理课程中纳入资源、生态、环境和可持续发展内容；在高等院校普遍开设可持续发展与教育课程，设立与可持续发展思想密切相关的研究生专业，如环境教育等，将可持续发展思想贯穿于从初等到高等的整个教育过程中”，同时提高人民群众可持续发展的意识与参与可持续发展的能力。1996 年春，国家教委在全日制高中一些学科的新教学大纲中，增加了环境教育的内容，要求学生“了解人类活动与环境相互作用产生的重大问题，认识人类与环境协调发展的重大意义及实施途径”，对学生“进行环境意识和全球观念的教育，树立科学人口观、环境观、资源观和可持续发展观。从全球和未来认识环境，培养对环境负责的观念和行为”。根据大纲编写的教科书，1997 年开始在天津、山西、江西三省试用。同年，国家教委、世界自然基金会和英国石油公司三方在北京正式签署“中国中小学绿色教育行动”项目协议书，标志着以中国中小学为对象的环境教育项目正式启动。该项目通过建立培训中心（北京师范大学、华东师范大学、西南师范大学各设立一个），要求培训试点学校的教师和教研人员，以面向可持续发展的环境教育为内容，采用探究式教学方法，在各

① 钱丽霞：《联合国可持续发展教育十年的推进战略与中国实施建议》，《中国可持续发展教育》2005 年第 5 期。

学科中实施渗透式环境教育。

我国的环境教育在向可持续发展教育转向中，对目标、内容、方法等都做了相应调整。其目标由以前的“把环境科学知识参透到各学科和课堂教学中去，把环保作为一种道德教育”调整为“让学生树立正确的资源观、环境观和人口观，以及可持续发展意识，了解人与自然之间的相互关系”；其内容由以前的“人口、资源、环境污染和环保方面的知识”调整为“把环境保护和发展结合起来”；其方法由以前的“传统的授课方式”调整为“多样化的实践方式”，如实地调查、观察和访谈①。

基于思考与探索，我国学者将可持续发展教育定义为：“可持续发展教育是以跨学科活动为特征，以培养学习者的可持续发展意识，增强个人对人类环境与发展相互关系的理解和认识，培养他们分析环境、经济、社会与发展问题以及解决这些问题的能力，树立起可持续发展的态度与价值观。”②

2002 年，党的十六大报告把生态良好的文明社会列为全面建设小康社会的四大目标之一，即“可持续发展能力不断增强，生态环境得到改善，资源利用效率显著提高，促进人与自然的和谐，推动整个社会走上生产发展、生活富裕、生态良好的文明发展道路”。围绕发展、人口、公平、多样性、相互依赖、环境、资源和能源等，我国构建了可持续发展教育的七个核心主题。

进入 21 世纪，生态环境面临的挑战依然严峻，人们开始对以往文明尤其是工业文明进行深刻反思，倡导人类在生产活动中尊重生态系统的规律，与生态系统协调发展生产力，而不是以保护生态为借口停止发展。

2007 年，党的十七大报告明确提出把建设生态文明作为我国未来发展的新目标，到 2020 年要“基本形成节约能源资源和保护生态环境的产业结构、增长方式、消费模式。循环经济形成较大规模，可再生能源比重显著上升。主要污染物排放得到有效控制，生态环境质量明显改善。生态文明观念在全社会牢固树立”。党的十七大报告为生态文明意识培育提出了明确任务，为我国生态文明素质教育指明了方向。

---

① 王民：《可持续发展教育概论》，地质出版社 2006 年版，第 19 页。

② 王民：《可持续发展教育概论》，地质出版社 2006 年版，第 34 页。

如前所述，生态文明“是指人类遵循人、自然、社会和谐发展这一客观规律而取得的物质与精神成果的总和；是指以人与自然、人与人、人与社会和谐共生、良性循环、全面发展、持续繁荣为基本宗旨的文化伦理形态”[1]。与此相应，生态文明素质教育吸收了环境教育、可持续发展教育的成果，把教育提升到文明发展的高度和人的综合素质构建层面，其关注的焦点由人与自然的关系逐步推及人与社会、人与人、人与自我的关系，侧重点主要是生态文明价值观引领下的公众综合素质的合理构建，因此，在内容上较环境教育和可持续发展教育更深入、更具体，是环境教育向可持续发展教育转变之后教育理念的又一次提升，体现着新时代素质教育的新要求。

二、高校生态文明素质教育的内涵

结合高校特点与任务，高校大学生生态文明素质教育可以概括为：以人与自然、人与社会、人与人之间和谐发展为价值导向，以情感认同、意志强化、信念培养与行为方式养成为着眼点，以确立生态价值观为重点，以培养具有生态文明素养的人才为目的的教育[2]。

高校生态文明素质教育内容有狭义和广义之分，具有层次性、学科（专业）性特点。

狭义的内容主要指生态文明理论和生态文明知识。在生态文明理论方面，包括生态文明基本概念和内涵、生态文明教育的理论基础（包括马克思主义生态文明思想、中国传统生态思想、西方生态伦理思想、习近平生态文明思想）[3]、生态文明制度设计等。在生态文明知识方面，包括党和国家关于生态文明的方针政策、国内外生态危机事件、国家生态环境的重大进展、生态环境常识性知识、生态环境法制知识、生态文化知识、生态环境学科（专业）性知识等。

广义的内容除生态文明理论和生态文明知识外，还包括生态文明理念、意识、行为能力等方面。在生态文明理念方面，主要包括对大学生

---

① 姬振海：《生态文明论》，人民出版社2007年版，第2页。

② 路琳、付明明：《论高校生态文明素质教育的德育属性》，《前沿》2013年第3期。

③ 周芬芬、谢磊、周晓阳：《论大学生生态文明教育的基本内容》，《中国电力教育》2013年第31期。

进行人与自然、人与人、人与社会和谐共生理念教育，人类社会可持续性发展教育，树立生态伦理道德、绿色消费理念等教育；在生态文明意识方面，依据生态环境恶化的严峻现实情况，开展生态国情教育，唤醒大学生的生态忧患意识[①]，在此前提下，培养大学生生态伦理道德意识、生态责任意识、勤俭节约意识、生态审美意识等，开展生态文明时代倡导的生态道德观、生态责任观、生态消费观、生态审美观以及生态伦理观教育；在生态文明行为方面，采用多种教学形式，主要通过开设第一课堂和第二课堂来锻炼、培养大学生符合大自然运行规律的生态文明道德行为和低碳节约的生活行为[②]。

对高校生态文明素质教育的内涵、意义还可以从以下几个方面进一步理解：

第一，高校生态文明素质教育体现着新时代的教育理念。高校生态文明素质教育追求的是人与自然、人与社会、人与人之间和谐共生、良性循环、全面发展、持续繁荣的基本宗旨和价值理念。其中人与自然的和谐发展是基础，人与社会的和谐发展是关键，人与人的和谐发展是根本。相对于传统教育而言，它立足新时代生态文明建设的目标任务以及大学生自身素质建构与成长的需要，以人与自然之间的关系为主题，将人与自然的关系重新纳入新时代素质教育的调整领域，进而还原人、自然、社会三者之间的有机联系，丰富素质教育的内涵，是推动和促进素质教育向着更深层次和更广领域发展的动力，因而体现着新时代的教育理念。

第二，高校生态文明素质教育体现着新时代的教育价值观。一定意义上，高校生态文明素质教育的实质是一种生态价值观教育，即通过生态化思维方式的引导，使大学生学会构建和谐的自然价值观、科学的社会价值观和高尚的精神价值观于一体的生态文明价值观，进而确立和践行一种体现人与自然、社会（人）、自我和谐互补与共同发展的自然生态、社会生态、精神生态相统一的科学发展观。这种生态价值观回应了党和国家在新时代的教育理想、教育理念和教育追求，彰显了对教育发

① 陈永森：《开展生态文明教育的思考》，《思想理论教育》2013 年第 7 期。

② 陈丽鸿：《中国生态文明教育理论与实践》，中央编译出版社 2019 年版，第 128—129 页。

展规律的把握和对民族复兴的教育担当，因而体现着新时代的教育价值观。

第三，高校生态文明素质教育体现着新时代“课程思政”背景下“三全育人”的要求。“课程思政”缘于习近平总书记在全国高校思想政治工作会议上关于“使各类课程与思想政治理论课同向同行，形成协同效应”的重要论述，其理念强调学校教育应具备360度德育“大熔炉”的合力作用，构建思想政治理论课程、综合素养课程、专业课程“三位一体”的高校思想政治课程体系，发挥思想政治课“群舞中领舞”的作用，实现所有高校课程的“共舞中共振”效应。新时代推进“课程思政”的要求，为高校生态文明素质教育融入各类课程提供了重要契机，也是新时代下课程思政建设之必须，以此加强新时代习近平生态文明思想的价值引领，切实提高大学生生态文明素质，是贯彻落实习近平新时代中国特色社会主义思想“三进”（进教材、进课堂、进师生头脑）工作，实现“三全育人”（全员育人、全程育人、全方位育人），建设美丽中国的现实需要。

总之，高校生态文明素质教育的提出，既是构建和谐社会实现民族复兴的必然要求，也是新时代深化和拓展大学生素质教育、改革和创新德育模式、培养具有生态文明素质的时代新人的必然要求。

第二节　新时代高校生态文明素质教育现状

基于研究需要，我们对河南省部分高校生态文明素质教育现状进行了专项调查，该调查虽然不够全面，但管中窥豹，基本能够反映高校生态文明素质教育现状及存在的共性问题。

一、新时代高校生态文明素质教育现状

（一）高校生态文明素质教育效果初步显现

调查发现，河南省多数学校均在尝试开展生态文明素质教育，主要体现在以下几方面。

第一，生态文明理念逐步融入高校人才培养目标之中。习近平总书记在党的十九大报告中提出：高校“要以培养担当民族大任的时代新人

为着眼点”[①]。目前各高校坚持把立德树人作为根本任务，围绕新时代培养什么人、怎样培养人、为谁培养人这个根本问题，立足实现“两个一百年”奋斗目标、实现中华民族伟大复兴的中国梦，结合实际，将人才培养目标统一定位于适应国家发展要求，立足地方经济与社会发展需要，培养具备坚定的马克思主义信仰和中国特色社会主义信念，热爱事业，具有高尚的职业情怀，德、智、体、美、劳全面发展，系统掌握专业知识、理论和技能，具有扎实的人文和科学素养，能够胜任专业工作，富有改革创新精神的高素质复合型人才。这与之前的人才培养目标相比，各高校更加注重学生一专多能基础上的综合素质培养，特别是社会主义核心价值观引领下的精神文明创建与学生健康成长已成为高校人才培养的首要目标，这为新时代培养高素质的生态型人才奠定了基础。

第二，教学方案相对规范，生态课程开始构建。目前，各高校聚焦人才培养目标，基于国际专业认证 OBE 理念（成果导向、以学生为中心、持续改进），不断调整完善人才培养方案，其中很多高校在公共选修课中已把生态文明课程列为科技素养课程之一，并引导学生重点选修；还有的专业把生态文明课程列为专业选修课之一，通过专题讲解，着重培养学生生态文明理念和强化其生态文明意识。

第三，校园生态文化与科技活动日趋活跃。近几年高校开始探索以生态文明教育为主题的活动方式。在6月5日世界环境日这天，许多高校社团积极开展以绿色、环保、行动为主题的宣传活动和志愿活动，还有的开展以节约粮食为主题的演讲活动和“光盘行动”，同时依托全国大学生创新创业训练计划、全国大学生环保创意大赛、全国大学生节能减排社会实践与科技竞赛等项目有效吸引学生积极参与。这些活动丰富了校园文化，传播了生态文明理念，促进了大学生健康成长。

第四，校园生态环境建设效果显著。校园环境是提升大学生环境满意度、强化大学生生态文明意识和自觉行为的重要载体。近年来，多数高校注重改善校园环境，积极推进节能减排基础设施改造，校园通道使用太阳能路灯，推广使用节能灯、节能水龙头，规范垃圾分类，规范实

① 习近平：《决胜全面建成小康社会　夺取新时代中国特色社会主义伟大胜利——在中国共产党第十九次全国代表大会上的报告》，人民出版社 2017 年版，第 42 页。

验室废物回收处理，改进食堂卫生，引进绿色环保节能电动车为师生服务等，受到师生好评。

（二）高校生态文明素质教育存在的主要问题

由于各种因素制约，高校生态文明素质教育也存在着一些问题。主要体现在：

第一，大学生生态文明知识相对缺乏。一定的环境保护知识、法律常识、生态系统知识是大学生生态文明素质形成的基本前提。调查显示，有70%左右的学生表示“对生态和生态文明概念”了解一点，只有30%左右的学生表示对这个问题“比较了解”；在关于“世界环境日是哪一天”的调查中，选择“6月5日”的学生占41.5%，有58.5%的学生选择了错误选项或“不知道”；当问到“你对垃圾分类标准的了解”情况时，有9.8%的学生表示“非常了解”，47.7%的学生表示“有一定了解”，39.8%的学生选择“听说过但不清楚”，2.7%的学生选择“完全不了解”；当问到是否“了解环保政策与法规”时，10.3%的大学生表示“非常了解”，13.4%的学生表示“比较了解”，12.6%的学生表示“一般了解”，62.4%的学生表示“不太了解”，1.3%的学生表示“不了解”。

进一步调查“生态问题反映的关系”，有73%左右的学生认为生态问题反映的是“人与自然”的关系，有15%的学生认为反映的是“人与社会”的关系，有9%的学生认为反映的是“人与人”的关系，还有3%的学生表示“不了解”；在问及“引起生态问题的根本原因”时，62.66%的学生认为是“人与自然之间的矛盾”，20.17%的学生认为是“人与社会之间的矛盾”，17.17%的学生认为是“人与人之间的矛盾”；针对“生态道德应该调整的范围”，55.67%的学生认为应是“人与自然之间的矛盾”，27.66%的学生认为是“人与社会之间的矛盾”，只有16.67%的学生认为应是“人与人之间的矛盾”。在没有说明选项是单选或多选的情况下，没有学生尝试从中进行多项选择，说明认识不够全面。

进一步调查是否“了解世界重大环境事件”、“世界重大疫情事件”以及“我国沙尘暴形成的原因”等问题时，多数学生表示“听说过”（53.33%）或“不了解”（10.5%）或“没想到要了解”（2.5%），只有33.67%的学生对此“比较了解”。虽然在回答“您认为个人的生态行为对整个社会的影响是否重要”时，多数学生（80.17％）认为重要，但总体看这种认识还比较感性，说明多数学生生态知识欠缺。

第二，大学生生态文明行为有待规范。生态文明行为主要包括是否爱护自然环境、勤俭节约、低碳生活、绿色消费等主动约束自身的环保行为，是生态文明素质的外在表现，是检验高校生态文明素质教育是否落到实处的重要标准。在问及“生活中您是否注意节水节能”时，回答“注意”的学生占65.17％，且有17.5％的学生表示能够“积极劝导别人节水节能”，但也有17.33％的学生回答“不注意”；在“对您手中刚吃过的冷饮包装，您会如何处理”的回答中，表示“一定扔进垃圾筒”的学生占60.16％，表示“方便的话就扔进垃圾筒”的学生占32.17％，还有7.67％的学生回答“扔哪儿都行”；在关于“您对垃圾的投放是否分类”的询问中，有半数以上的学生承认没有分类，其中50.83％的学生表示“从来不这样做”，33.33％学生表示“不知道怎样分类”，仅有9.83％的学生承认“学着经常做”，6.01％的学生明确表示会“主动提醒他人做”；当问到“你对参加有关生态文明活动的态度”时，40.5％的学生表示“愿意经常参加这样的活动”，39.17％的学生表示“有人组织就参加”，还有18.5％的学生表示“无所谓”，1.83％的学生竟选择“不愿意”；当调查“关于外出就餐是否使用一次性筷子”时，5.1％的大学生选择“从来不用”，37.6％的学生选择“偶尔用”，57.3％的学生选择“经常用”；当问到“你外出购物时是否会携带环保购物袋”时，表示“经常携带”的学生占35.6％，有40.4％的学生选择“很少携带”，还有24％的学生表示“从不带”；当调查“发现有企业违规排污时会怎么做?”时，25％的学生选择“及时向有关部门举报”，16％的学生选择“个人主动制止”，59％的学生选择“置之不理”。以上显示，日常生活中多数学生基本能够规范自己的行为，但整体生态意识不强，生态素质参差不齐，与生态文明教育的目标仍有较大的差距。

第三，学校生态文明素质教育相对滞后。学校是开展生态文明素质教育的主阵地，主要内容包括课程体系、教育方式与途径等。问到“大学生接受生态文明教育是否有必要”这个问题时，22.5％的学生表示“非常有必要”，27.6％的学生表示“比较有必要”，29.7％的学生选择

“一般有必要”，16.1%的学生选择“不太有必要”，4.1%的学生选择“很没有必要”。可见，大学生普遍认同生态文明教育的必要性，态度较为积极。但调查“您所在学校是否开设生态文明教育方面的相关课程”时，26.84%的学生回答“有”，32.83%的学生回答“没有”，还有40.33%的学生回答“不知道”；进一步问及获得生态文明知识的渠道时，选择“媒体”的学生占49.67%，选择“老师或课堂”的学生占42.17%，选择“有关讲座报告”的学生占20.17%；当问到“对学校开设的生态文明相关课程的评价”时，12.3%的学生认为“具有较强的实用性和教育性”，64.5%的学生认为“实用性和教育性一般”，23.2%的学生认为“内容单调乏味”。由此，反映出高校生态文明教育课程教学相对滞后，没能有效地吸引学生主动了解生态文明知识，关注生态文明发展状况。

在对“目前大学生生态文明素质教育存在的最主要问题”进行调查时，排在前二位的是：“生态意识淡薄”（50.50%）和“生态实践教育不足”（43.83%）；在回答“你认为开展生态文明素质教育的内容应该是什么”时，排在前二位的是“生态观念的强化”（43.17%）和“生态行为方式的养成”（39.50%），其次才是“生态情感的培养”（32.67%）和“生态理论的认知”（22.33%）；在回答“培养大学生的生态文明素质，哪种教育途径最有效”时，“学校教育”是首选（40.17%），其次是“社会教育”（27.16%），第三是“家庭教育”（22.67%），还有10.00%的学生表示“不清楚”；在教育途径与方法上，有59.5%的学生认为“加强生态文明教育的实践”是“高校培养大学生生态文明素质最可行的方法”。学生对若干教育方式的选择排序结果是：“实践体验”（65.33%）、“课外活动”（35.33%）、“社会考察”（27.83%）、“课堂教学”（20.50%）、“媒介影响”（17.17%）。

调查发现，目前，各高校学生社团在生态文明素质教育中作用发挥明显，有关对“您所在学校是否有生态环保类社团组织”的调查表明，有54.17%的学生给以肯定的回答，15.83%的学生回答“没有”，还有30%的学生回答“不知道”。同时在“你所在学校是否重视校园生态环境建设”的问题中，13.1%的学生选择“很重视”，29.1%的学生选择“重视”，53.3%的学生选择“一般”，4.5%的学生选择“不重视”。当问到

“你觉得校园环境（建筑、道路、绿化、水域等）如何”时，20.1％的学生选择“很好”，38.5％的学生选择“比较好”，32.5％的学生选择“一般”，8.9％的学生选择“不太好”。这些说明除课程外，高校生态文明素质教育的方式途径亟待创新。

以上调查反映了当前高校生态文明素质教育的基本现状及存在的共性问题，对于高校立足时代需要，转变教育观念，完善和创新教育途径，有针对性地开展生态文明素质教育提供了依据和借鉴。

二、新时代高校生态文明素质教育问题存在的主要原因

造成高校生态文明素质教育出现问题的主要原因有以下几方面：

第一，社会环境的功利性倾向，是导致大学生生态文明意识淡薄的客观原因。现代工业文明为人类创造巨大财富的同时，也强化了人类功利主义价值倾向，这种价值倾向对教育的影响，即教育不自觉地培养了一些所谓“经济人”：这些人只顾自己，不顾别人；只顾当前，不顾长远。同时，社会上用人单位在录用人才时，关注更多的是学生的专业素质，而对学生的道德素质尤其是生态道德素质没有给予应有的重视。在此影响下，大学生生态意识薄弱、生态行为缺失在所难免。

第二，教育观念相对落后，是导致高校生态文明素质教育滞后的深层原因。由于多种原因，多数高校未能跟上国家生态文明建设步伐，对生态文明素质教育的重要性与必要性认识不足，导致生态文明素质教育在我国相当一部分高校中不仅起步晚，而且发展不均衡。受传统教育观念的影响，部分学校对生态文明素质教育说起来重要、做起来次要、忙起来不要，以至于对今后如何开展生态文明素质教育没有统一明确的计划，特别是缺乏制度方面的保障，这是影响生态文明素质教育效果的深层原因。

第三，教育内容和方式不全面，是影响高校生态文明素质教育实效性的主要原因。生态文明知识有别于其他学科专业知识，它与生产生活紧密相关，是学生必须了解和具备的生态文明常识。但在调查中发现，多数学生生态文明基本知识比较欠缺，对于世界环境日、环境保护政策法规、生态文明概念、重大生态事件等一些常识知晓度较低。同时调查发现，由于学校只注重课堂讲授，缺乏丰富多彩的教育方式，特别是缺

乏实践体验，多数学生对于学校开设的生态文明课程印象不深，学习积极性不高，保护生态环境的情感信念不够坚定，教育效果较低。

第四，师资力量不足，是影响高校生态文明素质教育持续发展的直接原因。教师为教育之本，教师队伍的数量决定着生态文明素质教育的普及程度，教师队伍的质量决定着生态文明素质教育的水平和效果，同时生态文明素质教育教师队伍建设情况也反映着学校的思想观念和重视程度。目前，高校生态文明素质教育师资队伍不健全，专业教师严重缺乏，培训机会较少，教师视野偏窄，教学能力有限，多数仅局限于理论政策解读，教学创新不够，学生缺乏实践体验，学习兴趣难以调动。

第五，生态文明素质教育理论研究不足，是影响高校生态文明素质教育水平的内在原因。调查结果显示，“生态保护意识淡薄”和“生态实践教育环节缺乏”是目前大学生生态文明素质教育存在的最主要问题。然而，目前有关高校生态文明素质教育的理论研究虽然取得一定的成果，但缺乏针对性、系统性和整体性，不能为学校开展生态文明素质教育提供有力指导。同时在教育实践中，生态文明素质教育多是沿用传统的教育方法，重理论轻实践，不能让学生在切身体验中接受教育，其效果流于一般。因此，高校应从实际出发，加强理论研究，制定生态文明素质教育实施方案，并通过社会调查、现场教学等方式，让学生积极参与其中，提高教育的实效性。

第十一章　新时代高校生态文明素质教育的理论灯塔

第一节　马克思主义生态理论及当代价值

马克思主义是中国共产党和社会主义事业的指导思想，也是中国共产党顺应时代要求不断推进理论创新和实践创新的理论依据。2018 年 5 月 4 日，习近平总书记在纪念马克思 200 周年诞辰大会上强调指出：“马克思给我们留下的最有价值、最具影响力的精神财富，就是以他名字命名的科学理论——马克思主义。这一理论犹如壮丽的日出，照亮了人类探索历史规律和寻求自身解放的道路。”

在讲话中，习近平总书记谈到“九个学习马克思”，其中之一是关于对马克思生态文明思想的学习和继承，即“学习马克思，就要学习和实践马克思主义关于人与自然关系的思想”。

马克思主义关于人与自然关系的思想，在马克思主义理论中占有非常重要的地位，体现着马克思主义生态理论精髓，反映着马克思主义生态文明观。

对马克思主义生态理论的研究源于西方马克思主义。20 世纪 20 年代，受各种因素的影响，以卢卡奇、葛兰西和柯尔施等为代表的西方马克思主义者掀起了反传统马克思主义的思潮，他们把马克思、恩格斯的辩证唯物主义和自然辩证法拒斥在外，认为马克思、恩格斯在研究资本主义时，过多强调扩大再生产、强调科学技术对利润的作用以及对社会发展的影响，讴歌资本主义制度空前地提高了社会生产力，是以往任何社会所不可比拟的。据此，他们认为，马克思、恩格斯忽视或者根本不理解这种过度性的生产对地球生态系统所造成的危害，从而认为，在马克思、恩格斯的思想中，只有关于资本主义经济危机的理论，而没有关于资本主义生态危机的理论，马克思、恩格斯的思想中出现了“自然的缺场”，甚至认为马克思也是一个鼓动人类利用知识去征服和伤害自然界的思想家，认为马克思所论述的人类解放只包括人的政治解放和经济解放，但没有包括实现人与自然和谐统一的内容。这就是马克思主义生态理论研究中一度出现的所谓空白论、过时论、灾祸论的总体观点。相对于这些观点，在马克思主义生态理论研究中还有一种值得重视的观点，即补充论。这种观点认为，目前生态危机已经取代经济危机成为资本主义的主要危机，生态危机主要是由于异化消费造成的，而马克思主义对异化消费和生态危机没有给予应有的关注，因此，需要用生态学来补充马克思主义。另外，在马克思主义生态学研究过程中，西方理论界还出现了一批生态学马克思主义者，主要有法国学者高兹、美国学者莱易斯和福斯特。三位马克思主义生态理论学者从不同角度揭示了生态危机、环境恶化与资本主义的内在联系，以此说明生态问题虽然表现为人与自然的关系问题，但实质是人与人、人与社会之间的关系问题，要真正解决生态问题，必须实行先进的社会主义。

20 世纪 90 年代以来，随着国际局势的变化和可持续发展思想的深入人心，尤其是随着马克思主义理论研究热再度兴起，在回归马克思主义文本研究的基础上，西方学者逐步发现了一个作为生态学家的马克思，至此，马克思主义生态理论开始得以显露。法国学者拉卡比认为，“生态社会主义的理论基础是马克思主义，马克思在《资本论》中第一次揭示了资本主义的逻辑，从而为我们认识生态危机的实质、根源和解决奠定了基础”[①]。有的学者通过对马克思主义的文本研究提出，生态思想并不是马克思著作的“说明性的旁白”，而是马克思思想体系的主要思想和核心内容。我国学者也有人提出：“诚然，马克思、恩格斯并没有像阐述经济危机那样专门、系统地阐述生态危机，但我们不能据此否定马克思主义生态哲学真理的光辉；他们提出的人与自然统一的理论、合理调节人类与自然相互关系的设想，以及实现人类从自然界两次提升的理想等，

① 李其庆：《法国学者拉卡比谈生态学社会主义》，《国外理论动态》1993 年第 2 期。

正是今天生态哲学研究的基本内核。”[①] 随着理论研究的深入，越来越多的人认识到，应该从时代问题出发，伴随一定的历史语境，重新解读马克思、恩格斯，只有不断地同他们对话，研究他们曾被忽视的甚至是被遮蔽的思想，澄清他们思想中被误解的内容，并在理论上不断丰富和完善，才是坚持和发展马克思主义的重要途径。

总之，中西方马克思主义的生态理论学者对马克思主义生态理论的研究及其探索，不仅最终确立了马克思对解决生态问题的发言权，有利于深化、发展马克思主义生态理论，而且有助于从理论上寻找西方国家生态恶化的根源，同时对于解决社会主义国家面临的生态环境问题也具有重要的现实意义。

一、马克思主义生态理论的主要内容及主要特征

马克思主义生态理论萌芽于19世纪中叶，主要集中在《1844年经济学哲学手稿》《关于费尔巴哈的提纲》《德意志意识形态》《共产党宣言》《资本论》《自然辩证法》等著作中。站在马克思主义创始人的生态学维度，结合有关中西方马克思主义生态理论的研究，可以把蕴含在这些文本中的马克思主义生态理论概括为以下几个方面。

第一，人是自然的产物。马克思认为，人是自然界的产物，没有自然界就没有人本身。“人直接地是自然界存在物”，是“站在牢固平稳的地球上吸入并呼出一切自然力的人”[②]，人的主观意识能动性再强大，也摆脱不了对自然界的依赖性和被制约性。同时，马克思又把自然界比作人类的无机身体，“自然界就它本身不是人的身体而言，是人的无机的身体。人靠自然界来生活。这就是说，自然界是人为了不致死亡而必须与之形影不离的身体。说人的物质生活和精神生活同自然界不可分离，这就等于说，自然同自己本身不可分离，因为人是自然界的一部分”[③]，“我们连同我们的血、肉和头脑都是属于自然界和存在于自然界之中的”[④]。

---

① 曹志清：《马克思恩格斯环境哲学思想新探》，《学术论坛》2007年第8期。

② 《马克思恩格斯全集》第42卷，人民出版社1979年版，第167页。

③ 《马克思恩格斯全集》第42卷，人民出版社1979年版，第95页。

④ 《马克思恩格斯选集》第3卷（下），人民出版社1976年版，第518页。

因此，自然对于人具有原初性或先在性。自从有了人类之后，自然不再是纯粹的具有原始意义上的自然，相应地产生了人与自然的关系问题，人与自然的关系又随着人类实践活动的发展而不断演化，但无论如何，人是自然的一部分，不能脱离自然而存在。这是人与自然共同存在、共同发展的前提，也是生态过程及其关系存在的前提。

第二，人与自然的关系是通过劳动联系起来的，本质上反映着人与人之间的关系。没有自然界，劳动者就无法创造。自然界或外部感性世界是劳动者用来实现劳动的重要生产资料。例如劳动除了自身的生理条件外，离不开一定的地质条件、地理条件、气候条件。“外界自然条件在经济上可以分为两大类：生活资料的自然富源，例如土壤的肥力，渔产丰富的江河等等；劳动资料的富源，如奔腾的瀑布、可以航行的河流、森林、金属、煤炭等等。在文明初期，第一类富源具有决定性的意义；在较高的发展阶段，第二类富源具有决定性的意义。”[①] 因此，马克思认为，人类与自然密不可分，相互作用，人以实践为中介，在劳动中能动地改造世界，调节着与自然之间的物质变换。“劳动首先是人与自然之间的过程，是人以自身的活动来引起、调整和控制人与自然之间的物质变换的过程。”[②] 但同时马克思又指出，劳动虽然首先表现为人与自然的关系，但本质上反映的是人与人之间的关系，是在一定的生产方式下的物质变换关系，即生产、流通、分配、消费的社会经济过程与关系。“劳动不是一切财富的源泉。……只有一个人事先就以所有者的身份来对待自然界这个一切劳动资料和劳动对象的第一源泉，把自然界当做隶属于他的东西来处置，他的劳动才成为使用价值的源泉，因而也成为财富的源泉。”[③] 人与自然的关系、人与人之间的关系这两方面彼此联系，相互作用于人类的劳动实践过程和社会活动中，形成了生态关系与经济关系有机结合的生态经济关系。

第三，人类认识自然和改造自然，必须以尊重自然为前提。马克思、恩格斯面对资本主义工业化时期人极度膨胀的自信心及人与自然对立的

① 《马克思恩格斯全集》第 23 卷，人民出版社 1972 年版，第 560 页。
② 《马克思恩格斯选集》第 2 卷，人民出版社 2012 年版，第 169 页。
③ 《马克思恩格斯选集》第 3 卷，人民出版社 1960 年版，第 5 页。

它不像其他研究多局限在人与自然相互关系的层面，就人与自然的冲突来谈人与自然的冲突，而是透过人与自然关系的冲突来揭露人与人、人与社会的冲突，把人与自然的关系提升到人与人、人与社会关系的层面来分析研究，从而倡导人类在遵循人、自然、社会和谐发展这一客观规律的基础上追求物质与精神财富的创造和积累。

其三，美好的期待性。针对资本主义制度及其生产方式的弊病，马克思主义生态理论强调共产主义社会对于建设生态文明的制度优势，认为保护生态环境的最佳选择就是共产主义。共产主义生产方式可以而且应该与生态理性联系在一起，因为共产主义的本质是使经济行为服从于社会的目的和价值，能够真正实现人的自然主义与自然的人道主义的高度统一。这说明马克思主义生态理论也不像一般的生态中心论者仅仅偏好价值观的变革，而是期望通过变革社会的经济基础走向共产主义，从而在一种更为先进的社会制度中建设生态文明，实现人与自然和谐相处以及协同发展。

目前，人类的发展还处于这样或那样的制约之中，还没有从必然王国彻底走出来。但是，只要我们不断提高对生态的认识，树立马克思主义自然观、社会观和人学观于一体的生态文明价值观，同时不断地创建包括生产方式、生活方式、制度管理、文化教育等在内的新的存在方式，那么，一个生态美好的社会将指日可待。

二、马克思主义生态理论的主题及其意蕴

结合马克思主义文本中生态理论内容，可以把马克思主义生态理论的重要主题概括为以下几点。

第一，人与自然的和谐统一。人与自然的辩证关系是马克思主义生态文明观的首要主题。马克思指出，“自然界是人无机的身体”。一方面，自然界对于人具有演化先在性，自然界先于人类而存在，人是自然界长期发展的产物，是在其环境中并且和这个环境一起发展起来的。另一方面，自然界对人的实践活动具有前提性和制约性。也就是说，自然界的客观存在是人类生产实践的前提与基础，没有这种前提与基础，生产活动无法进行，人类也就不能获得必需的物质生活资料，人通过自身活动改变物质原有形态而满足自身生存需要的这种或那种生产能力，只能在

物质本身预先存在的条件下才能进行。对自然优先性地位的强调，表明马克思主义自然观主要把人类看作自然界的一员，而非外来的征服者；把自然界看作人类生存和发展的环境，而非单纯的改造对象。人类与自然界是休戚相关、生死与共、互利共生、和谐共存的有机整体。自然界是人类的生命之源、衣食之源，人类必须像保护自己肌体一样保护自然，而且只有保护好自然才能保护好人类自身。任意掠夺自然资源、破坏生态环境必然祸及人类自身，人与自然必须和谐统一。

第二，人与社会（人）的和谐统一。人与社会的辩证关系是马克思主义生态文明观的附属主题。马克思主义自然观认为，自然虽然先于人类而存在，但现实的自然是属人的自然、人化的自然、历史的自然。事实上，只要有人、人类社会存在，我们就无法把人对自然界的反作用撇开不谈。对于存在于自在自然中的自然规律，我们可以说它的产生和实现与人的活动无关；但是，对于存在于人化自然中的自然规律，我们却不能说它的实现与人的活动无关。根据系统论原则，人类实践对自然物以及对周围环境的改变，势必影响整个物质世界原来建立起来的物质与能量的循环，势必改变自然规律作用的性质、范围和结果。现代化大工业的发展所带来的环境恶化及其危害，就是对人的活动违背自然规律、自然规律惩罚人类这一问题的最好注解。这一事实表明，人类实践确实是自然界发生变化最深刻的基础。但是，人类实践都有预期目的，作为合规律的、一般领域的自然，无论从其范围还是性质来看，总是同被社会组织起来的人在一定历史结构中产生的目标相联系。也就是说，社会关系在人与自然的物质变换中起了重大的导向作用和调节作用。正因为这样，马克思在批判资本主义生产动机之后，强调人与社会的和谐是实现人与自然和谐的现实途径。因此，为避免工业生产的不良后果，必须坚持合规律性与合目的性的统一，积极处理人与人之间的关系，不断追求和创建先进的社会制度，实现“社会地控制和经济地利用自然”，最终使社会发展同自然生态系统协调进行。

第三，人与自我的和谐与统一。人与自我的辩证关系是马克思主义生态文明观的延伸主题。马克思主义自然观认为，在人与自然的关系上，人始终处于主体位置，处于矛盾的主要方面，生态系统中的物质与能量的交换需要靠人的实践活动来实现，人类应当承担完全的责任。当然，人作为自然存在物，拥有自然的属性，这也是实现人发展的基本方面。但人要得到自由全面的发展还需要提升人的社会属性和精神属性，并使之相互协调、相互强化。因此，人就不应当只考虑自己的需要，同时还应当考虑其他人的需要和其他自然存在物的需要，就是说，人应当考虑整个自然生态系统的需要。被西方马克思主义代表人物哈贝马斯指为“过度消费”和“异化消费”的“奢侈型”消费，不仅远远超过了人类正当的、合理的需求界限，而且大大超出了自然界能够承受的界限，这必然造成人自身的异化和对自然环境的破坏。一定意义上，目前人类所面临的生态危机主要与人的思想、素质及其价值观念的偏差有关。从这一意义上，建设生态文明不只是项目问题、技术问题，甚至也不只是惩罚污染、奖励环保的有关政策问题，而主要是人的素质与核心价值观问题。可以说，人与自我的和谐统一，是建立在主体自觉基础之上的、更高层次上的人与自然的和谐。

马克思主义生态理论以实践为视角，立足人与自然现实的、具体的统一，从人与自然、人与社会（人）、人与自我三个层面建构生态主题，内含着转变传统发展理念和消费理念，解决人与自然、人与社会（人）、人与自我的矛盾，促进人的全面发展和社会全面进步的意义。

第一，生态文明是建立在人类自觉开发利用自然基础上的、人与自然和谐发展的文明形态。从马克思主义生态理论内涵、特征及主题可知，倡导生态文明建设并不是要人对自然界无所作为，回到人与自然浑然一体的原始和谐中去。浑然一体、物我不分的原始和谐是人类未完全将自身从自然分离出来的低级状态，是人与自然关系的一种低级和谐，这不是当前生态文明建设的目标和方向。生态文明是超越人与自然对立基础上的统一，是建立在人对自然否定基础上的肯定，是在主体自觉基础之上的、在更高层次上的人与自然的和谐发展。人的实践活动表明，人只有依靠和发挥固有的力量来装备自己、充实自己、发展自己，才能真正成为实践活动的主体，同时自然蕴藏的巨大潜能也只有依靠人的开发、利用才能展示、发挥出来，成为现实意义的自然。“人在否定自然而肯定自我的同时，人就把自我肯定于自身的否定形式之中，人从自然分化、从他物剥离的过程，在这一意义上同时就是更加深入深层自然、与他物同化、结为一体的过程，在深层次上实现人与自然更高形式的‘类统一体’，这才是人发展的终极目标。”[①] 因此，追求人与自然的和谐绝不意味着人对自然的消极肯定，相反，是积极有为的创造和利用。

人对自然的改造和利用，离不开科学技术的发展与进步。科学技术的不断发展既是人与自然对立的原因，同时也是人与自然矛盾解决的根本途径。历史上，300多年前科学技术是促进工业文明迅猛发展的直接动力，如今环保科技也是实现生态文明建设的根本途径。换言之，科学技术的负面作用不是科学技术本身造成的，而是人类理性不成熟的结果。随着人类生态意识的增强，环保科技一定会得到长足发展，以控制环境污染和减少原材料、自然资源和能源消耗为目的的新型技术将会越来越深刻地进入人类的生产与生活，改革人类的实践方式。因此，可以说，生态文明所追求的人与自然的和谐关系是建立在更高层次上的“天人合一”，它表明，人类认识和改造自然的最终目的是在更深的层次、更广的范围建立与自然和谐统一的关系。

第二，人与自然的和谐发展既有赖于科技的进步，也有赖于人与人之间以及人与自身之间关系的协调发展。以往人们常常把生态危机看成是人与自然关系的危机，认为仅凭科学技术的不断进步就可以解决人与自然的矛盾与对立，但科学技术的社会效应取决于承载它们的生产方式的性质。事实上，生态危机绝不仅仅是人与自然关系的危机，它和人与人的关系及人与自身关系内在相关。人类成功的实践取决于两个基本条件，一是人对外部世界的控制，二是对自身的控制。后者是前者的先决条件。人对外部世界的控制是通过人发挥自身的本质创造力来实现的，而人如何最有效、最合理地把人的本质创造力发挥出来，取决于人对自身的把握和控制。社会越发展，人类越进步，人类实践活动的质量和水平就越是依赖于人对自身的把握和控制。当今时代，从人与自然的关系看，人类实践已经触及事物的深层结构，并直接参与自然界物质的运行，以至于地球上任何一个系统的变化都不能离开人的实践作用而自发进展。

① 高清海：《人类正在走向自觉的“类存在”》，《吉林大学社会科学学报》1998年第1期。

在这种情况下，人类作为实践主体，任何不当举措都有可能带来灾难性后果。当前人类面临的严重资源能源短缺、环境污染等生态危机一再警示人们，人类必须要进行自我克制，克制自己的占有欲、消费欲，把它引向合理的方向。从人与人的关系看，社会关系具有主体间性，即人与人交往关系中，交往双方互相为主客体，交往的每一方都将自己作为主体，将对方作为客体并对其积极发挥作用，同时又作为客体而接受对方的反作用。由于工业化时代，人的主体意识大大增强，人只强调自己（包括个人和利益集团）的利益与需要，而把他人及自然都仅仅视为客体，视为手段和工具。这样，为了满足自己的需要，人几乎可以不择手段。主体欲望的满足必然建立在对别人或其他自然存在物的掠夺和占有上，从而使生态危机进一步加深。因此，人与人之间以及人与自身之间关系必须协调发展。

第三，坚持走社会主义生态文明之路是必然和必需的选择。马克思主义生态理论以及生态学马克思主义都认为资本主义的生产方式是造成当前生态危机的关键。因此，对于如何解决当代生态危机和建设生态文明，关键在于实现生产方式的变革。马克思一针见血地指出，单是依靠这种认识是不够的，这还需要对我们现有的生产方式，以及和这种生产方式连在一起的我们今天的整个社会制度实行完全的变革。也就是说，还必须具备一定的社会条件，即引导人们理性地对待自然。因为社会条件作为人与自然关系的历史条件，它的状态直接影响并多方面规定着人与自然的关系。因此，要立足于社会制度形式去认识和协调人与自然的关系，用优越的社会制度形式促进人与自然的统一。马克思认为，只有在进步的社会，特别是消灭了阶级对抗的共产主义社会，才会是人同自然完成了的本质的统一，是自然界的真正复活，是人的实现了的自然主义和自然界实现了的人道主义。他深刻地看到了私有制和资本对利润的无度追求是资本主义自身无法解决的，因此提出要变革整个社会制度，实现共产主义。中国改革开放 40 多年来，经济的发展虽然取得举世瞩目的成就，但也付出了一定的环境代价，在一定程度上严重影响了我国经济的可持续发展。因此，作为我国的生态文明建设，必须体现社会主义性质，为广大人民的利益着想，同时立足于复杂的国情和生态现状，完善各种法律法规和宣传教育途径，最大限度地实现生态文明目标。

建设社会主义生态文明，还面临着许多理论上、实践中的难题，只有深入研究马克思主义生态理论，才能更好地破解这些难题，中国特色社会主义生态文明建设才能最终取得伟大成就。

三、马克思主义生态理论的当代价值

马克思、恩格斯从唯物史观的角度，辩证地分析了资本主义生产方式的两重性，把人与自然之间的关系理论提升到了一个新的高度，这对我们今天正确认识人与自然、人与人、人与社会甚至人与自我之间的关系，协调社会发展与环境保护，坚持可持续发展，自觉践行绿色生产方式和生活方式，进而更好地建设生态文明指明了方向。

目前我国还处在工业化发展阶段，由于市场经济的作用，我国的生态环境面临着严峻的挑战。如水土流失、土地荒漠化日趋严重，生物多样性受到严重威胁，自然灾害频繁，环境污染严重，气候恶化，人类健康生存受到威胁，自然资源的掠夺式开发和浪费现象严重，等等。造成我国生态环境严峻形势的原因，既有客观和自然方面的（如人均资源量少、传统经济发展慢以及自然地理和气候变化等)，也有人为方面的（如政策和人的因素)。其中，政策和人的因素往往是资源环境遭受破坏的重要原因。而深藏于政策背后的深层原因则是在人的意识中存在着与传统发展模式和发展观相对应的传统价值观。这种价值观认为，经济价值是核心，GDP是衡量一国经济水平的唯一指标。在这种价值观指导下，人们关心的只是经济的增长，而没有考虑到自然的承受力，更没有认识到严重恶化的生态环境对人类生存所造成的危害。因此，要克服生态环境危机，就必须彻底扬弃传统发展模式和发展观，推动绿色革命，倡导生活方式绿色化，倒逼生产方式转型，最终用科学发展观统领经济社会发展的全局。

科学发展观是指导当前社会经济发展的科学世界观和方法论，它所提出的构建人与自然和谐为基本特征的和谐社会理论，其实就是马克思主义生态理论在中国的具体运用和创造性发展。因此，研究马克思主义生态理论，从而构建具有中国特色的社会主义生态文明理论，具有重要的理论价值和实践意义。

首先，马克思主义生态理论为科学发展观和社会主义生态文明理论的构建提供了理论依据。

21世纪是人类文明由工业文明逐步向生态文明过渡的巨大变革时期，也是我国奋力推进科学发展、全面构建和谐社会、建设生态文明的时代。鉴于世界范围内以及目前我国工业化过程中一度出现的只注重经济增长，不重视社会发展和社会公平，忽视能源资源节约和生态环境保护等问题，我们党适时提出了科学发展观和建设社会主义生态文明，从世界观、价值观和行为范式高度，科学回答了为什么要发展、实现什么样的发展、怎样发展以及建设什么样的社会等一系列问题，这是与马克思主义生态理论既一脉相承又与时俱进的科学理论，也是当代马克思主义生态理论中国化的最新成果，更是指导我国新世纪发展特别是生态文明建设的重大战略思想。马克思主义生态理论启示我们，发展是硬道理，人类的生存和发展需要对自然进行认识和改造，物质生产方式历来是社会发展的基础。但是，要支配自然，就必须服从自然，否则必将受到自然界的惩罚。然而，人与自然冲突的根源主要是人与人、人与社会之间的冲突，为此，还需要通过创建公平合理的社会制度以实现人与自然的和谐发展。马克思主义的这种生态理论为贯彻落实科学发展观，最终实现以人与自然、人与人、人与社会的和谐为主题的社会主义生态文明建设提供了深层依据、本质要求、总体目标以及根本途径。科学发展观和社会主义生态文明建设的核心是以人为本，基本要求是全面协调可持续，根本方法是统筹兼顾，这既反映了马克思主义生态理论的本质要求，又反映了人类社会发展的新趋势，因此是马克思主义生态理论在中国创造性的运用和发展。

其次，马克思主义生态理论在实践上有助于创建生态文明视野下的人的新的存在方式。

人的存在方式历来是马克思主义所关注的主题。在马克思主义生态理论中，马克思、恩格斯透过人与自然的冲突揭示人与人、人与社会之间的冲突，其中孕育着人应该全面发展的理论内涵。人需要全面发展，相对于一般动物，人有不断完善自我的能力。但人的全面发展离不开一定的物质、社会、精神条件。人只有在满足了物质需求、社会需求、精神文化需求的情况下，才能最终实现人与自然、人与人、人与社会、人与自身的和谐。因此，马克思主义的生态理论既不像非人类中心主义那样只强调自然的客观性，也不像人类中心主义那样只强调人的主观性，它是客观性与主观性的有机统一。基于此，在工业化高度发展的今天，创建人的新的存在方式，就要摒弃以往的价值观念以及生产方式和生活方式：通过反思传统的价值观，培养一种体现人与自然、人与人、人与社会、人与自我和谐互补与共同发展的自然生态、社会生态、精神生态相统一的科学发展观。同时改变高生产、高消费、高污染的工业化生产方式，代之以高科技、低排放、循环化等生态技术为基础的资源节约型和环境友好型的生态化方式；改变高浪费、高透支、挥霍性、极端物质化等异化消费的生活方式，代之以生态型、健康合理、全面协调的绿色消费生活方式。

最后，马克思主义生态理论为当前高校开展生态文明素质教育指明了方向。

建设社会主义生态文明，是党中央提出的战略目标，也是社会发展的一种必然趋势，必将影响社会生活的各个方面，影响人们的生活方式。为此，高校应与时俱进，及时把生态文明教育纳入学校办学定位与发展目标中，以马克思主义生态理论为指导，通过不断创新传统教育模式，引导学生确立辩证和谐的自然观、科学的社会价值观、崇高的精神价值观为一体的生态文明价值观。这对学生自身的全面发展具有重要而深远的意义。因为马克思主义生态理论特别强调人与自然、人与人、人与社会、人与自我和谐共生，倡导人类在遵循人、自然、社会和谐发展这一客观规律的基础上追求物质与精神财富的创造和积累，所以高校开展生态文明教育时，一定要以这种理念为指导，引导大学生学会养成生态化的思维方式，即转变以前的人与自然、人与人、人与社会、人与自我之间主客体二元对立的单向改造关系的思维模式，培养一种以人的实践为中介，主客体之间和谐相处、协同发展的互利关系的思维模式。在这种模式中，人的地位发生了改变，人不再是中心，而是自然系统中的成员；自然及其存在的价值被充分肯定和尊重，评价事物价值的尺度不再是唯一的即人的利益，而是人和自然的双标尺。在这个双标尺评价体系中，人的利益与自然系统的利益都得到充分的考虑，人在自然中的权益和对自然的责任都被清晰地确定。

总之，重新解读马克思主义的生态理论，不仅对于正确解决人类现代面临的生态危机、协调人与自然的关系、坚持人类的可持续发展具有极为重要的理论和实践意义，同时也使我国目前的生态文明建设及学校生态文明素质教育具有明确的方向和深远的意义。

第二节　习近平生态文明思想及时代意义

习近平生态文明思想是马克思主义生态文明思想的进一步创新与发展，是新时代马克思主义中国化的重要成果之一。党的十八大以来，习近平总书记以马克思主义生态理论关于人与自然关系的思想为指导，以辩证唯物主义和历史唯物主义为科学的世界观与方法论，顺应时代潮流和人民意愿，站在坚持和发展中国特色社会主义、实现中华民族伟大复兴中国梦的高度，深刻回答了为什么要建设生态文明、建设什么样的生态文明、怎样建设生态文明等重大理论与实践问题，从而构成了一个独立完整的生态文明理论体系，形成了习近平生态文明思想，成为习近平新时代中国特色社会主义思想的重要组成部分，是新时代生态文明建设特别是生态文明教育的根本遵循和行动指南。

一、习近平生态文明思想的形成

习近平生态文明思想博大精深，蕴藏着深厚的理论基础、文化底蕴和丰富的实践经验。

一是源自对马克思主义关于人与自然关系思想的继承和发展。在马克思主义强调人与自然是人类社会最基本的对立关系的基础上，习近平生态文明思想提出坚持人与自然和谐共生，强调人与自然是生命共同体等基本理念和方略，着力实现人与自然、发展与保护的有机统一，致力于实现公平正义、促进人的全面发展，体现了马克思主义辩证唯物主义的自然观和社会历史观的高度统一，并结合时代特征和要求，进一步创造性地丰富和拓展了马克思主义的自然观和发展观，特别是坚持以人民为中心，推动形成人与自然和谐发展的现代化建设格局，可以说是实现了马克思主义自然观的一次历史性突破，是新时代马克思主义中国化的重要成果。

二是根植和升华于生生不息的中华民族生态文化。中国传统生态文化博大精深，源远流长，积淀了丰富的生态智慧。从理念上看，例如老子强调“人法地，地法天，天法道，道法自然”，认识到人类与天地万物的整体性和统一性，肯定自然的内在规律，强调要把天、地、人统一起来，把自然生态同人类文明联系在一起。从实践上看，例如《易经》中提及“有天地，然后有万物；有万物，然后有男女”，《吕氏春秋》中指出“竭泽而渔，岂不获得，而明年无鱼”，《齐民要术》中强调“顺天时，量地利，则用力少而成功多”。古人从正反两面告诫后人，要按照自然规律而行事，对自然资源要取之有时，用之有度，这种处理人与自然的生态思想为习近平生态文明思想奠定了深厚的文化基础。习近平总书记以史为鉴，集众家之长，融当前社会发展之需，提出“生态兴则文明兴，生态衰则文明衰”等重要论述，肯定了生态环境的变化直接影响文明的兴衰演替，是对中华文明朴素生态智慧的深刻理解和弘扬。

三是回应了时代发展及其对生态文明建设的需要。问题是时代的声音。马克思、恩格斯曾说过：“一切划时代的体系的真正内容都是由于产生这些体系的那个时期的需要而形成起来的。”在中国共产党的坚强领导下，中国人民取得了从“站起来”到“富起来”再到“强起来”的伟大飞跃，目前中国社会的主要矛盾已从初级阶段“人民日益增长的物质文化需要与落后的社会生产之间的矛盾”转化为当前“人民日益增长的美好生活需要和不平衡不充分的发展之间的矛盾”。与此对应，生态环境已成为新时期的重要民生，人民群众从过去“求温饱”发展为现在“盼环保”。因此，习近平生态文明思想体现了新一代领导人的初心和使命。

四是习近平总书记本人丰富的实践经验。20世纪60—70年代，习近平在陕北梁家河插队任村党支部书记，曾认真思考关中地区北部为什么会从一马平川、水肥草茂的兵家必争之地，变成如今沟壑纵横的黄土高坡。同时结合国内外历史经验与教训，带领群众改善生态，打坝造田，发展生产，利用秸秆和畜禽粪便，成功建成了陕西第一口沼气池，进而在延川县掀起一场轰轰烈烈的沼气革命。

在河北正定工作期间，正值我国以经济建设为中心、着力推行改革开放政策时期，国家实施了一系列优惠政策以吸引外资，大力发展工业经济。习近平敏锐地意识到粗放式资源开发和经济发展对生态环境可能造成的巨大破坏，于是在其主持下制订的《正定县经济、技术、社会发展总体规划》中，列入了“宁肯不要钱，也不要污染，严格防止污染搬家、污染下乡”等内容。这是对传统发展观念的重大突破。

在福建宁德，习近平提出把眼光放得远些，思路打得广些，鼓励地方开创“绿色”工程，依托荒山、荒坡、荒地、荒滩，实行集约式经营，“靠山吃山唱山歌，靠海吃海念海经”，达到社会、经济、生态三者效益的协调。

在浙江，2005 年在湖州市安吉县余村考察时，习近平特别提出“绿水青山就是金山银山”，指出鱼和熊掌不可兼得的情况下，必须善于选择，学会放弃，走一条扎扎实实的“生态立县”之路，做到有所为有所不为。这些无不给干部群众留下深刻印象，更为地方经济发展和百姓致富指明了方向。

党的十八大以来，习近平从要求长江经济带“共抓大保护、不搞大开发”，到批示重拳惩治甘肃祁连山自然保护区、木里矿区、秦岭北麓西安境内圈地建别墅问题，多次就解决损害生态环境问题“打头阵”，要求“务必高度重视，以坚决的态度予以整治，以实际行动遏制此类破坏生态文明的问题蔓延扩散”。这直接推动生态环境保护呈现历史性、转折性、全局性变化。

习近平总书记历来重视生态文明建设，历来把生态环境保护作为重要工作来抓，无论走到哪里，都会带去生态环境保护的关切和叮嘱，亲力亲为、率先垂范，形成了强大的感召力。正是在理论与实践的不断碰撞和思索中，习近平总书记逐渐完善了生态文明建设的认识论、方法论与实践论。在 2018 年 5 月召开的全国生态环境保护大会上，习近平生态文明思想被正式确立，这标志着党和国家对于生态文明建设的认识提升到一个崭新的高度，标志着我国在通向社会主义现代化强国的征途上开启了生产发展、生活富裕、生态良好的文明发展道路，一个生态文明新时代正在到来。

二、习近平生态文明思想的主要内涵

党的十八大以来，习近平总书记对生态环境保护的有关讲话、论述和指示批示达300多次，其标志性文献是2018年5月18日在全国生态环境保护大会上的讲话，主要内涵集中体现为“八个坚持”。

第一，坚持生态兴则文明兴。习近平总书记强调：“生态文明建设是关系中华民族永续发展的根本大计。”生态环境是人类生存和发展的根基，皮之不存，毛将焉附！“生态兴则文明兴，生态衰则文明衰”，古埃及、古巴比伦文明都因生态环境破坏而衰亡，中华民族自古以来就有系统的生态意识，孕育了数千年文明的山河大地至今仍能支撑人们生存。以史为鉴，可以知兴替。通过对人类文明历史发展中正反两方面经验教训的反思总结，告诫人们生态环境的变化直接影响文明的兴衰演替，坚持生态兴则文明兴，就是要遵从自然生态演变和经济社会发展规律，将人类活动控制在自然生态可调节或维持的范围内，不能让今天的发展成为明天发展的障碍，不能让短期的利益成为长远利益的羁绊，不能让当代人影响后代人的发展。

第二，坚持人与自然和谐共生。习近平总书记指出：“人与自然是生命共同体。”人类必须尊重自然、顺应自然、保护自然。坚持节约优先、保护优先、自然恢复为主的方针。在此基础上，进一步强调环境生产力理念，把“自然休养”发展为更为积极主动的“生态修复”，强调“给自然留下更多修复空间”。他指出，“生态环境没有替代品，用之不觉，失之难存”，要“像保护眼睛一样保护生态环境，像对待生命一样对待生态环境”，让自然生态美景永驻人间，还自然以宁静、和谐、美丽。

第三，坚持绿水青山就是金山银山。习近平总书记强调，正确处理好生态环境保护和发展的关系，是实现可持续发展、建设中国特色社会主义的内在要求。绿水青山就是金山银山揭示了生态环境保护与经济发展之间的辩证统一关系，不能把二者对立或割裂开来。绿水青山既是自然财富、生态财富，又是社会财富、经济财富。实践证明，脱离生态环境保护搞经济发展是竭泽而渔，离开经济发展抓生态环境保护是缘木求鱼。为此，习近平总书记反复强调，保护生态环境就是保护生产力，改善生态环境就是发展生产力的理念，要更加自觉地推动绿色发展、循环发展、低碳发展，决不能以牺牲环境为代价去换取一时的经济增长。要积极寻找发展思路，经济生态两手硬，青山金山长相依。

第四，坚持良好生态环境是最普惠的民生福祉。习近平总书记提出“环境就是民生，青山就是美丽，蓝天也是幸福”、“坚持生态惠民、生态利民、生态为民”、“不断满足人民日益增长的优美生态环境需要”、“良好生态环境是最普惠的民生福祉”等一系列思想，高度契合了马克思主义哲学关于人既是发展的主体，也是发展的目的这一最高价值要义。在中国共产党的执政理念中，发展经济是为了实现人民群众的幸福生活，保护生态是为了实现人民群众的美好生活，这二者作为党和政府治国理政的民生宗旨是一个统一的整体，在政策实践中理应并重和兼顾。对此，习近平总书记反复强调，良好生态环境是最公平的公共产品，是最普惠的民生福祉；加强生态文明建设、加强生态环境保护“既是重大经济问题，也是重大社会和政治问题”。

第五，坚持山水林田湖草是生命共同体。习近平总书记提出，山水林田湖草是生命共同体。生态系统是相互依存、紧密相联的有机整体。人的命脉在田，田的命脉在水，水的命脉在山，山的命脉在土，土的命脉在林和草，这个生命共同体是人类生存发展的物质基础。如果破坏了山、砍光了林，也就破坏了水，山就变成了秃山，水就变成了洪水，泥沙俱下，地就变成了没有养分的不毛之地，水土流失、沟壑纵横，最终必然对生态环境造成系统性、长期性破坏。因此，要从系统工程和全局角度寻求新的治理之道，不能再头痛医头、脚痛医脚，必须按照生态系统的整体性、系统性及其内在规律，整体施策、多措并举，统筹考虑自然生态各要素。

第六，坚持用最严格的制度、最严密的法治保护生态环境。习近平总书记指出：“只有实行最严格的制度、最严密的法治，才能为生态文明提供可靠保障。”建设生态文明重在建章立制。我国生态文明建设目前存在的一些突出问题，大都与体制不健全、制度不严格、法治不严密、执行不到位、惩处不得力有关。要加快制度创新，增加制度供给，完善制度配套，强化制度执行，让制度成为刚性的约束和不可触碰的高压线。要严格用制度管权治吏、护蓝增绿，有权必有责、有责必担当，失责必追究，保证党中央关于生态文明建设决策部署落地，生根见效。目前，渐趋完善的公共管理制度体系与法治体系是生态环境问题治理和生态文明建设的重要体制保障与目标任务，大力推进生态文明建设的过程，既是各级党和政府部门逐渐能够做到通过法治渠道与手段调节各种人与自然、社会与自然矛盾及其冲突的过程，也是广大人民群众自觉借助于法治渠道与手段参与到全社会的生态环境治理并进行自我教育与提高的过程。

第七，坚持建设美丽中国的全民行动。习近平总书记强调："生态文明建设与每个人息息相关，每个人都应该做践行者、推动者。"生态文明建设是人民群众共同参与、共同建设、共同享有的事业，没有哪个人是旁观者、局外人、批评家，谁也不能只说不做、置身事外。因此，必须弘扬生态文明主流价值观，把生态文明纳入社会主义核心价值观体系，加强生态文明教育，强化公民生态环境保护意识，构建全民行动体系，推动形成节约适度、绿色低碳、文明健康的生活方式和消费模式，形成全社会共同参与的良好风尚，把建设美丽中国化为人民自觉行动。

第八，坚持共谋全球生态文明建设。习近平总书记指出："生态文明建设关乎人类未来，建设绿色家园是各国人民的共同梦想。"宇宙只有一个地球，人类共有一个家园，珍爱和呵护地球是人类唯一选择。因此，保护生态环境，应对气候变化需要世界各国同舟共济、共同努力，任何一国都无法置身事外、独善其身。我国已成为全球生态文明建设的参与者、贡献者、引领者。面向未来，我国将继续承担应尽的国际义务，承担同自身国情、发展阶段、实际能力相符的国际责任，统筹国内国际两个大局，奉行互利共赢的开放战略，深度参与全球环境治理，增强在全球环境治理体系中的话语权和影响力，形成世界环境保护和可持续发展的解决方案。

三、习近平生态文明思想的理论创新及现实意义

习近平生态文明思想体现了高度的历史自觉和理论自觉，开创了马克思主义中国化、时代化、大众化的新境界，是新时代中国特色社会主义的重大理论成果、重大实践亮点，彰显了以习近平同志为核心的党中央对生态保护经验教训的历史总结、对人类发展意义的深邃思考，是中

国共产党人创造性地回答了人与自然关系、经济发展与保护环境关系问题所取得的最新理论成果，展现了中国特色社会主义的道路自信、理论自信、制度自信、文化自信，开启了全员推进生态文明建设，共建美丽中国，使人民群众在绿水青山中走出一条生产发展、生活富裕、生态良好的文明发展道路。其理论创新之处在于：

第一，丰富和发展了马克思主义关于人与自然关系的思想。强调“人与自然是生命共同体”，“人类必须敬畏自然、尊重自然、顺应自然、保护自然”，“要像保护眼睛一样保护生态环境，像对待生命一样对待生态环境”。在此基础上致力于实现公平正义、促进人的全面发展的核心价值，强调中国特色社会主义的制度优势，并创造性地确立了环境在生产力构成中的地位，提出了“绿水青山就是金山银山”，保护环境就是保护生产力、改善环境就是发展生产力等观点，丰富和发展了马克思主义生产力理论。特别是坚持以人民为中心，推动形成人与自然和谐发展现代化建设新格局，体现了马克思主义辩证唯物主义自然观与社会历史观的高度统一，实现了马克思主义自然观的又一次历史性飞跃，是马克思主义中国化的重要成果。

第二，深化和发展了对社会主义现代化内涵的认识。党对社会主义现代化的认识，是同对社会主义事业总体布局的认识紧密相联的。从当年的“四个现代化”到“两个文明”一起抓，发展到建设中国特色社会主义“三位一体”、“四位一体”，再到当前的“五位一体”总体布局，这本身既是对社会主义现代化内涵的认识深化与发展，也体现了以习近平同志为核心的党中央在国家战略层面的重大创新。在此基础上，推动建立“四梁八柱”的生态文明制度，打破对西方发达国家在生态环境问题上“先污染后治理”的路径依赖，把打好污染防治攻坚战作为全面建成小康社会的三大攻坚战之一，将生态文明建设作为中华民族永续发展的根本大计，先后写入党章、宪法，上升到党的主张和国家意志，得到了全党全国全社会的广泛认同和积极拥护，这对建设美丽中国、夺取全面建成小康社会决胜阶段的伟大胜利、实现“两个一百年”奋斗目标、实现中华民族伟大复兴的中国梦，具有十分重要的意义。

第三，拓展了全球生态环境治理的可持续发展理念。在全球范围内，从1968年罗马俱乐部发表的《增长的极限》到1972年联合国通过的《人类环境宣言》，直至2015年确定的《2030年可持续发展议程》，人类对于自身与自然的关系、发展与保护的关系的反思不断深入，以绿色经济、低碳技术为代表的新一轮产业和科技变革方兴未艾，保护生态环境推行绿色发展日益成为国际共识。在此背景下，习近平立足我国国情，深度参与全球环境治理，思考与探索未来全球治理模式，共谋全球生态文明建设，积极倡导人类命运共同体理念，为全球坚持环境保护，走可持续发展之路贡献了中国智慧、中国方案。

马克思主义认为，理论只要彻底，就能说服人；理论一经掌握群众，也会变成物质力量。目前生态文明建设和生态环境保护取得的历史性成就，充分证明了习近平生态文明思想的引领作用。

第十二章　新时代高校生态文明素质教育体系

高校生态文明素质教育是一项系统工程，包括宗旨、目标、内容、原则、路径、评价、制度等，各要素在系统中相互支撑，缺一不可。

第一节　新时代高校生态文明素质教育的宗旨

高校开展生态文明素质教育的宗旨，即高校开展生态文明素质教育的主导思想及遵循的价值取向与行为规范。生态文明价值观教育是核心。价值观往往隐含在个人意识的最深层面，不易被察觉，但对人心理情感、意志和信念的影响非常巨大，是一个人行为的内驱力。尤其是核心价值观，更是一个人、一个民族凝魂聚气、强基固本的根本。习近平总书记强调，核心价值观承载着一个民族、一个国家的精神追求，体现着一个社会评判是非曲直的价值标准。“如果一个民族、一个国家没有共同的核心价值观，莫衷一是，行无依归，那这个民族、这个国家就无法前进。”①因此，高校开展生态文明素质教育应以价值观教育为宗旨，通过生态文明价值观教育，使大学生在工业文明所奠定的生产力基础上，学会反思人与自然、人与社会（人）和人与自我三大关系，并通过生态化思维方式的引导，使大学生学会构建和谐的自然价值观、科学的社会价值观和高尚的精神价值观为一体的生态文明价值观，进而确立和践行一种体现人与自然、社会（人）、自我和谐互补与共同发展的自然生态、社会生态、精神生态相统一的科学发展观。具体可立足于以下几方面：

第一，引导大学生在人与自然的关系上确立和谐相处的自然价值观。

---

①　习近平：《青年要自觉践行社会主义核心价值观——在北京大学师生座谈会上的讲话》，人民出版社2014年版，第4页。

人类是自然界发展的产物，是自然界的一部分，虽然人类的生存和发展需要对自然进行认识和改造，但“要支配自然，就必须服从自然”。由这样一个基本立场出发，高校要引导大学生体悟自然是人类生命的依托、毁灭自然就是毁灭人类自身；主动放弃以人为主体、单向的对象性关系的旧观念，懂得关爱自然也就是关爱我们人类自身；学会正确处理好保护自然和利用自然、建设自然和改造自然的辩证关系。在此基础上，引导大学生在处理人与自然关系的问题上，顺应生态发展的必然趋势，用伙伴关系取代主奴关系，用互补关系取代索取关系，真正实现人与自然的和谐互补。

第二，引导大学生在人与社会（人）的关系上树立科学的社会价值观。唯物史观认为，社会是人的社会，人是社会的主体。作为社会的人，一方面要积极处理人与人之间的关系，另一方面还要不断地追求与创建先进的社会制度。因为生态问题虽然表现为人与自然的矛盾，但根本原因却在于人与人、人与社会之间的矛盾。换言之，人与自然相处的理念和方式的偏差，是由人与人之间关系的偏差，或者说是由社会制度方面的偏差所决定的。尽管我国人与人、人与社会制度之间的关系并不存在像资本主义那样的根本对立，但这并不意味着已达到尽善尽美、与生态文明是完全协调的程度。因此，高校不仅要从技术层面，而且要善于从制度与人际关系层面，引导大学生立足自身文化优势，高瞻远瞩，着眼于通过不断改革我们的社会制度和人与人之间的一切不完善之处、从人与社会关系的层面认识并解决我们面临的生态问题。

第三，引导大学生在人与自我方面确立崇高的精神价值观。人是文明的主体，人的素质决定着文明的高度。从个体社会化的过程来看，人的素质构建离不开自我的发展与完善。按照心理学家荣格的解释，自我是一种个性化的意识，由自觉到的知觉、记忆、思维和情感组成。尽管自我在全部心理总和中只占据一小部分，但它却是意识的门卫，担负着重要任务，“某种观念、情感、记忆或知觉，如果不被自我承认，就永远也不会进入意识”[①]。基于这一认识，高校生态文明价值观教育，不能脱

① C. S. 霍尔、V. J. 诺德贝：《荣格心理学入门》，生活·读书·新知三联书店 1987 年版，第 32 页。

离大学生的心理实际，不能仅仅依靠单一的强制或灌输，而应遵循人的自我特点及其发展规律，通过常态化的情感体验、思维转变把生态意识及社会对大学生的文明要求科学地融入大学生的自我世界中，力争引起大学生情感共鸣及高度认同。在此基础上，引导大学生讲和谐、重素质，追求节能、环保等低碳高绿文明高尚的生活方式，以此确立崇高的精神价值观，最终实现人与自我的和谐。

以上三个方面不是孤立的，包含着以人、自然、社会复合生态系统为本体的整体认知结构和认识方法。因此，高校在进行生态文明价值观教育的同时，还需要引导大学生学会养成生态化的思维方式。

生态化思维方式的主要特征是整体性和系统性。当代大学生受工业技术理性的影响，很容易形成人与自然二元对立的思维方式，这对其生态价值观的形成具有一定的消极作用。因此，构建大学生生态化的思维方式，需要一种转变，使之由以前的人与自然、人与社会（人）、人与自我之间的二元对立的主客体的单向改造关系模式，转变为一种以人的实践为中介，主客体之间和谐相处、协同发展的互利关系模式。在这种模式中，人的地位发生了改变，人不再是中心，而是自然系统中的成员；自然及其存在的价值被充分肯定和尊重，评价事物价值的尺度不再是唯一的人的利益，而是人和自然的双标尺。在这个双标尺评价体系中，人的利益与自然系统的利益都得到充分的考虑，人在自然中的权益和对自然的责任都被清晰地确定。

第二节　新时代高校生态文明素质教育的目标与内容

一、新时代高校生态文明素质教育的目标

党的十九大首次将美丽中国确立为建设社会主义现代化强国的奋斗目标，并把打好污染防治攻坚战作为全面建设小康社会的三大攻坚战之一，要求加强生态文明宣传教育，增强全民节约意识、环保意识、生态意识，营造爱护生态环境的良好风气，这为新时代高校开展生态文明素质教育指明了方向。因此，高校生态文明素质教育应把立德树人作为根本任务，以培养担当民族复兴大任的时代新人为着眼点，通过教育引导、

实践养成、制度保障、发挥社会主义核心价值观的引领作用，增强学生对生态文明价值观的情感认同和自觉行为，使之成为新时代高素质的生态型人才。

目前，学界对生态型人才没有统一认识，一般是指具有良好生态文明意识和修养、拥有丰富的生态环境保护知识、较高的生态伦理道德素养和较强的生态保护情感，能够以人、社会、自然的整体生态系统利益为目的，自觉践行并成为推动生态系统和谐发展的力量群体。

事物的存在和发展离不开一定的条件和依据，新时代生态型人才的生成亦不例外，其中马克思、恩格斯关于人与自然的思想、新时代习近平生态文明思想为生态型人才的生成提供了理论基础，社会生产力的发展及其取得的成就为生态型人才的生成提供了物质条件，社会制度建设和特定生态文明环境氛围为生态型人才的生成提供了外在保障。除此之外，还需要教育加以唤醒与引导，强化其生态意识觉醒、价值观念重构、行为模式转变等，这是生态型人才必备的内在条件。为此，新时代高校应根据时代发展的要求与自身的办学实际，培养人与自然、人与社会（人）、人与自身和谐相处，具有较高生态文明素养的人才，让他们成为社会主义生态文明核心价值观的坚定信仰者、积极传播者、模范践行者。

二、新时代高校生态文明素质教育的主要内容

教育是提高人的综合素质、促进人的全面发展的重要途径。素质是立身之基，技能是立业之本。习近平总书记强调："劳动者素质对一个国家、一个民族发展至关重要。劳动者的知识和才能积累越多，创造能力就越大。"[①] 新时代对社会主义建设者和接班人提出了更高的要求，既包括思想品德、知识学识、创新能力、动手能力，也包括身体素质、艺术修养、人文气质、劳动技能。总之，必须具备德、智、体、美、劳全面发展的综合素质。基于这一认识，新时代高校生态文明素质教育应着重以知识、态度、意识、道德、情感、价值观、审美观、责任感、意志力、行为力为内容，不断强化大学生生态文明知识素养、生态文明意识素养、

---

① 习近平：《在庆祝"五一"国际劳动节暨表彰全国劳动模范和先进工作者大会上的讲话》，人民出版社2015年版，第9页。

生态文明情感素养和生态文明行为素养，使其能够肩负起生态文明建设的时代重任。具体体现为以下四个方面。

（1）生态文明知识素养。知识是一个人对事物形成认知和判断的前提和基础，它是高校生态文明素质教育的起点。主要包括以下目标：

第一，了解生态系统与生态环境相关常识，具有对生态系统整体功能及规律性的认知，对陆生生态系统（森林生态系统、草原生态系统、农田生态系统）和水生生态系统（海洋生态系统、河流生态系统、湖泊生态系统、池塘生态系统）的特点及其保护具有一定的感性认识，具有山水林田湖草生命共同体理念，对于空气净化、森林保护、噪音污染、土地资源保护、生态城市与校园建设、水资源保护、野生动植物保护等具有基本的认识，具备处理与生活相关的白色污染、垃圾分类、节水节电、电池回收等相应知识与技能。

第二，了解重大生态危机、环境问题事件、环境与人类疾病之间的关系，掌握环境污染的特点，例如能够认识生态危机影响范围大、涉及地区广、受害人群多、防治难度大、治理代价高；理解保护环境必须坚持预防为主、防治结合的原则。在此基础上，了解工业布局、城镇规划、农业调整、旅游开发等立足气象、地理、水文、生态、资源等条件的科学依据。

第三，了解生态环境保护法律法规的性质、任务与作用，熟悉国家在环境保护方面制定的法律措施及其任务。目前我国形成了以《中华人民共和国环境保护法》为主体的环境保护法律体系，为我国生态文明建设实现有法可依提供了强有力的保障。因此，大学生应主动了解环境保护的基本法律知识，明确自身对环境保护的权利和义务，知晓哪些行为是破坏环境的，哪些行为是违法犯法的，从而建立规范与约束自身活动的环境保护标准，同时积极主动宣传环境保护法律法规知识。

第四，了解国家环境保护政策、制度及其对公民素质的要求。了解党在环境保护方面艰苦探索的历程，理解党的十七大首次把建设生态文明写入党代会报告中的重要历史意义，重点掌握党的十九大以来我国生态文明建设的政策和制度，例如加快建立绿色生产和消费的法律制度和政策导向，建立健全绿色低碳循环发展的经济体系；构建政府为主导、企业为主体、社会组织和公众共同参与的环境治理体系；严格保护耕地，扩大轮作休耕试点，健全耕地草原森林河流湖泊休养生息制度，建立市场化、多元化生态补偿机制等。同时要求树立社会主义生态文明观，养成节约习惯，自觉践行绿色发展方式和生活方式。

第五，了解马克思主义生态理论基本知识、习近平新时代生态文明思想及其时代意义。马克思主义认为，自然界为人类生存和发展提供了基本保障，人通过劳动又实现了自然人化和人化自然的矛盾统一，人类对自然不合理的改造必将导致自然界的报复，导致人类自身生存条件的恶化。在对人与自然关系的历史考量中，马克思主义对资本主义生产方式进行了批判，认为“资本主义生产方式以人对自然的支配为前提”，这种异化的生存状态，必将导致人与自然的多重矛盾，只有共产主义社会，人与自然达到和谐统一才是实现人“自由全面发展”的必然途径。在此基础上，习近平生态文明思想提出人与自然是生命共同体，强调人与自然和谐共生，着力实现人与自然、发展与保护的有机统一，致力于实现公平正义、促进人的全面发展的核心价值，在社会主义共同富裕内涵的基础上，强化了人与自然和谐共生的新特征，增强了中国特色社会主义制度优势，实现了马克思主义自然观的又一次历史性飞跃，形成了新时代马克思主义中国化的重要成果。

（2）生态文明意识素养。生态文明意识是“指人类为谋求人与自然和谐相处而形成的一种思想观念”[①]，是“人对自然的关系以及这种关系变化的哲学反思，是对现代科学发展成果的概括和总结”[②]，“反映了人对自己在社会生态系统中的地位和作用的认识”[③]，“反映了人与自然和谐发展的一种新的世界观”[④]。主要包括：

第一，生态文明忧患意识。这一意识指大学生对自己和人类命运的担忧与思考，了解生态环境恶化的严重性，对生态危机带给人类的威胁和灾难具有敏锐反应，具备环境保护、解决生态危机的责任感，能够主

---

① 闫喜凤：《论生态文明意识》，《理论探讨》2008 年第 6 期。

② 李万古：《现代科学“生态学化”和社会生态意识》，《山东师大学报》（社会科学版）1996 年第 3 期。

③ 陈铁民：《论现代生态意识》，《福建论坛》（文史哲版）1992 年第 4 期。

④ 余谋昌：《生态哲学》，陕西人民教育出版社 2000 年版，第 237 页。

动自觉地探寻解决生态问题之道。从历史上重大生态事件发生及对人类影响看，最可怕、最可悲的不是遭遇生态危机，而是缺乏对生态危机的觉察，如果人类对早期文明的衰落、历史上重大疫情特别是20世纪令世人震惊的“八大公害”等类似生态事件能够深刻反思并保持高度警觉；如果对《瓦尔登湖》、《沙乡年鉴》、《寂静的春天》等生态文学作品所揭示的生态忧患意识产生共情；如果对21世纪人口爆炸、资源枯竭、环境污染、气候变化等可能造成的全球影响多一些忧患意识，那么生态问题发生的概率就会大大降低。目前，树立生态文明忧患意识对人类特别是对大学生来说已经不是居安思危，而是当务之急。为此，应引导大学生形成对环境破坏的忧患意识；反对奢侈、浪费、过度消费意识；倡导低碳出行、绿色购物、勤俭节约的简约意识；笃行热爱环境、保护生态系统的保护意识。对大自然常思人类之责，常怀关爱之心，常赏自然之美。

第二，生态文明道德意识。生态文明道德意识是指人类在处理人与自然关系方面的善恶标准和行为规范。生态文明道德意识强调人类在追求物质文明的同时，应当努力保持人与自然的和谐，而不是凭借手中的技术和资本，采取耗费资源、破坏生态和污染环境的方式追求发展权利的实现。生态文明道德意识是生态文明意识的最高境界和核心内容，培育大学生生态文明道德意识的目的是使每个人都能够自觉按照生态保护法和生态文明规则约束并规范自己的行为，养成较高的生态文明道德修养。生态文明道德基本内涵包括：热爱自然、尊重自然、善待自然；珍惜自然资源，合理开发利用资源，尤其珍惜和节制非再生资源的使用与开发；有节制地谋求人类自身发展和需求的满足，生产生活不以生态环境的破坏为代价；积极美化自然，维护生态平衡，促进环境的良性循环等等。

第三，生态文明责任意识。生态文明责任意识是指人应具有保护生态的责任与义务的意识和观念。19世纪30年代美国环保先驱者奥尔多·利奥波德在其生态文学作品《沙乡年鉴》中强调：“没有生态意识，私利以外的义务就是一句空话。所以，我们面对的问题是，把社会意识的尺度从人类扩大到大地（自然界）。”[①] 马克思、恩格斯多次分析，既然自然

---

① 奥尔多·利奥波德著，侯文蕙译：《沙乡年鉴》，吉林人民出版社1997年版，第194页。

孕育了人类，为人类生存发展需要提供各种物质资料，那么人类保护生态、回馈自然的义务和责任就义不容辞。作为大学生，不能只做生态文明建设成就的受益人，更应成为未来生态环境的管理人或受托人。在培育大学生生态文明责任意识的过程中，一定要增强其生态文明法律意识，通过学习相关法律法规，做到知法、懂法、守法、护法，从而明确“能够做什么，不能做什么”，在法律规定范围内履行保护环境的责任。

（3）生态文明行为素质。生态文明素质不仅体现在思想观念上，更要落实到行动上；不仅体现在学校生态文明教育的要求上，更要体现在每个学生的一言一行和日常生活中。作为大学生，虽然不一定直接从事生态文明建设事业，但衣食住行，包括购物、日用品消费、生活垃圾处理等，都在传递着一个个生态信号，这些都是践行生态文明的重要环节，是生态文明行为素质的重要体现。因此，高校应引导学生从保护生态环境的小事做起、从现在做起、从自己做起，使生态文明意识、责任和价值观成为其日常生活的基本遵循，主动约束自己的事情，不做违反自然规律、破坏自然环境的事情，并身体力行影响身边人、社会大众，向全社会推广环保理念，共同为维护生态环境的良好秩序贡献力量。

大学生生态文明行为素质主要包括：不践踏草坪、节约用水用电、节约纸张、节约粮食、不乱扔垃圾、自备购物袋、拒食野生动物、植树护林、认识环境标志、学习环保知识、参与环境纪念日活动、参与环境教育活动、参与绿色学校创建活动、做环保志愿者、生态旅游、关注环保报道、举报违法排污行为等。

高校生态文明素质教育目标与内容的实现需要一个转换机制，即通过教育，引导大学生将生态文明知识内化为自身生态文明意识，再将生态文明意识外化为生态文明行为，使大学生在生态文明知识—意识—行为的内外转化过程中逐步确立正确的生态文明价值观，从而提高大学生的生态文明素质。

第三节　新时代高校生态文明素质教育的路径与实践

一、新时代高校生态文明素质教育的路径

所谓生态文明素质教育路径，是指在生态文明素质教育的实施过程

中所运用的途径和方法的总称。生态文明素质教育的途径与方法不是静态封闭的，它所体现的是生态文明教育理论和实践之间的循环过程，是在理论与实践之间搭建的能够增强生态文明素质教育实效的逻辑链条。在此过程中，生态文明素质教育途径与方法的选择对于理论教育与实践探索有机结合具有重要的促进作用。同时，生态文明素质教育途径与方法的创新也将推动生态文明素质教育理论不断升华，有助于生态文明素质教育实践不断深化。具体可从两方面着手。

首先，高校应引导大学生将生态文明知识内化为生态文明素质。因为生态文明知识本身并不完全是生态文明素质。生态文明素质教育当然首先要进行生态知识的传授，通过授课、讲解，让学生了解生态科学的基本常识和基本规律，了解生态环境现状及国情，了解生态文明的原则、规范、义务，了解生态文明的哲学观、价值观、伦理观等，以此提高学生对生态文明的认识。然而，仅有这些具体的生态文明知识是不够的，这仅仅实现了基础性教育目标，并不意味着学生生态文明素质的形成。高校生态文明素质教育是一种养成教育，从生态文明知识到生态文明素质，必须经历一个内化过程，这是不可忽视的重要一步。反思过去，教育中往往存在着科学和价值的分裂与冲突，“有知识没有文化，有学历没有教养”的错位与扭曲，不仅为我们的观点找到了注解，也为我们留下了深刻教训。

实现由生态文明知识向生态文明素质的内化，是一项系统工程，需要教师与学生、课堂教学与课外实践的互动才能逐步实现。教师和学生是教学过程中密不可分的两个主体，两者在共同目标下的沟通和交流有利于学生生态文明素质的养成。为此，教师要学会充分调动学生接受生态文明素质教育的主观能动性，在讲授生态文明知识时，要以情感人、以理服人，培养学生对自然的热爱和尊重情怀，激发学生对生态文明的认同和对生态环境的危机感与责任感。

课堂教学与课外实践是教育过程中两个相辅相成的环节，在生态文明素质教育中加强这两个环节的衔接和传递尤为重要。生态文明知识可以由彼到此教出来和学出来，但生态文明素质却不是简单地教出来和学出来的，它是通过动脑思考和动手处理的实践、将生态文明知识与生态实际案例相结合、从外到里悟出来和化出来的，不悟不化，绝不可能形成生态文明素质。因此，高校需要遵循统一的教育教学思路，构建课堂教学与课外实践相统一的培养框架，通过对课堂教学辅之以生态知识讲座、生态文化科技制作、生态课题研究与探索、生态实习与考察以及有针对性的学生社团活动，促使学生生态文明素质的提高。

其次，高校应引导学生将生态文明素质外化为生态文明行为。将生态文明的价值形态外化为行为形态，是生态文明教育的第二项实质性功能。常言道：知道为智，体道为德。学生具备了一定的生态文明素质，并不完全等于自然形成相应的自觉行为，懂得应该怎样和不应该怎样与在复杂的现实实践中能够把握好，往往还有一定的距离。生态文明的行为形态是生态文明素质的外在体现，展现在大学生高雅的精神气质和人格魅力中，表现在大学生的日常生活中，即：珍惜生命，热爱自然；合理消费，节约资源；保护环境，控制污染。

从生态文明素质到生态文明行为的转化，需要各种教育因素，是一个各级教学和管理系统共同努力的外化过程。为此，从学校方面，需要在办学理念、校风、校训、校园文化氛围、制度规范和人际关系方面体现生态文明理念，并结合实际制定出生态文明教育的实施方案，坚持理论性与实践性相结合、广泛性与针对性相结合、知识性与趣味性相结合以及自主性与实践性相结合的原则，提高教育的针对性、实效性。生态文明素质向生态文明行为转化的具体性决定了高校生态文明素质教育是环境文明教育。因此，高校一定要充分重视校园精神文明建设，营造良好的校园生态文明氛围、制度氛围、人际关系氛围等软环境，使学生在校期间，能够养成反映时代特点的生态文明素质。这样，学生对生活价值与意义的理解将不再主要是物质财富，而是生活的品质。如果我们的大学生都能够做到这些，一个可持续生存的世界距离我们就不会遥远了。

二、新时代高校生态文明素质教育的实践

目前，虽然多数高校已认识到生态文明素质教育的重要性，但在实践中还缺乏科学有效的探索。就现有一些学校的教育实践而言，在教育体系上主要还是以各门知识的分科教育为主体的专业教育，比较容易忽视人格整体教育；在教育内容和价值取向上，多数课程灌输的仍然是

“知识就是力量”，过多强调人类对自然的征服和改造，而对生态和谐的内容和价值重视不够；在教育评价上，多数评价仍然重知识导向，轻人文素养。而在人文教育价值评价中，一般也只注重人与人、人与社会的和谐价值，而对人与自然的和谐价值不够重视。凡此种种，使得当代大学生的生态意识、生态道德素质远未达到和谐社会的要求。因此，高校应及时把生态文明素质教育纳入办学定位与发展目标中，注重加强实践探索，通过创新已有的文化素质教育和德育途径，培养新时代高素质生态文明建设人才。具体应做到：

第一，树立生态文明教育观，创新与完善现有的文化素质教育和德育模式，使之体现生态文明背景下“人与自然和谐统一”的素质要求，以此形成生态文化素质教育和生态德育观念。经验告诉我们，文化素质教育和德育的价值取向必须是全面的，必须具备“全人理念”。因此，在教育内容上，不能仅有人与社会、人与人和谐的内涵，同时还必须包含“人与自然和谐统一”的内涵。只有这样，大学生才能实现全面发展，才能真正成为社会生态文明建设的先驱和主力军。

第二，立足通识课程，开发选修课程，发挥学科与专业课程潜在的生态优势，实施渗透式教学。通识教育和文化素质教育、德育教育都以培养完整的人、有教养的或高素质的人为宗旨，所不同的是，通识课常常是通过一套专业性的课程来矫正和弥补专业教育的偏失和不足。为此，高校可在通识课程体系中开设基础性生态学课程，使之成为全校普及、传授生态学相关知识的重要平台。生态教育是一项系统工程，要切实增强生态教育的实效性，仅有基础性生态课程是不够的，高校生态教育还应充分发挥选修课以及专业课课程潜在的生态优势，实施渗透式教学。比如，文学类课程，其所带来的效果有时甚至是数倍于生态理论灌输的。回顾一下生态运动的历史，如果没有蕾切尔·卡逊《寂静的春天》一书那种科学知识与诗意激情相结合的文笔，也许就不会有那么多人关注杀虫剂问题，甚至不会有此后波澜壮阔的生态运动。

第三，以课外活动、社会实践活动为载体，延伸生态文明教育。生态文明教育离不开各种感性的实践与鲜活的案例，大学生只有积极参与实践，才能深刻领悟生态现象，反思生态问题，增强生态保护意识和情感，形成生态道德责任感，提高生态文明价值观念。同时实践也是检验大学生生态价值观教育成效的重要标志。为此，高校应积极开发和创新第二课堂和实践活动，如组织学生参与生态环保的考察和调研，鼓励学生业余时间做生态环保志愿者等等。

第四，加强生态文明教育师资队伍建设。教师是生态文明素质教育的组织者和实施者，也是学生接受生态文明素质教育最直接的榜样与楷模。因此，教师的生态文明素养和生态文明教育能力的高低，对生态文明素质教育效果影响很大。当前，我国高校生态文明素质教育的师资无论是数量还是质量都无法满足生态文明素质教育发展的需要。为此，高校要加大生态文明素质教育师资的培养力度，改善教师的知识结构，提高教师的生态文明素养，使广大教师切实成为高校生态文明素质教育的主导者。

第五，营造校园生态环境氛围，形成校园生态文化，提升校园生态文化感染力。高校生态文明教育同时也是一种环境文明教育。良好的校园生态文化氛围，对学生具有潜移默化的积极影响，对其生态价值观的形成起着重要的催化作用。为此，学校应努力营造良好的校园生态文化氛围、制度氛围、人际关系氛围等软环境，通过校园生态文化建设激发学生形成正确的生态伦理意识和生态情感，从而养成良好的生态文明习惯。

第六，建设生态环境教育基地。生态环境教育基地建设是高校生态文明素质教育极其重要的途径，它可为实地考察与参观学习提供良好的教学条件。为此，高校应主动与当地政府特别是生态环保部门联系，争取当地政府与环保部门的配合和支持，依托生态环境教育基地，将课堂教学与实践活动有机结合起来。

第七，构建生态文明教育评价体系。生态文明教育属于高校文化素质教育体系，因此构建生态文明素质教育评价体系可参考和创新现有的文化素质教育评价体系。当然，文化素质是一个内涵丰富的范畴，其中既包括某些知识和能力因素，还包括诸如人格、意志、情感、价值观等大量的非智力因素，而这些恰恰是对一个人的健康成长和长远发展具有持久价值和终极影响的要素。因此，构建生态文明教育评价体系需要遵循文化素质教育评价原则，如综合评价与重点评价相结合、定性评价与定量评价相结合、形成性评价与终结性评价相结合等原则。

第十三章　新时代高校生态文明素质教育的原则与制度化

第一节　新时代高校生态文明素质教育的原则

目前，许多高校都在积极探索生态文明素质教育方式与途径，但由于传统观念及现有评价机制等因素的影响，高校生态文明素质教育实效并不显著，学生素质未能达到生态文明建设的要求。因此，各高校可从实际出发，依据生态文明理念和社会对生态文明建设人才的素质要求，积极寻找对策，其中应遵循以下原则。

一、科学性原则

科学性原则是指在高校生态文明素质教育过程中，教育方案必须符合教育的本质和规律，即以社会发展要求为导向，以教育学理论为基础，向大学生系统传授生态文明知识和生态文明基本理论，建立健全督导与评价机制，确保生态文明素质教育目标、内容、过程和结果的科学性。同时遵循大学生文化素质养成和实现规律，将生态文明行为训练与生态文明意识培养有机结合，在强化大学生生态文明行为过程中使其生态文明意识不断升华，进而外化为自觉的生态道德修养与生态文明行为习惯。

二、综合性原则

综合性原则是指在高校生态文明素质教育过程中，教育内容应注意学科的综合性和价值观教育内容的综合性。生态文明素质教育是一个涉及生态学、文化学、教育学、哲学、伦理学、社会学、历史学、经济学、医学、文学、美学等多学科领域的系统教育，非单一学科、单一科目或某一类教师所能完成，各学科应通力合作，同向同行，构成一个完整的多学科共同参与、多向度立体交叉的教育网络。为此，应围绕生态文明素质教育在知、情、信、意、行方面的目标要求，通过学科和专业渗透，构建课堂教学、社会实践、校园文化、网络教育等多位一体的育人格局，强化课程生态教育整体功能，实现“三进”（进教材、进课堂、进头脑），实现“三全育人”（全员育人、全程育人、全方位育人），最终形成对生态文明的整体化认识和一致性行动。

三、实践性原则

实践性原则是指在高校生态文明素质教育过程中，应引导大学生运用所学的生态文明知识和技能，尝试解决具体的生态环境问题，在实践中强化保护生态环境的责任意识和解决生态环境问题的技能，使“知”落实到“行”上。实践参与活动是大学生生态文明意识培养的重要载体，也是高校生态文明素质教育的最终目的和归宿，更是检验高校生态文明素质教育成效的重要标志。为此，高校可运用多种教育方式与途径引导大学生积极投身于生态文明实践活动，提高其参与度，从而使生态文明意识培育的广度、深度和力度得到加强和保障。

四、发展性原则

所谓发展性原则是指高校生态文明素质教育要根据实践和环境的变化不断改革和创新，进行创造性、导向性和前瞻性工作。学会站在自然界演变发展规律的高度看待人类整体存在的现实性与合理性，引导大学生领悟人类与大自然的“家园”关系，使大学生养成与大自然和谐相处的品格与行为习惯。为此，高校要密切关注当今科学技术的发展、环境保护的新动向以及生态文明建设对人才提出的新要求，适时调整和充实高校生态文明素质教育的目标和内容，不断与时俱进。

第二节　新时代高校生态文明素质教育的制度化

一、高校生态文明素质教育制度化内涵及现状

高校生态文明素质教育制度化，是指高校以生态文明价值观为导向，将生态文明素质教育活动的运行要求纳入正式规则体系，通过制度的刚性约束和主体职责落实，使高校生态文明素质教育活动不断规范化、系

统化和组织化的动态过程。

目前，各高校均已涉及有关环境保护、生态建设的教育内容，但就整体而言，由于缺乏相应的制度保障，高校生态文明素质教育还存在着教育目标不明确、教育要求不规范、教育内容不系统、教育开展不平衡等问题。

第一，高校生态文明素质教育发展不平衡。调查发现，在回答“贵校生态文明教育开展的情况”这一问题时，52.83%的学生回答“受到重视，正常开展”，30.41%的学生回答“有活动，但不够规范”，8.38%的学生回答“基本上没有开展”，还有13.26%的学生回答“不清楚”。在学生对当前高校生态文明教育现状的总体评价方面，仅有29.43%的学生比较认可，有36.26%的学生认为“开展不平衡、不充分”，有22.81%的学生认为“开展活动缺乏统一要求，自发多于自觉”，有22.81%的学生认为“基本上没有开展”。

目前，除了环境类专业开设针对性的生态文明课程外，其他专业开设生态文明课程的院校仅占全国高校总数的10%左右，接受教育的学生人数总体较少。另外，开展生态文明教育的高校，主要以农林院校和职业院校为主，生态文明素质教育还没有作为公共必修课在全国高校普遍开展。

第二，高校生态文明素质教育活动不规范。通过对13所高校调查发现，有14.23%的学生认为本校开展生态文明素质教育的主要途径是课堂教学，32.36%的学生认为是专题教育，有39.38%的学生认为是社团活动，4.87%的学生表示没发现本校开展生态文明素质教育活动。另外，从调查数据可知，部分学校课程设置比较随意，缺乏统一规划，更没有从理论到实践一体化的运行机制。

第三，高校生态文明素质教育内容不系统。通过文献查阅与调研可知，北京林业大学全校公共选修课开设的生态文明课，主要讲述“生态文明理念、发展目标、法律制度、绿色生活、绿色行政及公共参与等”；电子科技大学中山学院开设的新时期广东生态文明建设培训课程，主要讲解生态文明相关技术，偏重于从生态文明理论、实践两个层面对大学生进行生态文明教育；西北农林科技大学首次开设的公共选修课——秦岭与生态文明是一门实践性很强的课程，该课程教学活动以火地塘林场为基地，主要讲解秦岭生态环境与生态系统、秦岭生物资源与可持续发展等专题，偏重于结合生态实际给学生进行生态文明教育；湖南师范大学开设的全校公共课生态伦理学，总体偏重于生态伦理方面。从这些学校所开设的相关课程看，多数处于尝试探索阶段，反映出目前高校生态文明素质教育目标与要求不统一，课程教学内容不系统等问题。

从当前情况看，高校开展生态文明素质教育存在问题的主要原因有以下几方面：

第一，对高校生态文明素质教育制度化建设的重要性认识不够。我国高校生态文明素质教育存在的一些问题，主要是由于缺乏制度规范所造成的。目前在全国范围内没有关于开展生态文明素质教育活动的统一制度规范，各高校开展生态文明素质教育都是根据自身实际状况自发组织，导致高校生态文明素质教育发展不平衡。即便有高校开展了生态文明素质教育，由于缺乏对生态文明素质教育活动的具体规定，缺乏对各阶段教育目标的具体要求，特别是没有采取统一规范的课堂教育及建构合理的课内外理论与实践一体化运行机制，最终导致高校生态文明素质教育活动不规范，存在很大的随意性。

第二，对高校生态文明素质教育制度化建设的研究不够。目前，我国对高校生态文明素质教育制度化的研究还处在起步阶段，多数仅是对制度化建设重要性的呼吁或宏观性的论述，并没有深入细致的研究。实践证明，以研促教，教研结合，更有利于广大师生客观地认识和分析当前高校生态文明素质教育开展现状，更有利于广大师生转变对生态文明素质教育的认识和态度，从而在更高层次上形成关于高校生态文明素质教育制度化的共同理念，更大限度内明确制度化实施过程中各个环节教育主体的责任，更大范围内形成浓郁的生态文明风尚与教育氛围，最终以生态文明教育制度化的研究成果，推进高校生态文明素质教育活动的有效开展。

第三，对高校生态文明素质教育制度要求的落实不到位。目前，尽管部分高校制定了一些相关的生态文明素质教育制度，但在制度的执行落实过程中，仍存在不少问题，使得制度常常流于形式，并没有发挥出应有的效果。有些高校生态文明素质教育制度在实际工作中却没有得到真正的落实和执行。究其原因，多数制度过于笼统，不够合理、具体，可操作性不强，或者只重视局部，对整体工作缺乏系统性和全局性的制度规定，从而极大地影响了高校生态文明素质教育的实际效果。

二、高校生态文明素质教育制度化的基本内容

高校生态文明素质教育制度化的基本内容有一定的建构范围，并非生态文明素质教育的方方面面都应纳入制度化体系。主要包括以下几个方面。

第一，组织管理的制度化。建立组织管理制度，用制度明确相关责任人及对应的责、权、利。组织管理的制度化，能够保证高校生态文明素质教育工作的经常化、制度化，有利于克服工作中的随意性、盲目性。具体内容包括：

（1）组织领导制度化。高校应建立以校长为组长的生态文明素质教育领导小组，包括行政部门的相关处室和院系负责人、相关学科专业教师、教学秘书、辅导员、团委成员、班委成员、学生代表。高校生态文明素质教育领导小组下设生态文明素质教育办公室。办公室主任可由负责教学工作的副校长担任，负责全校生态文明素质教育具体工作的领导统筹，办公室大致由课堂教学科、课外实践科和校园环境管理科三方成员组成。课堂教学科的任务由教务处教务科承担，课外实践科的任务由学校团委社会实践中心（或活动部）承担，校园环境管理科的任务由学校后勤处校园管理科承担。

（2）组织职责制度化。高校生态文明素质教育领导小组将生态文明素质教育纳入学校日常管理，做到生态文明素质教育年初有计划，月月有内容。对每年工作何时布置、何时检查评估、何时总结表彰等进度做出明确的规定，对各项活动开展的时间、步骤、内容、方式等工作环节做出明确的规定。课堂教学科主要是负责学校生态文明素质教育的课堂教学工作，包括课堂教学教材的研究与编写、师资培训与考核等；课外实践科主要是负责学校生态文明素质教育课外实践教育活动的策划、组织和实施工作，包括对生态环保社团的运行监控与管理、生态文明素质教育实践基地建设与维护、生态文明知识的宣传、对外生态文明教育活

动的联谊等；校园环境管理科主要是负责学校生态文明环境营造，包括校园生态环境和人文环境两方面的建设工作。

第二，目标和内容的制度化。以规章制度的形式规定生态文明素质教育的内容和目标要求，使其具体化、层次化、规范化，以保证生态文明素质教育的效果。主要包括：

（1）目标的制度化。就是对根本目标进行制度规定，以保证其权威性。高校要在国家生态文明素质教育基本要求的总体目标和框架下，根据不同的教育对象制定出一系列的具体目标，并将这些具体目标进行制度规约，以增强这些具体目标在指导实际生态文明素质教育工作时的针对性。

高校生态文明素质教育的根本目标是培养新时代高素质的生态型人才，主要侧重于对大学生生态文明价值观的培养、认知的提高、能力的增强和行为习惯的养成。这一根本目标的实现，需要经过多层次分解，成为一个个具体目标。首先，要让学生认识到人与自然的一体性，以及人在自然中的正确地位，用科学的发展观反思人类文明的进程，深刻理解和正确把握生态文明的内涵；要以公平公正的态度对待自然万物；牢固树立人与自然协调发展的思想理念。其次，要让生态文明观转化为学生的实践，做到理论和实践相结合。再次，要依据生态文明哲学观、价值观和伦理观的基本理论，制定生态文明的道德原则、道德规范，引导大学生养成良好的行为方式。

（2）内容的制度化。开展生态文明素质教育，需要建立一个针对性较强、系统相对完整的内容体系。具体说来，包括下述内容：生态自然观教育，这是生态文明的哲学世界观教育；可持续发展观教育，这是生态文明的社会发展观教育；生态伦理观教育，这是生态文明的伦理价值观教育；绿色科技、生产与消费观教育，这是生态文明的生产生活观教育。

第三，运行的制度化。是指对生态文明素质教育活动本身的制度化、规范化。生态文明教育活动的开展、评估、奖惩、保障等环节都要用制度加以规范，唯有如此，才能真正保证教育活动的有效落实。主要包括：

（1）教育实践活动的制度化。生态文明素质教育具有较强的实践性特点，若仅强调灌输式的课堂理论教育，不注重大学生的实践参与，很难达到教育的最佳效果。一定意义上，教育实践活动比书本知识更能启迪人的心灵，更能培养人对自然生态的情感，也更有助于大学生树立生态文明信念。为此，应做到：其一，建立生态文明行为规范制度。通过建立并完善相关制度将生态文明教育与学生日常生活联为一体，利用制度约束学生的行为。如节约水电、不乱扔垃圾、废品回收利用、保护草地和树木、善待动物，培养勤俭生活作风，做到理性消费，积极参加环境保护宣传活动和其他公益活动等等。其二，建立生态文明实践活动制度。通过第二、第三课堂形成多维立体教育网络，在实践中提高认识、强化意识。一方面，组织学生走进企业、走进村镇、走进社区开展生态状况调研，通过对外部生态环境的认识，促进大学生把接受的生态文明教育知识内化为自己所认可的价值观，再外化为自觉践行生态文明的行为；另一方面，开展亲近自然体验活动，让大学生走进大自然，亲近大自然，感悟大自然，欣赏大自然，培养对大自然的敬畏之感与欣赏之情，消除人与自然对抗的情绪，积极参与恢复和改善生态环境活动，努力营造人与自然和谐相处的美好环境，培养积极健康的生态道德情感。

（2）教育评估的制度化。指对高校生态文明素质教育开展的效果进行规范化评估，将评估的对象、标准、程序纳入科学规范体系之中。高校生态文明素质教育评估的制度化主要包括：其一，评估对象制度化。一般包括：对领导的评估，对组织建设的评估，对教师队伍的评估，对学生教育效果的评估。其二，评估标准制度化。标准是评估制度化建设的重中之重，只有标准规范，才能通过评估了解活动开展情况以及取得的效果。其三，评估流程制度化。遵循从微观到宏观的评估路径，依次确定评估目的、评估的重点与关键问题、选择评估框架、确定评估方式、编制执行计划、处理和分析数据、撰写评估报告、交流评估结果并制订后续计划。

（3）教育赏罚的制度化。赏罚对促进高校开展生态文明素质教育具有重要的意义，是高校推动全员参与生态文明素质教育的有力举措。主要包括：其一，要明确规定高校生态文明素质教育工作的赏罚内容、标准与范围。对认真开展生态文明素质教育并取得良好效果的人员或单位，不仅给予精神上的奖励还要给予物质上的奖励，对不开展或不认真开展生态文明素质教育且效果极差的单位，则要给予精神与物质上的双重惩罚。同样，对生态道德教育成绩较差的学生要在评定优秀学生、优秀团员等方面给予一定的约束和限制。其二，对赏罚的力度要做出具体详细的规定。对生态文明素质教育工作成绩突出的教师、管理人员在晋级晋职方面给予优先考虑，对生态文明考评成绩优秀的学生要及时进行表彰，在评选优秀学生、优秀团员等方面给予优先考虑。

（4）教育保障的制度化。一支跨学科的专业教师队伍、必要的经费与物质设备等，都是保证高校生态文明素质教育顺利开展的基础条件，也是高校生态文明素质教育制度化不可或缺的重要内容。主要包括：其一，生态文明素质教育队伍保障的制度化。高校必须建立一支政治强、业务精、纪律严、作风硬的跨学科生态文明教育的教师队伍，同时建立相应的选拔制度、培养制度、管理制度、考核制度，这是增强生态文明教育实效的关键。其二，生态文明素质教育经费保障的制度化。生态文明素质教育需要经费作保障，在具体的操作中，应把生态文明理论教育经费，大型宣传教育活动经费，组织生态文明素质教育工作理论研究和实践调研经费及教师培训、社会考察、表彰奖励等经费从制度上给予保障，确保这些经费专款专用。在经费来源上，政府财政应通过教育部门的财政转移支付，加大对高校生态文明素质教育资金的扶持力度，充分发挥主导作用。同时广泛拓展社会筹资渠道，可设立不同形式的生态环境保护教育基金，开展不同形式的公益活动，吸引社会资金投入。其三，生态文明素质教育物质保障的制度化。生态文明素质教育和其他教育实践活动一样，需要一定的教育设施、设备。高校应根据各部门各单位的实际情况制定相关制度规定，保证生态文明素质教育设施设备和活动场所建设，保证生态文明素质教育技术和手段的不断更新与现代化。为此，政府要为高校生态文明素质教育提供更多的公共资源保障，有关部门应为学生创设“户外教室”，免费开放森林公园等实践基地，让学生走进自然、贴近自然、学习自然、享受自然，从而解决高校内部生态文明素质教育基础设施不足、设备不全等问题。

三、高校生态文明素质教育制度化建设的策略

高校生态文明素质教育制度化是通过高校教育制度体系的不断健全

和完善，使高校生态文明素质教育不断趋于规范化、有序化的过程，也是增强高校师生生态文明素质观念、提高生态文明素质自觉性的过程。高校生态文明素质教育制度化建设过程中要着重把握好制度的定位（确立制度理念）、制度的制定（重在制度规则）、制度的执行（体现制度价值）、制度的评价（强化制度导向）等重要环节，以此形成科学、规范、系统、可行的高校生态文明素质教育制度，确保高校生态文明素质教育规范有序开展。

第一，确立生态文明素质教育制度理念，正确引领高校生态文明素质教育的价值导向。高校生态文明素质教育制度不仅表现为一种规定生态文明素质教育主体权利、义务、责任的制度规则，而且还包括体现生态文明素质教育价值判断和目标定位的制度理念、反映生态文明素质教育制度指向和范围的制度对象、承载制度内容及具体规则的制度载体。其中，充分体现生态文明素质教育价值取向和生态文明素质教育目标定位要求的生态文明素质教育制度理念，作为制度建设的灵魂内在地体现在一切规则中，使得生态文明素质教育制度建设具有鲜明的价值取向。这就决定了生态文明素质教育制度化建设的过程也是高校师生对生态文明价值观认同和接受的过程。因此，在高校生态文明素质教育制度化建设的过程中，要高度重视对全校师生生态文明价值观的教育引导，强化师生的生态文明意识和生态文明价值取向，确立生态文明素质教育制度理念，明确高校生态文明素质教育制度化建设的要求，切实提高教师对生态文明素质教育制度化建设在高校人才培养工作中重要性的认识，为更好地建立健全和执行落实高校生态文明素质教育制度奠定良好的思想基础。

第二，注重生态文明素质教育制度规则研究，形成科学、规范、系统的生态文明素质教育制度。规则是制度的内容体现。为此，必须重视加强对体现生态文明素质教育主体权利、义务责任的制度规则研究。在生态文明素质教育制度规则的制定过程中，不仅要满足对人与人、人与社会之间关系的教育要求，更要体现对人与自然之间关系的教育要求，这也是生态文明素质教育制度有别于高校现有教育制度的主要体现；不仅要满足对生态文明理论教育的要求，而且要体现对生态文明实践教育的要求，生态文明素质教育需要也必须更加凸显其实践性；不仅要规范对学校生态文明素质教育的要求，同时要协调好与社会教育和家庭教育的关系，形成体现“和谐共生、协调发展”价值要求的生态文明素质教育制度内容体系。由此，生态文明素质教育制度的规则制定必须以生态文明价值观为指导，以高校生态文明素质教育活动为依据，形成包括专业设置、课程建设、教材建设、师资队伍建设、实践基地建设等在内的相关教育要素、教育环节及教育主体的制度规则，以此规范学校生态文明素质教育活动，协调生态文明素质教育与其他教育活动科学合理规范的运行，形成有效的教育合力。

第三，严格高校生态文明素质教育制度的执行与遵守，重点培育高校师生生态文明素质教育的制度自觉。生态文明素质教育制度的执行与遵守是生态文明素质教育制度化建设的重点所在，生态文明素质教育制度的价值也由此而得以体现。这里的关键是要明确生态文明素质教育制度的对象，即生态文明素质教育制度的指向和范围。生态文明素质教育制度只有明确了其要调解的对象和范围，生态文明素质教育制度的执行与遵守才有明确的指向，才能更好地发挥制度的功能和作用。就高校生态文明素质教育制度的对象而言，主要是指在生态文明素质教育领域中，对政府教育主管部门与高校之间、高校内部各个部门之间、高校的教育者与受教育者之间、高校与社会之间教育关系的调整。这种调整既取决于相关教育规则的制定，又取决于所涉及的教育主体对生态文明素质教育制度的执行与遵守，从一定意义上讲，后者更为重要。因此，高校生态文明素质教育制度化建设，很重要的一点就是始终注重对制度的执行与责任的落实，就是要通过宣传教育不断提高学校师生遵守制度的自觉性。高校要根据生态文明素质教育制度化的要求，进一步明确相关职能部门和教学院系的工作内容和工作标准，明确规范生态文明素质教育工作流程和措施要求，尤其是要在明确相关教育管理组织机构的同时完善其生态文明素质教育教学管理责任体系，确保生态文明素质教育的制度要求落到实处。

第四，注重建立和完善生态文明素质教育评估体系，切实发挥制度对生态文明素质教育的导向和激励作用。生态文明素质教育评估体系有助于广大师生进一步明确生态文明素质教育的具体内容和工作范围，特别在实际操作层面，能够为生态文明素质教育提供一个参照系。也就是说，通过生态文明素质教育评价标准的制定与执行，不仅可以根据生态文明素质教育目标和具体评价标准，对高校开展生态文明素质教育活动的过程和结果进行客观的价值判断，而且对高校生态文明素质教育的深入开展发挥重要的导向功能和促进作用，为学校进一步完善生态文明素质教育决策提供科学依据，从而改进和加强高校生态文明素质教育，推动高校生态文明素质教育质量的不断提高。因此，在高校生态文明素质教育制度化建设中，生态文明素质教育评价制度尤其是评价标准的制定和执行至关重要。

第十四章　新时代高校绿色大学研究与建设

第一节　绿色大学的兴起与研究

习近平总书记在党的十九大报告中强调，倡导简约适度、绿色低碳的生活方式，反对奢侈浪费和不合理消费，开展创建节约型机关、绿色家庭、绿色学校、绿色社区和绿色出行等行动。为贯彻落实党的十九大精神，《中共中央关于制定国民经济和社会发展第十四个五年规划和二〇三五年远景目标的建议》提出了要促进经济社会发展全面绿色转型，开展绿色创建活动。经济社会发展全面绿色转型涉及社会领域广、学科协作空间大，需要多学科交叉会聚与跨门类协同合作。相比之下，高校拥有其他社会组织所无法比拟的学科、人才、科研、文化等方面的独特优势，不仅是国家强大的智力资源，更是人类进步的精神灯塔，一流大学更应该以传承和创新文明为核心要义，一流大学建设更要主动服务美丽中国建设，积极开展绿色创建活动，使绿色文化（生态文化）成为一流大学的重要组成。要把绿色大学建设纳入一流大学发展战略规划中，并从顶层设计、制度设计、资金支持和队伍建设等各方面给予充分保障。要将绿色指标纳入人才培养评价体系，把提升学生生态文明素质作为提高人才培养质量的重要指标。要建设一流的科研体系，聚焦生态环境突出问题开展研究，加强学科之间的协同创新，加强对交叉学科群和科技攻关团队的支持，努力为中华大地天更蓝、水更清、环境更优美提供强大智力支撑。要加强绿色生产生活方式宣传，将绿色理念渗透到校园学习和生活的方方面面，为一流大学建设提供重要的绿色文化支撑。

一、绿色大学的兴起

在国际社会中，高等教育领域的绿色大学观念来源于许多重要的国际宣言中有关高等教育可持续发展的议题，其中最早可追溯至1972年联合国发表的《斯德哥尔摩宣言》，其中就包括高等教育的可持续发展观点。20世纪80年代末，随着环境保护和可持续发展理念的深入，建设绿色大学逐渐成为一股世界潮流。1990年，位于法国塔罗里的杜夫特大学举行的“大学在环境保护和教育中的地位和作用”国际研讨会，签署《塔罗里宣言》，明确表示大学的管理阶层必须承担高等教育朝向可持续发展的义务，强调大学的领导者应提供领导和支持，动员内外部资源以面对紧急的挑战，提出整合可持续发展和高校教学、科研、经营、宣传为一体的十条行动计划，这是大学管理者首次对高校可持续教育做出的正式承诺。截至2012年2月15日，已有超过53个国家和地区共437所大学校长签署，其中包括中国大陆（内地）、香港和台湾地区的一些大学。一定意义上，《塔罗里宣言》是目前国际公认的推动大学绿色创建、走向可持续发展最具标志性意义的文件。

2006年，美国和加拿大高校共同建立“促进高等教育可持续发展协会”，目的在于推进美国和加拿大高等教育的可持续发展进程，主要内容包括人类生态健康、社会正义、安全生活和为下一代提供更好的环境等可持续议题，通过课程管理与利用教育、信息交流、科学研究、专业发展等扩大社会服务范围，并联合社区推动高等教育的可持续发展。同时，该协会还推出了可持续发展的跟踪、评估和评价系统，各高校依据该系统对自身的可持续性进行自评，并在评价报告的基础上制定相应发展政策。

美国将可持续发展纳入高校运营和课程实践最重要的成果是“美国高校校长气候承诺”，该项目于2007年6月正式启动，其使命在于“教育学生，创建解决方案，通过实例为社会其他成员提供领导力”。签署“美国高校校长气候承诺”的机构必须承诺满足一系列显著减少温室气体排放的举措，包括完成排放清单、将可持续发展纳入课程计划、对公众公布行动计划进展报告等。截至2012年2月23日，签署该宣言的大学校长人数达到 674 位。

2010 年，美国绿色建筑委员会（USGBC）成立绿色学校中心，以建成环境为切入点，与教育界人士共同推动“绿色校园”建设。该中心提出“为了所有人的绿色学校”的口号，推出针对中小学的“绿色学校”和针对大学的“绿色校园”概念，将“绿色（大学）校园”定义为“一个通过可持续发展教育、健康生活和教育环境的创造，来建立改善能源效率、保护资源、提高环境质量的高等教育社区”。从 2010 年起，该中心与美国知名的高校排名研究机构——普林斯顿评论（Princeton Review）公司，根据长期的研究数据建立了大学绿色校园评估准则，具体包括：

①当地有机食物或其他来源于环境较优处食品的比例；

②学校是否提供鼓励单独出行的学生使用替代自驾车模式的免费公交卡、通用公交卡、自行车共享/租借、汽车共享、拼车、交通车合用或紧急情况免费接送等服务；

③学校是否拥有推进校园可持续发展并有学生参与的正式委员会；

④新建建筑是否要求获得 LEED（绿色建筑评价体系）银级以上认证；

⑤学校的总废弃物转移比例；

⑥学校是否有环境研究专业，是一小部分还是重点专业；

⑦学校是否有“环境素养”要求；

⑧学校是否制定了对公众公布的温室气体排放清单，并提出到 2050 年降低 80%温室气体排放的气候行动计划；

⑨学校的能耗（包括制热/制冷、电力）来自可再生能源（不包括核能和大规模水能）的比例；

⑩学校是否雇用全日制（或相当于全日制）工作的可持续官员。

根据这十条准则，首次从可持续发展角度综合评估绿色大学建设和运营情况，编写了《美国绿色大学指南》。2010 年版《美国绿色大学指南》收录了全美 286 所大学，并遴选出 18 所“最绿色的美国大学”；2011 年版所列学校增加到 311 所（包括 3 所加拿大高校），但不再公布排名。

该指南也为应届高中生提供另一种思维方式的择校建议，根据《普林斯顿评论》(Princeton Review) 2010 年对 12000 名大学申请者的调查，64％的受访者认为他们在选择高校时会考虑学校对环境的承诺，23％的受访者认为这类信息对他们非常重要。

由于各国的国情不同，绿色大学在各国的发展也因地而异。英国、美国、加拿大等国家较早开始绿色大学的建设和实践，提供了一些可资借鉴的思想和经验。

在英国，多数学校认为，学校培养出来的学生如果对环境问题没有责任感和危机感而把环境保护置之度外，那就是教育的失败。1990—1993 年间，英国在继续教育和高等教育的绿色行动方面出具了两份报告：一份立足于大学实践活动，另一份着眼于课程安排。之后，政府围绕这两项内容设立了环境教育专家委员会，1993 年出版了《环境责任——一个关于继续教育和高等教育的议程（1993 年)》即“托恩报告”，这使绿色行动得到官方认可，具有更高的信誉和更为广泛的基础。1997 年，英国由 25 所大学共同成立了高等教育 21 委员会，拟定关于高校可持续发展的行动策略，强调环境管理系统中的持续改善，并开发了针对环境、社会与经济发展的评量指标，同时要求负责大学运作的职员被视为评量指标的重点宣教对象，他们必须充分了解大学朝向绿色大学目标迈进的途径与方式。

英国高校绿色大学的创建注重志愿者的积极参与和拥护。为满足环境科学产生的需要，在一些大学中，其他学科的人员，例如生物学、化学、建筑学、经济学、海洋学、社会学、历史学、哲学、工程学、信息技术、医学甚至文学、美学方面的研究者，为了一个共同目标实施跨学科协同作战，积极推动环境课程的建设与发展。还有的高校，校长亲自指导并参与，例如爱丁堡大学，校长建立了沃尔顿基金，用以增强环境教育效果与责任。最为重要的是，英国通过法律与经济支持等方式，把环境教育看作高校共同的责任。在绿色课程方面，英国积极响应斯德哥尔摩会议、第比利斯会议、里约热内卢会议和其他国际会议的倡议，进行跨学科的终身环境学习和承担环境责任。在发表的《共同的遗产》白皮书中，提倡应该在科学、工程学及其他课程中关注环境问题，托恩报告强调应该开设各种能提高个人、社会和职业的环境责任感的课程。

在美国，通过对布朗大学的“绿色布朗”、加州大学的“校园环境规划”、威斯康星大学的“创建生态校园”以及乔治·华盛顿大学开启的首创“绿色大学”样板等，可以看到美国的绿色大学创建相对更深入。以乔治·华盛顿大学为例，1994年，乔治·华盛顿大学开始创建绿色大学样板，为此，学校成立了绿色推动委员会，并与美国环境保护署建立伙伴关系。这个创建活动包括学校教育和培训各个方面，包括引导各种类型的研究，提供健康关注和其他服务，创建管理组织，提供设备、场地和基础设施等。从目标要求层面，将符合可持续发展的原则性道德标准深入到学校各项活动中。从制度保障层面，建立了新的内部管理方式及运行机制。一类是用于帮助、协调创建行动的机构。其中，校级执行委员会负责全面领导工作。一类是由学生、教师和社区成员中的50名志愿者组成的特别执行委员会，按照要求定期完成一定数量的项目。在此基础上，乔治·华盛顿大学提出了遵循环境道德标准的七大原则，即生态系统保护、环境正义、污染预防、科学与数据基础、伙伴关系、环境管理与运作，使绿色大学创建进一步系统化、规范化。

加拿大开办了“种子学校”。加拿大种子学校的种子计划是由加拿大种子基金会（全名为社会环境、能源、发展与学习基金会）推动的计划。该基金会编写了96个可以让学生展现活力、促成学校环境更加绿色化的行动指南。有兴趣的学校根据自己的需求，可选择其中的方案开展活动，然后将活动成果寄给基金会，基金会再颁发绿色奖品给他们。

另外，在瑞典，环境问题也早已成为大学教育中不可或缺的内容，著名的伦德大学要求所有学科与课程中都必须有环境教育。在澳大利亚，墨尔本工业大学把课程教育与大学运作的目标定位在减少对环境的影响。德国实施以环境友好为核心的绿色大学策略。日本、泰国、韩国和马来西亚等亚洲国家也纷纷开始打造绿色大学品牌，不同程度地进行实践，推动绿色大学建设。

二、绿色大学的研究

在理论研究层面，国外多以可持续大学或者高等教育的可持续发展作为研究对象，并将可持续大学的内容归纳为七个方面：

①可持续发展在校园的方针政策中有显著地位；

②可持续发展理念成为学术准则；

③旧的学术范式发生重大转变，学生探讨问题时增加生态系统的维度；

④与可持续有关的知识背景与教职工的雇用、奖励、升迁体系挂钩；

⑤对生态足迹进行测度；

⑥对与可持续发展相关的活动（如相关讲座、庆祝地球日等）给予相应的支持；

⑦支持与可持续相关的组织与当地企业联手进行与可持续发展相关的活动，通过讲座、交换等在全球环境保护和可持续发展问题上进行交流。

在此基础上，美国绿色建筑委员会（USGBC）将可持续大学定义为："一个通过可持续发展教育、健康生活和教育环境的创造，来建立改善能源效率、保护资源、提高环境质量的高等教育社区。"

由此可见，国外可持续大学概念将可持续发展理念全面融入绿色教学、绿色科研、社会服务、可持续人才培养等方面，是绿色大学建设逐步走向系统化、标准化的表现。

总之，绿色大学概念的出现与绿色大学的兴起，是全球环境保护和可持续发展对高等教育提出的新要求，创建绿色大学是发展环境保护事业和实施可持续发展战略的一项重要实践，是人类环境思想提升的必然趋势和教育变革的新的尝试。

我国绿色大学概念的产生与世界可持续发展进程的推进以及我国相关政策是紧密联系在一起的。1994 年，国务院第 16 次常务会议讨论通过了《中国 21 世纪议程——中国 21 世纪人口、环境与发展白皮书》，其中第 6 章"教育与可持续发展能力建设"第 21 款规定："……在高等学校普遍开设环境与发展课程，设立与可持续发展密切相关的研究生专业，如环境学等，将可持续发展思想贯穿于从初等到高等的整个教育过程中。"为了贯彻《中国 21 世纪议程》的精神和战略部署，1995 年，中宣部、国家教委、国家环保总局联合发布了《全国环境宣传教育行动纲要

(1996—2010年)》，其中第二部分第11条提出，到2000年，在全国逐步开展创建“绿色学校”活动。这是中国首次提出“绿色学校”概念。1997年3月27日，中科院钱易院士向清华大学提交“关于建设生态清华园的设想和倡议”，提出建设良性循环的生态清华园。1998年1月21日，清华大学完成“将清华大学建成绿色大学规划纲要”（初稿）。同年4月13日，清华大学向国家环境保护总局提交关于申请批准清华大学“创建绿色大学示范工程”项目的报告，并附上《清华大学“绿色大学”规划纲要》(第三稿)。1998年5月，国家环境保护总局签发《关于清华大学创建绿色大学示范工程项目的批复》（环发〔1998〕58号文），同意在清华大学实施“绿色大学”示范工程。1999年，由中共中央宣传部、国家环境保护总局和教育部联合颁布的《2001—2005年全国环境宣传教育工作纲要》，明确指出“在全国高校中逐渐开展创建绿色大学活动”，明确了绿色大学的主要标志。2000年5月，由世界自然基金会资助，在哈尔滨工业大学召开了“第一届全国大学绿色教育研讨会”，参加会议的有来自国家环保局、黑龙江省环保局、中国社会科学院、北京大学、南开大学、北京航空航天大学、东北大学、中国农业大学、中国矿业大学、华中农业大学、湖南师范大学、西南师范大学等政府组织与高校的专家和学者。会议就高校开展绿色教育、创建绿色大学等方面进行广泛讨论，并就如下问题达成共识：绿色大学的产生与全球环境问题密切相关，是时代的产物；绿色大学是一种办学理念的转变，其目标是培养有“绿色思想”的大学生；绿色教育任重而道远，组织者不应只是学者，还应该积极参与社会活动；绿色教育的教学研究人员应是环境自然科学与人文科学整合的人才，并积极在高校开设环境类课程；在高校建立主干课程，并争取将环境与可持续发展提升为必修课。教学内容包括观念、知识、规范三个层次，教学过程中体现行动、哲学及思维方式的变革。

2001年，清华大学成为首家由国家环保总局正式命名的“绿色大学”。之后，很多高校积极推进绿色大学建设，探索出各具特色的建设模式。清华大学以“三绿工程”为其绿色大学模式，即用“绿色教育”思想培养人、用“绿色科技”开展科学研究和推进环保事业、用“绿色校园”示范工程熏陶人。哈尔滨工业大学则提出“建好一个中心，搞好三个推进”的建设模式，即建好环境与社会研究中心，搞好“环境理论研究的推进、环境宣传教育的推进、环境直接行动的推进”。广州大学城构建了基于绿色交通理念下的绿色交通系统，推出建设“绿色校园、绿色服务、绿色人才”绿色大学培养体系。北京师范大学以“绿色教育、绿色校园、绿色行为及绿色人格”等作为建设绿色大学的内容。

关于“绿色大学”的概念到目前为止尚没有一个统一的界定。清华大学王大中院士认为：所谓“绿色大学”建设，就是围绕人的教育这一核心，将可持续发展和环境保护的原则、指导思想落实到大学各项活动中，融入大学教育的全过程。哈尔滨工业大学叶平教授认为：“绿色大学”主要指全面贯彻和渗透生态意识与可持续发展理念的新时代大学，是大学的“绿色”荣誉和形象，是在高等教育层面推进绿色文明的大学，是新世纪大学发展的文明方向，也是大学在促进社会可持续发展过程中的重要社会精神文明工程。北京师范大学王民、胡静认为：所谓“绿色大学”，就是指大学在实现教育、科研功能的基础上，以环境保护和可持续发展思想为指导，在学校全面的日常管理工作中纳入有益于环境的管理措施，充分利用学校内外的一切资源，全方位地提高师生环境素养的大学。南京师范大学李久生、谢志仁认为：所谓“绿色大学”，是指大学在实现其基本教育功能的同时，围绕人才培养这一核心，以可持续发展理论为导向，通过制订系统的绿色行动计划，开展有效的绿色教育活动，创设良好的绿色文化氛围，将可持续发展思想和理念融入大学的各项教育和管理活动之中，全面提高师生的环境意识和环境素养，培养具有可持续发展意识的新一代世界公民①。

作为环境教育和可持续发展教育的一种途径，绿色大学的内涵必然取决于环境教育和可持续发展教育的内涵。综合国内外研究现状，尽管“绿色大学”定义繁多，内容各有侧重，但其核心是可持续发展，即以可持续发展观念作为大学办学指导思想，并将其融入大学办学的各个环节，修正和完善大学发展规划、教育教学规划、科研规划、校园建设和管理规划以及相应的绿色化政策、体制和机制等。

---

① 王民：《绿色大学的定义与研究视角》，《环境保护》2010年第12期。

第二节　绿色大学的内涵与特征

一、绿色大学的内涵

目前，关于“绿色大学”概念界定虽然不统一，但在其内涵上基本达成共识：即指大学在实现基本教育功能的基础上，围绕人才培养这一核心，以绿色发展理念为价值取向，通过制订系统的绿色行动计划，开展有效的绿色教育活动和科研规划，创设良好的绿色文化氛围，将生态文明、绿色发展理念融入大学的教育、科研、管理、社会服务、文化等各项活动中，全面提高师生的绿色意识和素养，培养具有生态文明意识和绿色视野的高素质人才。

二、绿色大学的特征

从绿色大学的发展历程和内涵来看，绿色大学的职能是随着时代的发展而不断地变化的。从办学思想看，绿色大学把环境保护和可持续发展纳入到了大学的办学目标内。从内容与实施看，包括课程设置、课堂与课外教学、师生教育、学校管理、校园设施和文化建设等各个方面，也包括学校的计划、实施与评价等各个环节。从人才培养目标和模式看，培养具有环境保护意识和可持续发展价值取向，并且有建设可持续发展社会能力的未来，“制定正确决策和以有效的方式实施这些正确决策”①的合格公民成为大学的基本职能。概括起来，从中可以看出绿色大学具有如下特征：

（1）以可持续发展为价值取向。绿色大学是一种办学理念的转变，是一场大学办学方向和办学模式的重大改革。这场改革要改变传统以征服自然为主要对象的教育观，改变人类高高在上的价值观，以及向自然最大化索取和单一资源利用的技术观，建立以环境保护和促进可持续发展为根本目的的绿色教育观。通过可持续发展教育，为学生提供参与可持续发展实践所必需的知识、技能；引导学生运用所学的知识和技能去思考和解决实际生活中出现的环境问题；养成学生可持续发展的价值观

---

① 周海林：《可持续发展原理》，商务印书馆2004年版，第319页。

和道德观，以及相应的学习态度和工作习惯；培养学生的探求精神、生态文明意识、生态管理意识、全球意识，以及对人类和可持续发展的责任心；将节约和可持续发展的理念贯穿于人才培养、教学研究、学校行政与后勤服务等校园建设与管理的各个领域，最终目的是推进学校、社会、经济和环境的可持续发展。

（2）建设主体全员参与。绿色大学建设是一项复杂的系统工程，涉及组织管理、建设与发展规划、科研等各个方面，需要拥有完善的教学和科研设施、完善的环境管理体制，将可持续发展理念融入大学人才培养、学科建设、科学研究和校园建设的各个环节。绿色大学建设必须实现全员参与，既包括学校教职员工，也包括大学生和研究生在内的校区主体人群。

（3）以培养具有绿色思想的生态人才为办学目标。绿色大学一般通过教学和实践活动，致力培养具有环境知识、具备解决环境问题的技能、拥有良好环境道德价值观的生态人才，大学培养出来的学生能够自觉地形成一种环境道德责任，这些具有环境保护和可持续发展意识与可持续发展建设能力的高级人才，在工程实践中能自觉地应用环境与可持续发展理念，并内化为生态良心，能直接提供有益于环境与可持续发展的科研成果和社会服务。

近年来，我国许多高校相继开展了绿色大学研究与探索，积累了宝贵的经验。由南开大学、清华大学、北京大学三校首倡，国内 150 余所高校加盟的中国高校生态文明教育联盟成立，极大地推动了高校之间的合作，推动了绿色大学的建设和发展。

从以上可知，绿色大学的建设与发展具有非常重要的理论意义与现实意义。

第一，绿色大学是大学的时代特征及时代使命的直接表达。21 世纪被称为绿色世纪，低碳环保、绿色经济、绿色产业、绿色技术、绿色消费、绿色生活等环境观备受重视，绿色、健康、环保已成为 21 世纪人类发展的重要主题。在我国，进入中国特色社会主义新时代，社会的主要矛盾已转化为人民日益增长的美好生活需要同不平衡不充分的发展之间的矛盾，环境就是民生，青山就是美丽，蓝天也是幸福。在这一时代背景下，大学必须呈现绿色这个时代特征，积极开展环境教育和可持续发展教育，自觉承担保护和营造绿色、倡导绿色、以绿色理念服务人类可持续发展等时代使命。目前，我国许多高校顺应时代要求已加入建设绿色大学的行列，这代表我国高等教育正积极迎接时代带来的挑战，在大学办学理念、人才培养目标层面不断尝试新的突破。这些突破，不仅有利于推进我国生态文明建设，更有利于深化高等教育的内在改革，使我国高等院校在办学方向、思路和指导思想上发生积极的转变。

第二，绿色大学体现了大学发展的新方向和办学的新理念。绿色大学以环境保护和可持续发展为方向，以服务社会的可持续发展为新理念，彰显生态、和谐、发展的绿色主题，倡导人、自然与社会之间的和谐共存，宣扬环境公平、代际公平和发展公平的生态伦理及价值理念，营造生态文明和绿色文化，围绕培育生态新人这个核心目标开展绿色大学的创建工作，充分体现了大学办学的新方向、新战略，通过实施绿色教育、绿色科技、绿色服务和绿色人才培养，促进科学与人文教育的生态化有机融合，拓展大学教育的内涵及功能，有助于大学在创建社会绿色文明、推进环境保护和社会可持续发展中发挥先导性作用。

第三，绿色大学昭示着大学教育的新任务和新要求。绿色大学在完成大学基本任务的基础上，还要承担如下方面的新任务：一是实施绿色教育，培养绿色人才或新时代的生态新人；二是研究和探索环境保护和可持续发展所需要的知识和技术，为此要设置绿色课程，实施绿色管理、推出绿色人才，开发绿色科技，建设绿色校园以及倡导绿色生活方式等。三是传播和普及环境保护和可持续发展所需要的相关知识、思想和价值观，宣传生态文明及绿色文化，引领社会绿色消费、绿色行为和绿色生活等。这就要求大学把以环境保护、生态建设、生物多样性保护与持续利用等为主要内容的绿色教育渗入到自然科学、社会科学、思维科学等综合性教育和实践环节中，使之成为当代大学生基础知识的重要组成部分。

第四，绿色大学是环境保护和可持续发展的基本单位和基地，并在保护环境与可持续发展上成为表率。也就是说，大学自身应是绿色的、环保的和可持续发展的，同时还是推进环境保护和可持续发展的基地和创建绿色文化的中心。历史经验证明，任何生态环境问题，表面上是科学技术和政策问题，实质上是人的观念与素质问题，根本原因是人的价值观偏颇所致。联合国教科文组织在《学会生存》这一国际性文件中强调指出，“教育是一项巨大的事业，对人类命运具有强烈的影响”，“如果人们集中力量培养‘完善的人’，而这种人又会自觉地争取他们个人和集体的解放，那么，教育就可以对改变社会和使社会具有人性做出巨大的贡献”。简言之，通过绿色大学的创建工程，不仅可让大学生首先形成一种环保意识，成为社会环保的先行者，而且尤为重要的是大学生走出校园，能够以较高的素质逐步影响社会其他更多的群体，从而有利于全社会环保意识的形成和生态文明素质的整体提升。

第三节　绿色大学建设的内容与原则

绿色大学建设，就是围绕培养绿色人才或生态新人这一目标，将环境保护和可持续发展的原则、指导思想落实到大学各项活动中，融入大学教育的全过程。主要包括将生态文明理念融入绿色学科建设、绿色科学研究、绿色校园文化建设等三个方面，使大学生在此环境中通过知识获取、能力培养、环境熏陶而成为绿色发展人才。

一、绿色大学建设的内容与原则

（一）绿色大学建设的内容

（1）绿色学科建设。绿色学科建设是绿色大学建设的基础，它直接影响着绿色大学建设的成效。一所大学如果忽略了自身的绿色学科建设，那么绿色大学建设必将是空中楼阁。所谓绿色学科就是与绿色相关的学科，包括与生态、环境、资源等相关的学科，比如生命科学、地球科学、资源与环境科学、材料科学、能源科学、工程科学、科学技术哲学等。除此之外，还包括许多学科的交叉或融合，如新能源化学体系的构建就是能源科学与化学的交叉，环境污染与健康危害中的化学追踪与控制就是环境科学与化学的交叉。在很多绿色学科建设中，都需要基础学科如数学、物理学、化学等学科的支撑和帮助。

注重绿色学科建设和绿色教育，科学规划绿色教育课程设置，将绿色教育作为全校学生综合素质与基础知识结构的重要组成部分，贯穿在人生教育、发展教育、未来教育的始终，并与人文素质教育、科学素质教育、大工程观教育一起，共同完成认识提升和思想修养的任务。

建立适合高校大学生特色的课程体系，设置与生态环境相关的公共必修课和选修课。各院系可立足学科特点及优势，开设与我国现阶段环境问题紧密相关的绿色教育课程，并将绿色观念与可持续发展融入每一课程中，促进大学生环保意识不断增强、环保知识水平不断提升。鼓励大学生参加绿色协会的活动和绿色教育课外实践及研究活动，增强学习的趣味性、主动性，使其更深刻地理解环境保护，进一步增强环境保护的责任感。

（2）绿色科学研究。新一轮科技革命的显著特征之一是绿色科技引领。高校应充分整合各学科资源与优势，强化跨学科的绿色科学研究。为此，应建立较强的生态文明研究团队，围绕有关可持续发展史、生态文化、绿色经济、绿色教育等进行研究；加强与当地企业合作，将社会需求融入可持续发展研究，为高新环保、能源等产业变革提供理论支撑；瞄准世界绿色科技前沿，充分发挥基础研究作用，通过有重大影响力的研究活动扩大影响，提高利益相关者的参与意识，将可持续发展与社会发展相结合，建设规模化、集成化的高科技环保企业，为社会可持续发展直接提供技术和文化支持；加大绿色科研成果的推广转化、绿色产品研制及投产，通过绿色技术研发及推广，破解环保产业发展瓶颈问题；开发降低教学过程成本、提高教学效率的绿色教学技术和绿色教学试验；加强环境软科学研究，开发大学教育绿色管理手段，探索降低管理成本的管理制度改革。

（3）绿色校园文化建设。习近平总书记指出，良好生态环境是最普惠的民生福祉。同样，良好生态校园是广大师生的民生福祉，也是辐射社会的示范标杆。绿色校园环境是绿色大学建设的外在表现形式，绿色校园文化是绿色大学的重要标志之一，它们在绿色大学建设中发挥着至关重要的作用。高校具备人才、科技和文化等多方面优势，通过校园环境、生活和管理体系能够传递环境保护和可持续发展思想，帮助师生陶冶绿色情操，潜移默化地传播绿色知识和绿色理念，使师生养成良好的绿色行为习惯，同时积极参与校园环境的改善，从而提高生态文明素质。

（二）绿色大学建设的原则

（1）绿色原则。绿色大学首先要突出绿色主题，围绕主题塑造学校形象，营造学校环境，并把绿色主题贯穿办学理念、人才培养、科学研究、社会服务、文化传承、校园建设各环节及全过程，使之成为体现环境教育与可持续发展理念的真正现实文本。

（2）特色原则。绿色大学更要突出学校的绿色办学特色和亮点，使学校形象简洁、鲜明、独特、优良，达到净化、绿化、美化三位一体。为此，应以大学精神为核心，融物质文化、制度文化、精神文化于一体，突出品位与内涵。

（3）系统原则。对学校实行整体设计与规划，要求师生、专家、领导全员参与，各司其职，各负其责，进行全部门、全员、全过程、全方位管理，全面推进绿色学校建设工作。在具体实施过程中，做到目标明确，有方案、有计划。同时注重宣传，提高知名度和美誉度，争取广大职工和外界人士的支持，为创建绿色学校营造一个良好的内外部环境。

二、绿色大学建设的实施

在具体实施过程中，绿色大学建设应体现在以下五个方面：

（1）基于可持续发展观配置科研资源。通过可持续发展领域的技术研究以及人文社科研究，进行科技创新，推动绿色科技的发展。

（2）以可持续发展理念为引领，实施学科创新。改革教育体制及课程设置，将绿色融入大学教育的全过程，实现科学教育与人文教育的统一，注重培养学生参与可持续发展实践所必需的知识和技能。

（3）围绕资源节约和环境友好目标进行绿色校园建设及管理。对校园中人文景观和生态景观进行有机整体设计，对校园基础设施进行合理建设和科学的节能运行维护管理，形成一个在设计、建设、运行等各环节均体现节能环保思想的绿色校园。

（4）营造绿色校园文化。培养学生可持续的生活学习态度及相应的习惯，教育学生树立生态文明意识，自觉养成环境保护和可持续发展的责任心，鼓励学生积极参加大学生生态社团，通过社团开展绿色文化活动，实现绿色文化的多样性渗透、表达和广泛传播。

（5）促进可持续社会发展。大学应承担相应的社会责任和义务，向社区和社会提供的各种知识和技术服务，通过产学研结合带动地方经济社会的发展。

第十五章　国外绿色大学建设经验

第一节　美国绿色大学建设经验

一、美国绿色大学建设经验

总体而言，美国高校在绿色大学建设方面走在了世界前列，取得了较为显著的成效和可资借鉴的宝贵经验。主要成效体现在以下八个方面：

（1）以相关计划全面启动绿色大学建设。密西根大学早在 1989 年就制订并推行“全球河川环境教育”计划。该计划的远景是让申请参加计划的学校、学生及居民通过水质监测过程，了解社区河川及周边环境问题；鼓励参与者思考问题产生的根源及解决策略，并立足实际去解决问题；帮助学生从行动中学习各种学科及技能，并且能够加以整合；参与当地集水区的保护及监督工作等。这一计划的实施，有效推动了密西根大学的绿色大学建设。乔治·华盛顿大学则在 1994 年开始制定并实施绿色大学的前驱计划。该计划涉及大学生活的各个领域，如学校引导各种类型的绿色研究，提供健康关注和其他服务，创建管理组织和运行机制，提供设备、场地和基础设施等，其核心是将可持续发展观念与原则性道德标准深入到学校所有活动中，促进并改善环境管理与可持续发展中的领导工作和执行工作，将学校建成环境优秀和可持续发展的样板，成为全美甚至全世界的第一所绿色大学[①]。可以说，以计划启动和推进绿色大学建设，是美国高校绿色大学建设中可资借鉴的一种实践模式。

（2）以相关政策全面推动绿色大学建设。杜夫特大学在 1991 年就制定了绿色大学建设的环境政策说明书，一是让每个生活于校园中的成员

---

① 王东华：《绿色大学在国外的发展现状》，《环境教育》2005 年第 9 期。

认识和理解自身的环境责任，以及这些责任同大学其他工作人员的关系；二是确立将理论变为行动的指导思想或原则。杜夫特大学认为，成功的环保管理依赖于将理论转为实际行动，仅从理论研究上描述和解释建设绿色大学需要做什么，而缺乏在实践中的行动，是不可能建成绿色大学的[①]。所以，杜夫特大学发动并鼓励教师、职工与学生为学校减少废物、提高利用效率出谋划策，从实践层面引领并组织教师、职工与学生把理论或思想转变为行动。哈佛大学为建设绿色大学，制定了六项指导性政策：一是通过不断完善管理制度和管理体制，提高可持续发展能力；二是通过良好的建筑设计和校园规划，提高人们的健康水平、生产效率和安全性；三是提高校园生态系统的健康程度，促进本地植被呈现多样性；四是制定政策和发展规划，要求兼顾资源、经济和环境；五是鼓励在全校范围内实行环境满意度调查和引导学习相关管理制度；六是建立可持续发展的检测、汇报和逐步改进的监测机制。这些政策，既体现出哈佛大学建设绿色大学的基本思路，也为哈佛大学建设绿色大学确立了工作范围及目标指向[②]。

（3）以设置相关机构全面保障绿色大学建设。乔治·华盛顿大学为配合绿色大学建设前驱计划的实施，建立了新的内部管理方式：一是成立绿色大学推动委员会，设立专用办公室与专职行政人员；二是在推动委员会下又分设六大行动委员会，分别掌管学术计划、研究、公共建设与设施、环境健康、国际议题、对外发展六大任务。这就在管理层面上为绿色大学创建行动计划提供了组织保障。事实上，美国高校在启动和推进绿色大学建设的实践中，不同高校都设置了相应的领导机构，诸如环境委员会、绿色大学办公室、环境工作组、环境与社会机构、综合废物管理中心以及有关环境方面的联络网站等组织机构，这些机构负责制定高校环境方面的相关政策，并组织、指挥、引领高校开展绿色大学建设的实践。

（4）以实施绿色项目推进绿色大学建设。美国的布朗大学、乔治·

---

① 韩延伦：《美国高校建设“绿色大学”的经验及启示》，《大学（学术版）》2011年第3期。

② 刘猛、龙惟定：《国内外绿色大学简介》，《智能建筑与城市信息》2007年第4期。

华盛顿大学、密西根大学等高校，在制订其绿色行动计划或方案时，都是依据绿色大学建设的任务和内容分类，以制订或设立环境项目的方式，把环境教育教学与环境研究及可持续发展观念相结合，深度推进绿色大学建设，并取得实际成效。在这些大学中，特别是布朗大学较为典型，一定程度上可说是以环境项目的实施来推进绿色大学建设的范例。例如“绿色布朗”计划中有一个回收项目，其中能够回收的原料包括：起皱的纸板、空白纸、混合办公纸、报纸、玻璃瓶、限制种类的塑料袋、食物、木材、汽车、白色货物或工具、车辆电池、用过的润滑油、电话簿和金属废料等。具体做法是：在宿舍，每间房屋提供一个白色的桶用来收集可回收物，之后再由学生负责把白色桶里的可回收物分别投入楼前分类放置的大箱柜里，管理员每周清理两次。“绿色项目”不仅明确指出不同的“绿色行动”内容及范畴，而且对“绿色行动”的环节设计也比较细致，基本渗透到校园的各项日常生活中，培养了师生员工的环境意识和观念，深入推进了绿色大学建设。

（5）让周围环境问题进课程，深度推进绿色大学建设。美国高校环境教育课一般有两种，一是环境研究主修课，学生可以深入域外视界研究环境；二是广义上的环境教育，它是针对非主修环境研究的学生，这类课程的一个特点是，把环境问题作为环境教育课程的一个主题引入，而不是把它作为环境研究项目的一部分。无论是哪种类型的环境教育课程，一个明显的特点是：这些课程的内容主要来自身边及周边地区的环境问题。为了环境研究，不同高校均为学生设计了不同的方案，包括参加实习期项目、跨学科学位项目以及社区服务项目等。就目前而言，美国各大学都支持环境研究主修课，80％以上的学校至少提供一门环境研究课。但实际上，广义上的环境教育已经超过了环境研究主修课，主要因为它仅对身边的环境问题进行关注和解决。

（6）以成立学生环境组织、参与绿色行为，推进绿色大学建设。在美国高校，学生成立的相关环境组织以及广泛开展的绿色行动，是美国绿色大学建设的重要组成部分。学生组织的校内外社区服务、校内外绿色网站建设、校际绿色联合行动、社会环境保护的知识宣传、所在地区以及周边地区的环境调查等，不仅能有效地培养学生对环境问题的感知力，提升学生环境保护意识，而且也有利于扩大高校影响社会的辐射力。

（7）以广泛开展国际性交流与合作，全面推进绿色大学建设。1994年在Heinz基金的赞助下，来自22个国家和美国50个州的540名教师、学生和行政人员代表在耶鲁大学召开校园地球峰会（Campus Earth Summit），勾勒“绿色校园的蓝图”，其目的是为全球高校共同建设一个可持续的未来提供建议。它包括把环境知识融入相关学科；开设更多与环境相关的课程，为学生研究校园环境和地区性环境议题提供机会；让学生进行环境监测的实践；建立合乎环境要求的购买政策；减少环境废弃物；提高能源的使用效率；在进行校园土地利用、交通和建筑规划时，优先考虑环境的可持续性问题；成立学生环境中心；为环境专业的学生提供就业机会等。自1996年始，在美国印第安纳州的波尔州立大学，每两年一度举行“校园的绿色化”（Greening of the Campus）研讨会，以汇聚世界众多大学校园可持续发展研究与实践者的经验等。举行这种国际性高校环境问题的交流与探讨，是美国高校建设绿色大学较为显著的特点，它不仅有力地推动了美国高校绿色大学建设，而且通过搭建高校经验推广平台，为世界各国高校绿色大学建设提供了重要指导。

（8）以评估为契机，全面保障绿色大学建设质量。华盛顿州立大学列出一系列评价指标，以问卷方式评价其重要程度，其中最为显著的几项指标包括减量/再利用/资源回收、水质与用水、运输、社区意识、空气质量、教育、人类生态、人与环境的关系、生物多样性等。此外，美国国家野生生物联盟（National Wildlife Federation，NWF）就资助的校园生态计划每年进行调查，评估大学校园生态工作的绩效。虽然NWF使用的是定性研究，仅以问卷调查访问校长、主管单位职员，了解各校是否对于特定项目开展工作，并非以实际环境调查数据为基础进行量化评估，但其所列出的项目很具参考价值。其主要内容包括12项：设定与检查目标，设立环境机构，训练学生、职员和教师，独立研究与学生的服务学习机会，教育与工程的整合，教师在环境议题方面的在职进修，水资源保护—用水效率的提升，能源效率与保护，平均转学率，活动层次与回收物资种类，整体景观，整体运输需求管理。

在此基础上，许多学者开始关注绿色大学量化评估研究。Shriberg 认为，利用跨机构评估工具可以定量评价大学教育政策与制度的可持续性，并与团队整合了一套可持续性评量问卷和指标。Creighton 指出，环境稽核能够让大学了解问题与绩效所在，与评价指标相关的数据必须包括定性数据、量化数据、采购数据与标准化数据，以进行不同面向的比较与分析。

二、美国绿色大学建设启示

（1）因地制宜，制订绿色大学建设计划。从美国高校绿色大学建设的经验来看，不同高校都制订了能够体现自身特色的“绿色行动”计划，这些计划并不是盲目模仿，也不是所谓高大全式宏伟蓝图，而是基于对绿色大学的认识，依据自身条件而量身定做，充分体现了美国高校绿色大学建设的特色。

一般而言，计划是未来行动的方案，而不是应景式的沙盘，因此，制订计划应做到：一是必须结合自身实际；二是必须明确计划目标、拟采取的行动及行动的范围；三是必须明确责任分工。否则，制订的行动计划极有可能因脱离自身实际而导致实效性差。美国高校的绿色大学建设能够取得成效并持久推进，一个重要原因就是制订了适合自身实际、具有现实性和可操作性的行动计划。因此，高校建设绿色大学，必须科学而审慎地制订计划，简单地模仿或盲从，不仅难以形成自身建设特色，而且也难以持久推进。

（2）成立专门的组织管理机构，制定相应的环境政策。绿色大学建设是一项复杂系统工程，是高校改革人才培养模式的一项创新举措。因此，设置专门的组织管理机构，不仅为绿色大学建设提供组织保障，同时也是为高校在启动和推进绿色大学建设而造势的有效策略。成立专门的组织管理机构，绝不是应时之举，而应是常设机构，并应赋予组织、指挥、引领和评价的权力。

绿色大学建设必须要有相关政策支持。高校制定相关环境政策不仅反映高校绿色大学建设的基本方针和指导思想，同时也为高校推进绿色大学建设确立明晰的价值取向和基本行动框架。如布法罗大学、哈佛大学等制定的相关环境政策，有效规范了高校自身的绿色大学建设实践，有力推进了全校绿色项目的实施。

（3）科学设置环境教育课程。环境教育课程是高校绿色大学建设不可或缺的组成部分，美国高校对这一问题均给予了重视。但值得关注的是，美国高校的环境教育课程，特别是面向非专业的全体学生的环境教育课程，并不是单纯地讲授关于环境问题的相关知识和技术，而是通过师生的社会调查或资料收集等环境行动，把身边或周边地区的环境问题，纳入环境教育课程内容之中。因此，面向非专业的全体学生开设的环境教育课程，就不再是那种单纯学术化的知识和理论体系，而是把现实生活融入环境教育中，针对身边环境问题设置日常化和生活化的环境教育课程。这样既有利于培养学生的环境意识和责任意识，也有利于学生对环境问题进行思考，对“绿色行动”进行决策。

（4）注重环境教育的全员参与、全程参与、全方位参与。师生是大学环境教育的主体。教师和学生开展的环境问题调查、对学校环境项目状况的评估与审计等环境行动，既是美国高校全面推进绿色大学建设不可或缺的力量，也是师生自主自觉环境意识和责任意识的充分表达。绿色大学建设如果仅仅关注自上而下的组织、指挥，而没有广大师生的自觉参与，就可能只是快餐式的追风行为，不仅缺乏可持续性，而且会直接导致绿色大学建设的形式化。因此，只有充分尊重和发挥广大师生的自觉性、主动性和积极性，才能使高校绿色大学建设落到实处。

（5）关注学生环境组织行动的自我教育性。在高校绿色大学建设的实践过程中，每所高校都重视学生环境组织建设及其所开展的环境行动，但如何让学生在其环境行动中接受环境教育，形成环境责任意识以及确立生态伦理观等，这才是绿色大学建设的关键和宗旨。组织学生开展环境清洁、垃圾回收等绿色行动，是绿色大学建设的必要内容，但还不是全部，更不是关键。从美国高校绿色大学建设的经验来看，组织学生开展校内外绿色环境行动是培养绿色人才的重要途径和方式，关注的是环境行动的教育性，关键是让学生在绿色环境行动中形成环境意识和责任感，思考环境与可持续发展以及人与自然、人与社会、人与人之间和谐共生的生态伦理等问题，而不是把学生的绿色环境行动简化为义务劳动或简单的技能训练。

(6) 重视多层面多主体间的交流与合作，寻求政府及社区支持。绿色大学建设是生态文明建设的重要组成部分，高校与政府、社会及所在社区的合作与交流是全面推进绿色大学建设的重要途径。所以，绿色大学建设首先应积极与政府合作共建，寻求政府政策及经费等方面的支持；其次，应与社会相关环境组织或机构合作，搭建环境行动与研究的联合平台，共同开展相关环境问题或环境项目研究；再次，应积极寻求与所在社区之间搭建联合共建的伙伴关系，构建一体化的绿色社区；最后，应重视国际、校际交流与合作，探讨并交流绿色大学建设实践经验以及遇到的实际问题。

(7) 强化绿色大学建设评估工作，以评促建，持续改进。评估是有效保障绿色大学建设质量、实现可持续发展的重要措施。校园拥有大量的建筑群，是社会能耗的大户，尤其是大学校园，设施多、人口稠密、能源与资源消耗量大，产生的污染量相应也大。日本曾对东京都的能源消费及碳排放量进行统计，东京大学和京都大学均排在前面。我国大学生的人均能耗指标也明显高于全国居民人均能耗指标，这预示着，校园蕴藏着节能减排的巨大潜力，可以在节能减排方面为社会提供低碳行动计划标准和经验。因此，对绿色大学建设进行评估是提高绿色大学建设质量的重要举措。从美国绿色大学建设经验看，许多高校非常重视评估，或自我评估，或委托第三方机构进行评估，综合运用定量和定性研究评价绿色大学建设的实际效果及存在的差距，以此保障绿色大学建设质量和可持续发展。

第二节　英国绿色大学建设经验

一、英国绿色大学建设经验

(1) 设立环境专家委员会，提倡绿色教育中的共同责任。英国政府在继续教育和高等教育方面设立了环境教育专家委员会，1993 年出版了《环境责任——一个关于继续教育和高等教育的议程（1993 年）》即“托恩报告”，使绿色行动得到了官方认可，具有了更高的信誉和更为广泛的基础。在此基础上，英国于 1997 年由 25 所大学共同成立了高等教育 21

委员会（The Higher Education 21，HE-21），拟定关于高等院校可持续发展的行动策略，强调环境管理系统中的持续改善，开发了针对环境、社会与经济方面的评量指标。在 HE-21 的绿色大学策略中，负责大学运作的职员被视为评量指标的重点宣教对象，他们必须充分了解朝向绿色大学目标迈进的具体措施。

（2）注重跨学科绿色课程建设，实现优势互补。1990 年到 1993 年间，英国在继续教育和高等教育的绿色行动方面出版了两份报告：一份立足于大学实践活动，另一份着眼于课程安排。为了满足绿色课程建设需要，英国大学以志愿的方式形成了一支跨学科师资队伍，包括社会学、生物学、历史学、建筑学、哲学、工程学、信息技术、经济学、海洋学等方面的专家和学者。在有些大学中，志愿者还包括一些高级管理人员。例如，在爱丁堡大学，校长建立了沃丁顿（Waddington）基金，用来调动参与者的积极性，增强参与者的环境责任感，保证此项活动的可持续性。随着绿色大学建设的推进，英国还通过法律和经济的方式强化大学的环境教育责任感，推动大学积极响应斯德哥尔摩、第比利斯会议等国际会议的倡议，提倡跨学科的终身环境学习和承担环境责任。

（3）实施环境责任整合，全方位推进绿色大学建设。许多大学在房地产、能源、用水、用电、购买等方面采取了相应节约措施。例如，爱丁堡大学是英国大学中开创和推动能源保护做得最多的大学，尽管该校拥有 160 座建筑，不动产持续增加，学生人数不断上升，然而其能源消耗却比以前有所降低，主要是因为爱丁堡大学沿袭建筑方面的教学和科研传统，实施绿色建筑研究，提高能源节约。另外，由能源和环境小组领导建立的共同能源管理策略也起了重要的作用。大学通过制定合理消费标准、采取严格控制手段使校内及校外人员节约消费用品和服务。诺森伯兰大学的做法是响应欧盟于 1992 年 3 月制订的生态标志奖励计划，用来评价商品的环境保证。同时，大学还与地方政府、技术和教育委员会、企业代理、法律体系和非政府组织合作，探寻如何实现当地 21 世纪议程中所预定的目标。这些措施，不仅促进了许多大学成立环境学院，增设环境研究、环境管理及与环境有关的系所，而且还促进了大学参与改善学校实践、可持续发展实践以及提高环境责任感的活动。

（4）以实现三位一体环境教育目标为宗旨，深度推进绿色大学建设。英国大学以卢卡斯模式为基本原则与理论框架，主要围绕三个问题进行，即“关于环境的教育”、“为了环境的教育”和“在环境中的教育”。其基本内涵是：“关于环境的教育”目的是增长学生的环境知识，提高理解力，偏重知识技能的传授；“为了环境的教育”强调发展学生对环境及环境问题有见识的关注，目的是强化学生的环境伦理和保护环境的自觉性，偏重于价值观与情感态度的培养；“在环境中的教育”强调把环境本身作为有效的学习资源，提倡学生在真实的活动中增长知识和提高理解力，培养调查、交流和协作等技能，从中激发保护环境的情感。

根据以上原则，英国生态学校将可持续教育目标确定为：

第一，在知识、技能方面，掌握关于环境的基础知识，使学生能够识别现实和潜在的环境问题，能够独立或参与集体活动收集环境信息，并在此基础上，能够提出不同观点，得出客观公正的判断，理解环境问题之间的相互关联性，知晓并运用现代社会机制来促进环境变化与改善。

第二，在情感态度和价值观方面，引导学生对自然环境的欣赏和对人工环境的批判意识，增进对环境理解的愿望，有积极参与环境改善、积极参与环境决策和公开发表个人观点的愿望，并采取行动调整相应的态度与行为。

二、英国绿色大学建设启示

与美国的大学一样，英国的大学也非常重视提高广大师生的环境意识与保护环境的自觉行为，在绿色课程、管理与运作方面均做出了重要探索。不同的是，英国重点围绕环境责任而多方推进。

第一，多管齐下，强化绿色大学建设中的环境责任。英国以法律规范、经济节约、社会期望、师生参与等多种方式促进绿色大学建设。从法律角度，要求大学承担环境保护法律责任，实现最大的保障，最小的风险；从经济角度，明确大学不断增长的经济压力，做到降低成本，保护资源；从社会角度，响应政府和社区制定的政策，做到与政府机构、事业组织、社区合作，营造良好的外部环境，争取外部力量支持；从师生角度，了解师生对环境期待的美好愿望及对环境知识的需求，鼓励师生积极参与绿色大学创建活动。通过多方努力，加之许多学校把环境管理系统运用于日常管理活动中，并加强环境审计约束，英国高校在降低能源消耗、减少废弃物、节约消费等方面取得显著效果。

第二，开发绿色课程，强化个人、社会和职业环境责任感。英国发表的《共同的遗产》白皮书，提倡对环境的关注应体现在科学、工程学及其他课程中，“托恩报告”还特别强调能够增强环境责任感的课程。英国的环境课程经历了三个阶段，20 世纪 60 年代末至 70 年代初，开始在一些大学和职业技术学校开设环境课程，这是环境教育的萌芽阶段；20 世纪 80 年代，与地理、生物、化学等学科联合，设置跨学科的环境学位，这是环境教育的第二阶段；1990 年以来，申请环境教育课程的人数逐年增加，到 1993 年增加到 12000 人，这是环境教育第三阶段，也是环境学科走向多样化时期。在此基础上，教育者逐渐尝试绿色交叉课程的开发与建设，并试图使所有学生得到教育与培训，这一做法得到国际社会广泛认同。

第三，以实践活动为载体，鼓励学生为环境做出行动。英国绿色大学建设的总体策略是“鼓励学生为环境做出行动”，在环境实践活动中，增强学生的环境责任感。其一，把校园作为教育教学的主要资源，重视学校校园绿化及校园生态的布置，通过宣传栏展示学生作品、举行各种仪式活动促进环境教育目标的实现。其二，重视实践活动课程的设计和方法，将实地探究作为主要教学手段与途径，鼓励学生在实践活动中分析环境问题，思考解决环境问题的对策。其三，关注学生在活动中合作精神的培养，重视学生在环境方面知识、技能、情感态度、价值观等方面的有机统一，重视学生综合素质的培养与提升。

第四，建立多层面的配合，保障绿色大学建设效果。为保证生态学校建设效果，英国生态学校实行了一项由英国 Tidy Britain Group 管理，Going for Green 组织支持，SITA 环境信托基金会及可口可乐青少年基金会赞助的计划，鼓励家庭、社区与学校配合，协同推进环境教育和可持续发展教育。

第十六章　中国绿色大学建设现状与对策

第一节　中国绿色大学建设现状

为贯彻《中国21世纪议程》，中宣部、国家教委、国家环保总局联合于1995年发布《全国环境宣传教育行动纲要（1996—2010年）》，首次提出“绿色校园”概念。1998年5月，国家环保总局批复了清华大学关于创建绿色大学示范工程的报告，从此，我国绿色大学建设工作逐步进入普及阶段。在此期间，很多高校积极推进绿色大学建设，探索出各具特色的建设模式。例如，清华大学以“三绿工程”①（“绿色教育”“绿色科技”“绿色校园”）为模式，重点推动校园大气净化工程、校园水治理工程、园林景观建设工程。哈尔滨工业大学则提出“建好一个中心，搞好三个推进”模式，即建好环境与社会研究中心，搞好“环境理论研究的推进、环境宣传教育的推进、环境直接行动的推进”②。广州大学城构建了基于绿色交通理念下的绿色交通系统，推出了建设“绿色校园、绿色服务、绿色人才”的绿色大学培养体系③。北京师范大学以“绿色教育、绿色校园、绿色行动及绿色人格”④ 等作为建设绿色大学的主要内容。

---

① 于吉顺：《“绿色大学”的研究与探索》，《北京林业大学学报》（社会科学版）2009年第12期。

② 于吉顺：《“绿色大学”的研究与探索》，《北京林业大学学报》（社会科学版）2009年第12期。

③ 张玉珠、李云宏、季竞开：《导入“6S”管理理念创建“绿色大学”》，《中国冶金教育》2016年第5期。

④ 骆有庆、李勇、贺庆棠：《我国绿色大学建设的实践与思考》，《北京教育》（高教）2014年第5期。

2001年5月，《2001—2005年全国环境宣传教育工作纲要》下发，明确提出国家要在全国高等院校逐步开展创建绿色大学活动，并指出绿色大学的主要标志：学校能够向全校师生提供足够的环境教育教学资料、信息、教学设备和场所；环境教育成为学校课程的必要组成部分；学生切实掌握环境保护的有关知识，师生环境意识较高；积极开展和参与面向社会的环境监督和宣传教育活动，环境文化成为校园文化的重要组成部分，校园环境清洁优美。至此，绿色大学创建工作全面展开。这一时期主要以2003年党的十六届三中全会提出的科学发展观为标志，表明绿色大学建设进入一个新的发展阶段。2004年党的十六届四中全会提出构建社会主义和谐社会；2007年党的十七大报告首次提出生态文明；2012年党的十八大报告创造性地提出“五位一体”总体布局，首次把“美丽中国”作为生态文明建设的宏伟目标，将生态文明建设提到关系人民福祉、民族未来长远大计的高度；2017年党的十九大报告指出，必须树立和践行绿水青山就是金山银山的理念，建设美丽中国，为人民创造良好生产生活环境，为全球生态安全做出贡献，并提出要加快生态文明体制改革，建设美丽中国，开展绿色家庭、绿色学校、绿色社区和绿色出行等行动。这些极大地推动了绿色大学建设的步伐。

我国绿色大学创建工作经过二十多年的探索，积累了宝贵经验。北京大学成立了生态研究中心，清华大学成立了生态文明研究中心，北京林业大学成立了生态文明教育研究中心、美丽中国人居生态环境研究中心、森林康养研究中心、西南生态环境研究院和白洋淀生态研究院等；复旦大学以环境科学与工程系为主，围绕“生态文明和规划学科新机遇”，整合相关多学科资源，尝试跨学科进行生态文明教育；由南开大学、清华大学、北京大学首倡，国内150多所高校加盟的中国高校生态文明教育联盟的成立，将有力推动高校之间的沟通与合作。

一、中国绿色大学建设现状

（1）组织机构。国家环保总局宣教中心对申报创建绿色学校提供的材料显示[①]，绿色大学建设示范高校的组织机构比较健全，均成立了绿色

① 焦志延、曾红鹰：《全国绿色学校发展现状分析》，《环境教育》2001年第1期。

校园管理委员会，由校长或主管副校长担任委员会主任、各职能部门的领导担任委员，主抓全校的绿色校园建设工作。同时，节能管理办公室等相关执行部门负责各项节能工作的执行实施；资产资源管理处、科技处等部门均积极参与或配合绿色校园建设的各项工作；相关领域专家为保证绿色校园建设工作的顺利进行提供技术支持；环境教育发展水平较高的学校甚至还有学生、家长和当地环保局及教育局代表参与管理。这些反映了高校对环境教育工作的重视。

相比之下，一般普通高校对绿色大学创建多数没有引起重视，缺乏创建绿色大学的意识，大部分高校没有主管领导牵头建立常设机构，校园能源管理仅仅局限于后勤集团或水电中心，没有把绿色管理体制纳入行政专职岗位范畴，仅实施单一的项目化管理，缺乏稳定的长效机制，难以维持绿色大学建设的可持续发展。

（2）管理制度。绿色校园管理制度的欠缺和执行力差是当前高校普遍存在的问题。由于绝大部分高校的能源使用费用由学校支付，因此极少有高校将具体的能源使用费用向广大师生公示。在调研的十多所高校中，仅有22％的师生了解自己的能源使用情况，其中示范高校的比例为24％，略高于普通高校（其比例为18％），而仅有9％的师生了解所在学校的水资源使用情况。为此，应将能源消耗量等相关信息向广大师生进行公示，再结合相关节能奖惩制度，将能够有效地鼓励广大师生员工自觉节能。当前，仅有少数学校建立了奖惩制度、举报制度、舆论宣传制度。

（3）绿色教育。多数学校已将环境教育看作学校课堂教学的重要组成。为推动本校的环境教育工作，制订了工作计划，有明确的环境教育目标、教学内容、教学方法等，还有的学校自编了环境类教材，组织教师备课，开展丰富多样的课外活动，这为落实学校的环境教育教学和活动目标奠定了基础。目前，高校绿色课程教育主要体现两个方面：一是以可持续发展为目标的面向全校开设的通识教育；二是以可持续发展为目标的专业课程教育。在调研的十多所高校中，平均有30％的学生（教师）选修（讲授）了可持续相关课程。相比之下，理工类高校所占比例高于综合类、师范类院校，这主要和开设的课程类别有关。在开设的课程中，大多数课程均为建筑类、能源类、环境类课程，占可持续课程比例的 77%，而综合、师范类院校仅有经济类课程开设了与可持续发展相关的课程。

(4) 绿色科研。各高校在可持续发展领域纷纷展开了绿色科学研究，特别是在建筑、环境、能源、汽车等学科领域展开较多，并促进科技产品的转化和应用。以理工类个别高校为例，在以空调节能为核心的建筑节能技术科研领域，取得了具有知识产权的“城市级空调节能集中监管平台”“空调集成优化管理控制系统”“中央空调和分体空调的室内温度监控新技术与装置”等成果，初步形成了“城市级空调节能集中监管体系”成套技术及产品，并获多项国家发明专利。在南方建筑节能技术基础研究方面，取得了被动蒸发冷却、隔热遮阳节能技术基础成果；研制了热湿气候风洞实验检测方法；2010 年研发出具有完全自主知识产权的风电功率预测系统，尝试为风电场提供解决发电功率精确预测与上报方案。

(5) 校园能源资源节约。校园能源资源节约是绿色校园建设的重要内容，特别是在住建部节约型校园建筑节能监管体系建设补助资金和校园节能改造专项资金等激励下，部分高校开展了校园节能改造和节能专项，主要集中在光伏系统、照明改造、节水器具等方面。

(6) 绿色文化。绿色校园文化对绿色人才培养具有重要的推动作用。各高校通过绿色、可持续发展公益活动、论坛、讲座、竞赛以及社团活动等多种方式，营造绿色校园文化。有的学校为学生提供环境类图书资料、音像、教学设备和场所，特别是为学生购买的环境教育课外读物，几乎做到人手一册；有的学校利用计算机为师生及时提供网上环境信息，供学生查看；有的学校还建有环境展室、环境实验室、环保多媒体教室、地理园、气象园等，供学生参与体验。多数学校非常重视校园绿化工作，鼓励学生创办环保社团，建设环保宣传窗、设立环保标语牌等。相比之下，示范高校在该领域所开展的工作要明显多于普通高校，而理工类高校略高于其他类型高校。

(7) 经费来源。住房和城乡建设部、教育部和财政部设立了节约型校园建筑节能监管体系建设补助资金和校园节能改造专项资金，用于支持各高校节约型校园的申报和建设工作。此外，各高校还有专项修缮资金，用于校园节能改造工作。近年来，绿色校园建设走在前列的省市相关部门也设立了平台建设和节能改造的相关基金，供高校申请。但平台建设和能源资源节约专项所需建设资金非常大，为此还需各高校配套相当比例的经费。大多数高校建设资金严重缺乏，一定程度上阻碍了绿色大学建设的进展。

二、中国绿色大学建设中的问题及原因

（一）中国绿色大学建设中存在的问题

中国绿色大学建设至今已有20多年的历史，虽然取得一定成绩，但总的来看还存在一些问题。从地域上，各地创建和发展水平参差不齐，西部和北部整体上落后于东部和南部，这与社会和经济发展水平大体相吻合。从内容与方式上，存在着宣传重于教育、理论重于实践、观念重于行动、知识传授重于素质培养、课堂教学重于社会参与等问题。

第一，观念片面，将绿色校园建设等同于绿色大学建设。目前，在绿色大学建设的过程中，存在着把绿色大学建设等同于大学环境绿化的现象。与此相应，偏重大学硬件建设，把建设绿色大学的重点放在了绿色校园建设的硬件方面，为此投入了大量的人力、物力、财力和精力，而对大学软件建设比较忽视，特别是忽视对人的绿色教育和绿色人格培养，这就偏离了绿色大学建设的宗旨和目标。诚然，绿色校园建设是绿色大学建设的重要组成部分，也是绿色大学建设过程中最基础、最容易实现的部分，但它并不等同于绿色大学建设。绿色大学要求学校各项工作都应体现环境教育特别是可持续发展教育理念，不仅要建设绿色校园的物质层面，更重要的是建设融物质、制度、行为、精神于一体的、整体的校园绿色文化，使绿色文化氛围和导向贯穿于学校的建设、管理、教学、科研和实践中，融入人才培养的各个环节，并以学生为核心，从学校的规章制度顶层设计到课程实施都要体现环境保护、生态文明和可持续发展思想，从而促进广大师生环保意识、绿色素养和生态文明意识的不断提升，最终实现社会的可持续发展和人的全面发展。

第二，缺乏系统性，没能稳定持久地推进绿色大学建设。建设绿色大学是一个长期的系统工程，需要稳定持久地进行建设与实践。但在创

建过程中，许多高校没能把人才培养、办学理念、学科建设、教学科研、校园环境、文化建设、社会服务有机统一，形成合力，且在创建过程中缺乏长期性和持久性。例如，部分学校开始申报时积极性较高，在申报过程中提出建设规划和任务，但随着建设工作的展开慢慢松懈下来，或碰到一些难题，没有经过认真分析或交流便半途而废，工作缺乏稳定性和持久性。

第三，投入不足，学生的绿色意识有待进一步提高。实地调研发现，很多高校缺少专业教学场所和设备，教学所需资料和相关信息更是缺乏，基本没有形成环境保护、可持续发展的完整课程体系，仅有的相关课程只是以公选课、研讨会和讲座的形式开展。这说明很多大学的顶层设计不够充分，对绿色大学创建的重视程度不够，没有形成统一的指导与规范，更没有具有保障性的资金投入。有的学校虽然成立了绿色大学建设办公室，但实际上并未运行，几乎是形同虚设。现有的绿色教育由于缺乏体系与评价，大多体现在理论或书本层面，教育方式刻板单一，缺乏行之有效的绿色实践活动，学生难以对生态文明知识产生理解并引起共鸣，这离绿色大学教育目标还有较大的差距。

第四，缺乏评估，绿色大学创建效果难以衡量。科学合理的评价体系是创建绿色大学的关键措施之一。目前，我国学界对绿色大学评价指标体系还没形成统一的观点。由于综合类大学、师范类大学、理工农医类大学、艺术类大学的人才培养方式与途径各不相同，所以评价指标也各不相同，虽然总体是围绕绿色校园、绿色科研、绿色管理、绿色教育、绿色实践等五个一级指标，但具体每项一级指标下面所包含的内容及其标准却很难统一，一定程度上影响了我国绿色大学创建的积极性。因此，建立一套科学合理的绿色大学评价指标体系是当前推进绿色大学建设的当务之急。“教育部门可以单独建立一套绿色大学的评估体系，也可将有关要求渗透到目前正在全国范围内开展的本科教学水平评估体系中，有利于促进高校进一步明确绿色理念。”①

① 续建华：《绿色大学创建现状与对策分析》，《前沿》2006年第9期。

（二）中国绿色大学建设存在问题的主要原因

导致中国绿色大学建设问题的原因很多，主要原因如下：

第一，盲目模仿，高校建设缺乏地域个性。近年来，高等教育的快速发展，使许多大学建设从立项到规划设计缺乏个性，千篇一律。忽视校园地域性、基地特征及周边环境等自然因素，更缺乏可持续发展意识和内涵，与周围城市文化、环境生态、能源结构之间的关系缺乏深层次的考虑与有效链接等。

第二，学科间隔过大，跨学科师资队伍缺乏。目前高校规模不断扩大，学科划分越来越细，而各院系过于独立使学科间联系较少，造成学科之间的隔阂不断扩大，不利于实现跨学科组建师资团队、跨学科进行科研攻关、跨学科参与校园建设和社会服务等。由于师资队伍难以优势互补，一定程度上影响了绿色大学的深度推进。

第三，缺乏整体规划，绿色教育不系统。人才培养和办学理念缺乏绿色意识、课程设置不合理、教学形式单一、教学实效性不强。虽然教育部将环境科学作为一级学科，还设立了专门的环境教育委员会，但绝大部分高校并没有把提高学生的环境意识和生态文明素质作为重要培养目标，甚至许多大学没有给非环境类专业的学生开设绿色教育的必要课程，导致学生环保知识匮乏，环境意识淡薄。在教学形式上，很多学校仍以教师课堂传授为主，没有开展丰富多彩的活动或借助现代教育手段使学生深切感受到绿色教育的必要性与责任。为此，需把环境教育和可持续发展理念与内容贯穿于人才培养、办学理念、教学科研、校园环境、文化建设、社会服务等各方面，使之成为一个系统，形成合力，最大限度地发挥作用。

第四，缺乏有效保障，不能稳定推进。虽然多数学校成立了环境教育方面常设的校级领导机构，但实际运作不够或者缺乏运作能力。一是重视程度不够，多数学校的绿色大学建设没有落到实处。二是相关专业人员素质达不到要求，难以形成一支推进绿色大学建设有效运行的力量。三是经费缺乏，不能有效支持或激励广大师生的创建活动。四是针对建设本校绿色大学建设的科研项目不够，难以实现以研促建的效果。

第二节 中国绿色大学建设对策

一、高度重视绿色大学建设

生态文明建设是时代发展的需要，是实现人与自然协调发展的必然途径。目前高校建设绿色大学是落实生态文明建设的重要任务之一，也是新时代落实立德树人的根本要求，因为绿色大学建设水平不仅直接影响着绿色理念和可持续发展思想的传播，而且绿色大学建设过程中所培养出的生态人才必将是传播绿色精神和理念的生力军，他们将积极主动参与到绿色行动过程中，积极推动生态文明建设，这对我国社会生态文明的发展具有重要的价值和意义。为此，高校要从高等教育发展战略角度充分认识到生态文明建设的重要性，学校各个部门和广大师生要深刻理解绿色大学创建的意义和紧迫性。同时在建设过程中要摒弃将绿色大学建设等同于绿色校园建设的片面观念和做法，使可持续发展理念贯穿于绿色大学建设的各个环节，将绿色大学创建的内涵从技术层面上升到文化的高度。

二、制订切实可行的建设规划

绿色大学的建设要付诸实践并产生实效，必须有一套科学合理的规划与制度予以保障。在此基础上，还需制订详细的绿色大学建设计划并通过定期评估、监控和反馈。制订科学合理的建设规划和制度，实行严格周密的监控与评估，这不仅有利于将绿色大学建设尽早提上议程，而且使绿色大学建设项目的实施有章可循，从而更有利于绿色大学建设稳定持续进行。

三、完善绿色大学建设体系

绿色大学建设是一个完整的有机整体，在建设过程中应该将校园文化、学生培养计划、课程设置体系、绿色实践活动、学生社团等与绿色大学建设紧密结合起来，构建完善的绿色大学建设体系。为此，应以绿色人才培养为核心，对人才培养计划进行修订，对课程体系、课程内容和授课方式进行改革，并建立完善立体的绿色课程体系，组建跨学科的师资队伍。同时，加大绿色实践活动力度，将绿色实践活动与教学过程中的各类教学实践、社会实践结合起来，根据不同专业特点，组建不同的绿色社团，在教师指导下，积极开展垃圾分类、节水、节电、绿色建筑、大气保护、水污染防治等活动。举办不同类型的讲座、论坛、辩论赛，邀请环境、生态方面的知名学者，当地从事环保、环境污染治理的企事业单位人员来学校开展研讨及交流，定期宣传环境保护和国家环境政策法律法规，营造良好的绿色教育氛围和环境。

四、营造绿色大学校园文化

围绕资源节约和环境友好目标进行绿色校园建设及管理，对校园中人文景观和生物景观进行有机整体设计，对校园基础设施进行合理建设和科学的节能运行维护管理，形成一个在设计、建设、运行等各环节均体现节能环保思想的绿色校园。在此基础上，培养学生可持续的生活学习态度及相应的习惯，树立生态文明意识，自觉养成环境保护和可持续发展的责任心，积极参加绿色文化活动，实施绿色文化的多样性渗透、表达和广泛传播。

五、建立一套绿色大学评价指标体系

绿色大学评价指标体系是一个有机整体，涵盖绿色管理、绿色教育、绿色科技、绿色校园、绿色消费等绿色大学建设的方方面面，具有综合性的特点。同时，各体系具有不同的层次，一般是二级或三级评价指标体系。具体内容如下：

（1）绿色管理方面的评估。主要包括：学校领导是否具有可持续发展理念和相应的知识结构；有无制定学校可持续发展的远期、中期、近期规划和具体实施目标；是否具有可持续发展机制和经费保障；是否具有学校教职工更新知识的机制；是否建立有利于学校可持续发展的师资队伍；是否成立环境教育、环境管理领导小组；校园环境管理体制是否健全。

（2）绿色教育方面的评估。主要包括：全校教职工是否具有可持续发展的观念；是否具有合理的从事环境教育的专业师资；是否具有针对各种教学对象的关于环境保护、可持续发展的教学大纲与实践方案；是否具有面向教师、管理人员、普通工作人员的环境教育培训；是否有定

期举行的环境教育讲座与专家论坛；校园广播、校报、网络、电视、宣传栏是否定期开展环境知识宣传、引导；是否有指导并鼓励开展绿色教育的实践活动；是否有为学生提供环境与可持续发展的继续教育资料和条件等等。

（3）绿色科技方面的评估。主要包括：学术自由；学术环境宽松；加强环境污染治理与环境质量改善方面的科学技术研究；发挥综合学科优势，研究与开发一批符合清洁生产管理的新工艺、新技术，减少能耗与物耗，减少污染物排放；开展降低教学过程成本、提高教学效率的绿色教学技术和绿色教学模式的试验；加强环境软科学研究；开发大学教育绿色管理手段、降低管理成本的管理制度改革；项目立项、研究、鉴定过程中体现可持续发展的环境保护意识；发表高质量学术论文，绿色科研学术声誉；加快环保科技成果转化，建设规模化、集成化的高科技环保企业；为社会可持续发展直接提供技术支持。

（4）绿色校园方面的评估。主要包括：校园文化体现可持续发展思想；根据校园建设式样和整体布局合理优化校园；制定、修订绿色校园规划；绿化、美化校园，增加植被覆盖率与物种多样性，设置可持续发展与环境保护主题雕塑，营造氛围；扩大校园水域面积，改善生态环境；办公室、教室、实验室、图书馆、宿舍等室内布置宜人、经济；校园生产、生活污水处理与回收；校园集体废弃物过滤、回收与处理；烟气治理、噪音控制；布设校园生态环境监测网。

（5）绿色消费方面的评估。主要包括：节水、节能、提倡绿色消费；教学、管理、生活过程中使用绿色产品。

目前，由于对绿色大学的认识程度和各院校的具体情况不同，国内并没有形成一套让所有人都能接受的，或者说适用于绝大部分学校的绿色大学评价指标体系。但无论如何，作为绿色大学建设的最重要领域，很多学者已经对绿色大学的评价指标体系做了大量深入研究，且已经取得了很多成果。在此基础上，应借鉴已有成果，继续开拓创新，不断推进绿色大学建设进程。

绿色大学的建设任重而道远，在推进过程中应遵循以下原则。

（1）绿色原则。绿色大学首先要突出绿色主题，围绕主题塑造学校形象，营造学校环境，并把绿色主题贯穿于办学理念、人才培养、科学研究、社会服务、文化传承、校园建设的各环节、各过程，使之成为体现环境教育与可持续发展理念的真正现实文本。

（2）特色原则。绿色大学更要突出学校的绿色办学特色和亮点，使学校形象简洁、鲜明、独特、优良，达到净化、绿化、美化三位一体。为此，应以大学精神为核心，融物质文化、制度文化、精神文化于一体，突出品位与内涵。

（3）系统原则。对学校实行整体设计与规划，要求师生、专家、领导全员参与，各司其职，各负其责，进行全部门、全员额、全过程、全方位管理，全面推进绿色学校建设工作。在具体实施过程中，做到目标明确，有方案、有计划。同时注重宣传，提高知名度和美誉度，争取广大职工和外界人士的支持，为创建绿色学校营造一个良好的社会环境。

第十七章　国内外绿色大学建设案例

第一节　国外绿色大学建设案例

一、欧美地区绿色大学建设案例[①]

欧美区绿色大学建设案例主要选取康奈尔大学、爱丁堡大学、不列颠哥伦比亚大学和吕纳堡大学等四所大学。这四所大学均是全球大学排名比较领先并在绿色大学建设方面取得显著成绩的代表。通过对其校园运营、大学学术（教学和科研）、大学治理（社会服务和管理）、大学使命四个维度的梳理，可以窥见它们建设绿色大学的成功经验。

（一）康奈尔大学：将可持续理念融入大学文化

康奈尔大学位于美国纽约州伊萨卡，始建于1865年，是一所世界顶级私立研究型大学，为美国大学协会的十四个创始院校之一，还是著名常春藤盟校的八个成员之一。在2017年世界大学排名中居第10位，在世界大学学术排名中居第6位，现有学生21000人，教工1600人，先后培养了46位诺贝尔奖得主。康奈尔大学是世界上最早开展绿色大学建设的高校之一，早在1985年就设立了能源管理办公室。

由于学校发展受制于众多因素，康奈尔大学意识到需要制定相应的发展战略以更好地发挥自身作用。早在2005年，康奈尔大学就制定了校园总体规划战略。该规划战略为大学发展提供了基本框架，其中可持续是学校发展的重要方略。康奈尔大学的发展平衡了学术、社会、文化、体育、环境和经济等各个方面，并通过学术使命、改善管理、加强校园建设等措施，进一步推动学校发展。

---

① 牟园园：《可持续大学要素识别与发展路径》，大连理工大学硕士学位论文，2018年6月。

康奈尔大学的绿色大学建设涵盖众多领域，例如创新、公共参与、经济问题、环境问题、社会问题等，并通过教育、研究、管理和参与等方式，全方位推动学校的可持续建设。

1. 绿色大学建设的主要内容①

（1）将环境可持续发展融入学校使命。从2010年开始，康奈尔大学明确设立可持续发展目标，并制定实施五年发展规划，同时以环境可持续发展规划为指导，对基础设施、环境、利益相关者等进行引导，改进大学设施和资源管理方式。此后，康奈尔大学进入绿色大学建设新时代，全面开展可持续大学建设工作。

（2）大学治理要推动地区可持续发展。康奈尔大学作为赠地大学，其研究和应用要服务地区可持续发展。为此，康奈尔大学积极参与地区事务，并开展学术服务、社区研究等相关科研项目，成效显著。2011年，康奈尔大学获得美国卡内基基金会授予的“地区重要参与机构”称号。其主要做法如下：

第一，学校在师生和企业之间建立卓越学术合作伙伴关系。成立可持续校园委员会，致力于推动可持续项目合作，实现合作伙伴互利共赢。特别值得一提的是，康奈尔大学擅长将研究与实验融入校园生活，例如将实验中用到的减排、节能等方法再推广运用到校园实际规划中，使康奈尔校园更进一步推动可持续发展，成为以研究带动应用、自觉践行可持续发展的榜样。

第二，探索有效路径，节能减排。气候行动计划（CAP）是由纽约州能源研究所拨款，在康奈尔大学设立的气候行动计划中心牵头实施的，其目标是在减少碳排放的基础上，到2035年实现校园碳零排放。该计划重点研究如何提高基础设施能效，减少运营费用，降低成本，使学校能源支出不再受燃料价格波动影响。同时，气候行动计划还将帮助康奈尔大学提高可持续教学科研水平，使之成为可持续大学的领跑者。

（3）学术建设。康奈尔大学目前开设了400门可持续课程，涵盖环境科学、气候变化、清洁能源、第三世界研究等方面。为更好专注于可

---

① 伯顿·克拉克著，王承绪译：《大学的持续变革——创业型大学心安理和新概念》，人民教育出版社2011年版，第2—10页。

持续研究，还成立了可持续研究中心，成为康奈尔大学重要的学术研究机构。该机构现有318位教师，50多个研究项目，先后共获得9200万美元的资金援助。自2012年开始，康奈尔大学可持续研究中心开展多样化可持续问题研究，主要包括以可持续的方式解决饥饿、气候恶化等全球性问题；关注妇女及贫困家庭等弱势群体；关注发展中国家的妇女问题、家庭问题。

（4）校园运营。多样化、包容性是康奈尔大学建设绿色大学校园的主要特征。2011年，康奈尔大学校园建设委员会制定了多样性规划倡议，为大学可持续发展奠定了公共基础。该倡议将环境可持续性作为指导原则，在推进文化变革、福祉、领导力发展和公众参与等方面均发挥了重要作用。

2. 绿色大学建设的特点分析

为了将可持续理念融入大学建设的方方面面，康奈尔大学坚持以目标结果为导向，重视团队建设。

（1）以目标结果为导向。康奈尔大学坚持目标结果导向，通过目标细化，将其可持续发展总目标分解为七个具体目标，既包含环境方面的目标，也包含经济和社会发展目标。通过对数据进行监控，及时获得结果并加以改进，与可持续发展理念相对应。在具体分目标的推动支持下，康奈尔大学在碳减排、节能、建筑等九个方面取得了显著成果。具体表现在：减排方面，实现温室气体排放量减少三分之一；利用太阳能和水能提供7%的能源；节能方面，建造电动汽车充电站，安装156000个LED灯；建筑方面，新建50个绿色办公室，15个绿色实验室，对17栋建筑进行低碳和绿色房屋项目改造；可持续课程设置方面，开设400门可持续课程，学生累计进行500次可持续项目实践；可持续项目建设方面，设立30个可持续相关运营网站，建设5个太阳能农场和5个风能农场；组织管理方面，设立可持续发展委员会、校长办公室可持续发展工作组以及气候行动小组；食品供应方面，26%的食物来自校园自产，90%的食品从当地采购，45%的食品预算用于本地食品采购；出行保障方面，建立5个共享单车基地，为所有学生提供免费公交车；学生参与度方面，已成立50个学生组织，有6000名学生参与校园可持续建设。

（2）重视团队建设。康奈尔大学为更好地实现2035年可持续发展目标，在不同领域设立了专业团队，这些团队各自有不同的宗旨与发展目标，由学校提供相应的资金支持，制定相关方案，及时对项目进行评估。在人员构成上，这些团队由专家、学生和专职工作人员共同组成。这些成员代表了多元利益方，当团队制订方案时，吸收不同群体的意见，一定程度上保障了方案的合理性和科学性。其中成效较大的团队有：

建筑团队：其宗旨是提高校园建筑可持续性，维护建筑物；提供安全和健康的室内居住环境；减轻建筑物对室外环境的影响。

气候团队：其宗旨是通过碳排放追踪、减少碳排放消费方式致力于温室气体的减排。

能源团队：其宗旨是降低能耗，使用清洁和可再生能源；开发可再生资源，降低能源使用成本，促进当地经济发展。

食品团队：其宗旨是构建可持续的食品系统，通过教育提高学生、教职员工的认识水平，推动其采取更可持续的食品行为。

人才团队：其宗旨是充分认识可持续性的重要地位，推行人才资源战略，建立可持续的人才培养方式，充分实现个人的可持续发展。

采购团队：其宗旨是构建可持续发展的采购系统，选择可持续性产品；在合作伙伴上，选择强烈认同可持续发展理念的公司。

运输团队：其宗旨是通过合作，推动学校和地区的可持续发展；推广使用绿色燃料，减少车辆等燃料交通工具的使用，降低碳排放。

废弃物团队：其宗旨是可回收垃圾再利用，减少学校废弃物的排放；提高资源循环使用率，降低碳排放。

水管理团队：其宗旨是致力于区域内的水资源保护，进行土地管理、绿色建筑物保护工作；通过节水和有效的水管理，减少地表水流失，改善水生态。

（二）爱丁堡大学：将可持续理念融入学校日常运营

爱丁堡大学是苏格兰地区久负盛名的高校，其QS（国际高等教育咨询公司）排名一直稳居前二十，是英国最古老的研究型大学之一。在可持续建设方面，爱丁堡大学一直走在世界的前列，每年定期发布可持续发展报告，并于2014年成立专门的社会责任与可持续发展办公室，推动可持续运动在全校展开。同时，作为全球领先的世界一流大学，爱丁堡大学在教学、科研和社会服务等方面制订了一系列规划目标，以教学、科研和重点发展项目为依托，推动解决地区和全球性的可持续问题。

1. 绿色大学建设的主要内容[①]

（1）大学治理。

第一，发布战略、治理规划报告。可持续发展报告是可持续大学建设的重要规范，为让社会公众及时了解学校可持续建设情况，爱丁堡大学每年定期公布可持续发展报告，接受各方监督。同时实施有效治理，简化大学机构，降低大学治理风险，以保证大学对可持续发展的承诺。

第二，可持续投融资。爱丁堡大学各部门团结一致、齐心协力，积极承担各自的社会责任，进行可持续投融资并发布投融资明细。可持续投融资项目具有改进功能，能够及时纠正存在问题。为保证可持续投融资项目正常进行，学校成立了相应咨询小组，具体负责投融资问题的咨询建议工作；教师还以授课和实践形式，帮助学生更好地了解投融资项目对促进学校可持续发展的意义。

第三，加强合作，推广循环经济。在有效使用资源的基础上，加强与企业合作，推动合作伙伴使用新能源，减少资源浪费，使更多的企业接受可持续理念。同时，通过开展实验项目、学院合作，促进创新，进一步提高学校可持续发展的水平，节省相应资金，减少污染物排放，提高资源利用率，并通过媒体网络宣传，扩大学校影响力。

第四，可持续供应链建设。通过公平贸易和可持续采购计划，建立学校和相关企业之间的合作关系，提高可持续探索能力和供应链透明度，保障可持续供应链建设，促进大学更好地履行可持续发展职责。

（2）学术可持续化。

第一，将可持续课程设为大学必修课程，确保可持续课程全覆盖。同时设立可持续发展奖学金，激励学生并提高其在可持续发展方面的参与度。在此基础上，将教学研究与学生发展相结合，通过互联网宣传可持续发展理念，增加志愿服务岗位并提供相应的就业机会。除此之外，

---

① 牟园园：《可持续大学要素识别与发展路径》，大连理工大学硕士学位论文，2018年6月。

与当地企业加强合作，将社会需求融入可持续教学研究，通过重大教学研究活动扩大可持续影响力，强化利益相关者参与意识，将可持续发展与社会发展相结合。

第二，建立可持续实验室。爱丁堡大学致力于建设可持续实验室，实现学校高质量可持续发展。通过节能减排，每年为实验室节省 200 万经费，75％的实验设备均进行循环利用，减少了有害材料的使用，探索出节能减排新模式。

第三，学习激励。通过激励的方式提高教工和学生参与可持续大学建设的积极性，强化教工和学生的可持续发展意识。同时通过培训，使师生员工掌握相应的知识和技能，积极参与可持续项目建设，加强与相关部门合作，满足师生员工对可持续发展的需求，并及时进行跟踪和评估。2020 年，有 10％的教工和学生参与可持续课程，20％的教工和学生通过网络参与可持续建设活动，所有的教工和学生在实际中均参与过可持续相关活动。

（3）校园运营。

在气候和碳减排方面，确立明确的可持续发展和节能减排目标，采取有效措施实现碳零排放，例如设立可持续发展基金、建立可持续发展实验室、鼓励学生绿色出行等，并计划用三年时间实现气候发展规划目标，明确碳排放的路径和阶段性目标。同时，爱丁堡大学还计划通过合作伙伴和互联网将其可持续发展战略扩展到苏格兰、英国乃至全球，以此提高学校影响力。为保证实施效果，确立了碳排放评估方法，定期发布碳排放数据分析报告，提醒学校按计划完成年度碳减排目标。

2. 绿色大学建设特点分析

爱丁堡大学的绿色大学建设方式是通过提供高质量的咨询建议和必要的行动支持，推动大学社会责任的履行和可持续建设。为此，成立可持续发展办公室，专门负责学校可持续建设相关工作；设立校园基金，保障可持续活动开展；多元利益主体参与，共同推动学校可持续建设。

第一，成立可持续发展办公室，保障可持续发展规划的执行。通过该机构确保可持续发展规划有足够的人力、资源、系统和流程实现其愿景和使命，用最小的成本换取最大的成效。对所有项目的成本、时间、投入进行季度和年度评估。通过系统化的流程，确保所有教工有相应的学习计划并致力于部门的可持续发展。

第二，设立可持续基金，提供资金支持。足够的资金是保证绿色大学建设的基础。爱丁堡大学通过一系列政策，确保可持续校园基金的正常运营。在学校财力有限的情况下，积极从外部吸纳资金，加强校企合作，从合作伙伴中获得资金支持，为可持续基金注入资金，保证绿色大学建设不受影响。

第三，采用激励方式吸引多元利益主体参与。提高师生参与绿色大学建设积极性，对推进绿色大学建设具有重要意义，有利于强化师生的可持续发展意识，使其主动掌握相关知识与技能，自觉为绿色大学建设献计献策，并有效落实各项工作。爱丁堡大学为提高师生参与积极性所采取的激励措施，有力地提高了可持续课程和可持续活动的实效性。

（三）不列颠哥伦比亚大学：全球可持续大学的领导者

不列颠哥伦比亚大学（University of British Columbia，UBC），始建于1908年，是加拿大著名的公立研究型大学。在2017年世界大学学术排名中居31位。不列颠哥伦比亚大学在绿色大学创建中明确提出“通过创造社会、生态和环境的遗产赢得未来一代的尊重”。该大学现有400多座教学建筑，60000多名学生以及15000多位教工。在绿色大学建设内容方面，不以目标大小为标准，而是着眼于目标结果的积极性质变。该大学致力于持续提高可持续意识和推广可持续技术应用，现有400多位研究人员，50多个研究项目，600多门选修课程，这种可持续要素集中建设模式将有效扩大学校可持续发展的影响力。

1. 可持续大学建设的主要内容①

（1）大学治理。

第一，绿色供应。不列颠哥伦比亚大学有比较地选择可持续供应商，这不仅确保了校园内的商品和服务符合可持续发展标准，而且还激励供应商提供绿色产品和服务。2012年该校成立绿色家政项目，旨在确保不列颠哥伦比亚大学的清洁工作对生态伤害最小化。只有符合生态要求的

---

① 汉斯·冯·威能：《高校可持续发展战略研究》，《国际高等教育可持续性杂志》2000年第1期。

产品，才能在教室和办公室中使用，并在洗手间配备绿色洗手皂，确保所有工作和学习场所干净和无毒素，所有办公室均使用可再生纸和可降解垃圾袋，禁止使用风干机。

第二，未来绿色蓝图。竣工于2011年的可持续研究中心（CIRS）将通过与研究人员、政府机构、非政府组织、社区组织和企业建立密切合作伙伴关系，持续为大学可持续发展服务，推动地区经济和社会可持续发展。

第三，绿色社区。目前校园内有400多座建筑，不列颠哥伦比亚大学通过对建筑进行可持续性改造，减少能源消耗，探索健康的生活方式，建设绿色可持续社区。该社区的建筑利用当地能源系统余热，收集雨水以满足自身清洁的需要，大面积利用空气流通和自然光，减少用电量，大量使用可再生原料，减少垃圾排放。

（2）学术。

为激励教师更好地教授可持续发展课程，该校设立了可持续发展基金。学校组织获奖者参与研讨会议，分享课程、成果以及相关研究，并以此引领学校可持续教育和可持续学习。2000年，不列颠哥伦比亚大学推出了种子项目计划，将校园建设和理论研究相联合，针对校园环境与生活进行可持续性研究。迄今为止，种子项目对大学的可持续建设发挥着重要作用，并得到高等教育可持续促进协会组织的认可。

（3）校园运营。

第一，绿色出行。为寻求更清洁的出行方式，减少温室气体排放，确保未来可持续发展，不列颠哥伦比亚大学制定了交通工具减排目标。截至2016年，已有54%的人员选择步行、骑车或乘公交车等方式上班，确保交通工具减排目标基本实现。另外，不列颠哥伦比亚大学还拥有众多的共享汽车，使用者可以根据自身需要进行选择。为方便汽车共享，学校鼓励学生加入学校旅行分享计划，以更好地推广共享汽车。

第二，校园绿色计划。建立闭环系统，将废弃物变成堆肥，使垃圾不需要离开校园就能被利用，所有生产的堆肥回到土壤中，并被用于校园美化。创新纸张使用方式，全部使用可再生纸张，减少纸张消耗，鼓励所有部门双面使用纸张。实行节水计划，2011年不列颠哥伦比亚大学发起水行动计划，通过与学生、教员、工作人员和当地居民协商，确定了雨水收集、节水管理、节水教育等措施，一年下来共节省 2700 万公升水。同时，充分利用地下资源，学校在 2008 年建立了交换——能源系统（DES），在夏季利用地下水为校园建筑降温，在冬季利用地下水为建筑供暖，降低运营成本，减少温室气体排放量及天然气使用量。

2. 可持续大学建设特点分析

在不列颠哥伦比亚大学，可持续发展并不仅仅是学校建设和学科发展，更是大家崇尚的一种生活方式。作为加拿大第一所开展可持续建设并设立可持续办公室的大学，该校可持续建设内容，既有资源使用、绿色建筑又有教学和研究。不列颠哥伦比亚大学在可持续建设方面格外重视两点：一是重视碳减排，提高资源利用率；二是重视合作，提高学校影响力。

第一，在资源利用方面，不列颠哥伦比亚大学从自身现状出发，基于学校自然地理特点，因地制宜建设绿色校园，提高校园资源利用率，降低能源消耗。在建筑、水资源、资源循环、绿色采购等方面制定不同层次的要求和目标，均取得显著性成果。另外，依托地热资源建设闭环系统，依托气候优势对降水进行利用等等。可以说，不列颠哥伦比亚大学在自身资源利用和资源创新方面均做出了表率。

第二，在合作方面，不列颠哥伦比亚大学充分发挥智库作用，设立可持续研究中心，与研究人员、政府机构、非政府组织、社区组织和企业建立密切的合作伙伴关系。通过企业孵化器、学生实践创新课程以及可持续的投资方式，改变传统商业、资源市场和贸易方式，以创新的方式创造一个更加可持续发展的未来，为地方经济与社会朝着可持续方向发展作出贡献。

（四）吕纳堡大学：将可持续发展作为大学的理想

吕纳堡大学（Leuphana University）是德国可持续大学的代表，也是全球第一所提供可持续发展专业学位的院校，在可持续发展领域颇有建树。该校成立于 1946 年，是德国著名的精英大学，现有学生 7000 人左右，教工 1000 人。吕纳堡大学在发展过程中一直将自身定位为可持续大学、人文性大学和前瞻性大学，其中可持续大学建设居于核心地位。通过教育和研究，重点培养学生学会用系统思维方式解决问题，使学生个人发展与承担社会责任结合起来，养成可持续的生活模式和思维方式。

1. 绿色大学建设的主要内容①

（1）大学治理。

第一，成立可持续发展学院。吕纳堡可持续发展学院的使命是创造和建设可持续发展的未来。其目标是培养学生的可持续发展能力，推进可持续发展研究，进而推动社会可持续发展。为对可持续问题深入研究，可持续发展学院在内部设置了六个研究所，即与可持续经济、管理问题相关的管理研究所；与土地、生态问题相关的生态学研究所；与道德、冲突问题相关的伦理学研究所；与人类行为、环境问题相关的环境研究所；与化学、材料问题相关的材料研究所以及对其他可持续问题进行研究的综合研究所。

第二，加强地区合作。吕纳堡大学在可持续发展研究基础上，加强与政治团体、企业、农民、非政府组织合作，将研究成果服务于地区发展，为解决生态平衡、物质资源、能源系统、气候变化、贫穷、饥饿、水资源保护等问题提供方法。

（2）学术发展。

第一，学生培养。吕纳堡大学在培养可持续发展相关专业的研究生时，将可持续课程纳入其学习的必修课程，提高其对可持续发展的认识。不仅如此，该校还针对不同专业的学生采用不同的培养方式。例如，针对生态学专业的研究生，为让学生更全面意识到自然资源减少和环境恶化带来的问题，了解全球气候和环境现状，通过社会学、经济学等多学科角度让学生认识到可持续发展面临的问题和挑战，进一步加强学生对可持续发展和环境保护问题的理解和处理能力。在研究内容方面，鼓励学生在力所能及的范围内进行可持续问题研究，尝试寻找解决问题的方法。

第二，课程设置。设置可持续课程，提高学生的可持续意识是吕纳堡大学学科建设的重要内容。可持续发展学院为全体学生提供多样化的

① 牟园园：《可持续大学要素识别与发展路径》，大连理工大学硕士学位论文，2018年6月。

可持续课程，要求学生掌握必要的学术知识和技能，提高学生参与可持续发展活动的积极性和主动性。吕纳堡大学现已开设的可持续课程主要分为四类：可持续发展管理类课程；可持续发展政策与经济类课程；可持续发展伦理类课程；可持续发展经济类课程。学校规定学生必修可持续课程，并且完成课程要求的相关实践，在实践中巩固和运用可持续知识。

第三，研究方向。吕纳堡大学的可持续研究面向可持续领域内的地区和全球性的问题。可持续发展学院在可持续问题研究过程中，注重人文科学与自然科学的平衡，将学科特性与问题特点相结合，既有资源、生物和社会问题的研究，也有多学科方法的研究。

吕纳堡大学可持续研究的特点：

其一是问题导向。突出应用，多角度确定关键问题，制定解决方案。

其二是跨学科和跨专业协同研究。

其三是变革推动者。要求相关可持续部门必须成为变革的推动器，在可持续发展研究中既要独树一帜，又要实施不同层次和活动领域的互通互联，共同推动可持续研究的发展。

其四是分类研究。结合当地的环境问题、土地问题、水资源问题有针对性地提供意见和建议。

（3）校园运营。

在 21 世纪，碳排放问题是人类社会面临的最紧迫问题之一。在校园运营中，吕纳堡大学非常重视碳排放带来的影响，对碳排放危害进行相关讨论和研究，早在 2007 年就制定了碳减排目标，到 2014 年减排目标已基本达成。自 2012 年 1 月，吕纳堡大学开始在全校范围内使用绿色能源，这一举措有效减少了二氧化碳排放量，为绿色校园建设迈出了一大步。同时，加大对太阳能利用，建设太阳能屋顶，为学校提供新的清洁能源，有效减少了碳排放。

2. 绿色大学建设特点分析

第一，吕纳堡大学在可持续建设中，高度重视学科研究和人才培养。强调科学研究的实用性，实行跨学科和跨专业研究，有力推动了社会、经济、环境方面的可持续发展。在人才培养方面，强调理论与实践相结合，提高学生的可持续意识。

第二，吕纳堡大学将科学研究与实践实用结合起来，成立可持续发展学院，推进可持续科学研究。在研究方向上，涵盖了社会、政治、经济三部分内容，研究特点是以问题为导向，进行跨学科研究，推动相关领域的变革改进，为社会可持续发展做出贡献。

第三，在人才培养方面，强调理论与实践相结合，提高学生可持续意识。吕纳堡大学针对不同专业、不同学生的需求，采取差异化的培养方式。在培养过程中，既有相关课程的理论学习，又有相应的实践活动。鼓励学生在力所能及的范围内研究可持续问题，借助于科学研究学会分析问题和解决问题。

二、亚洲地区绿色大学建设案例——日本冈山大学

1. 社会背景

21世纪以来，日本政府积极参与联合国可持续发展教育议程。2002年，在南非约翰内斯堡召开的可持续发展会议上，通过了最初由日本政府倡议的议案，即《联合国教育促进可持续发展十年（2005—2014）国际实施计划》，强调“教育是达到可持续发展目标不可或缺的因素”，鼓励在不同学习阶段和背景下全面融入可持续发展教育。2005年，在日本政府支持下，“联合国教科文组织—日本可持续发展教育奖”面向个人和机构开放申请。2014年，联合国教科文组织在日本举办了全球可持续发展教育大会，发布《爱知—名古屋可持续发展教育宣言》，呼吁积极行动，提升持续发展教育。2015年，日本成立SDGs（联合国可持续发展目标）推进总部，由首相担任总部长，全体内阁成员都是成员。在此推动下，日本每年选评SDGs奖，对学校、NGO、企业等各类团体的优秀事例进行表彰，将积极开展合作的地方城市选定为SDGs未来城市，以此逐步将SDGs理念渗透到日本全国各地。2018年，文部科学省制定“通过科技创新推动可持续发展目标实现”的基本方针，以促进从社会科学到自然科学各领域的研究，推动科研和大学等机构积极参与到有关SDGs的政府项目中。

冈山市位于日本冈山县南部，拥有72万人口，是日本主要工业城市之一，同时具有悠久的学术文化传统。2005年，冈山市成为日本7个联

合国“可持续发展教育区域专家中心”（RCE—ESD）之一，市政府发起“冈山 ESD”项目。该项目作为一个多元参与合作主体（市政府、市民、大学、NGO、企业），致力于将 ESD 融入冈山市文化和市民生活中。至 2017 年，参与项目的机构已达到 268 家，并在社区学习中心、学校、企业、大学开展一系列 ESD 活动，如垃圾减量、环境教育公开课，鼓励市民采取 ESD 行动。项目曾于 2016 年荣获“UNESCO 日本可持续发展教育奖”，一度成为冈山市国际交流的新名片。

2. 冈山大学 SDGs 实践

冈山大学成立于 17 世纪后期，深受中国古代教育家孔子“有教无类”思想的影响，是日本第一所面向平民开放的高等教育机构，至今仍注重传承面向当地社区提供教育和服务的传统。同时，冈山大学也是日本第一所建立环境科学院系的公立大学，特别注重环境保护、人与自然和谐共生。在“冈山 ESD”项目框架下，学校启动了一系列 ESD 活动，不仅有力地推动了绿色大学建设，而且还解决了当地环境与可持续发展问题，提升了市民整体生态文明素养。

2007 年，冈山大学当选 UNECSO 亚洲首个教席成员，坚持用可持续发展理念引领教育研究和社会公益活动，具体包括：重新规划大学课程，通过 ESD 为社会培养可持续人才，与市政府合作，打造全球可持续发展教育与研究中心；通过校际合作向发展中国家转移环保技术和知识。经过努力，冈山大学作为日本唯一的公立大学获得 2017 年第一届 SDGs 奖特别奖。

在具体实施方面，冈山大学成立 SDGs 校级推进会，全方位推动学校内部 SDGs 管理，加强与外部社区及国际社会合作，并根据 SDGs 制定明确的行动方案，涵盖 17 个目标。在开展行动的同时，推进会进行不定期的监测和调整，最后将研究成果转化为科普知识，向全体学生及社会公众开展科普教育和传播。行动方案主要涵盖：气候变化行动（SDG 2/6/12/13/14）、学生 SDGs 行动（SDG 4/17）、医疗健康（SDG 3/4/10）、城市发展（SDG 8/9/11/15）、安全能源知识与解决方案（SDG 7/9）、共生社会（SDG 1/5/8/10/16）、促进创新（SDG 9/12）。

冈山大学可持续发展目标的议程范围比较广泛，其中消除贫穷既是全球面临的最大挑战，也是可持续发展不可或缺的要求。以 SDG1（无贫穷）为例，通过三个方面可以看出冈山大学所做的努力和探索。

第一，帮助贫穷者建立自然资产（SDG1＋13/15/17）。自然资产，是环境与发展研究领域的重要概念，而生态补偿是平衡环境与发展矛盾的手段之一。贫穷者在经济社会发展中往往面临更多风险，如信息不对称、缺乏谈判力等。为此，冈山大学自然与生命科学研究生院在越南主动开展帮助贫穷群体获取自然资产研究。研究者首先对当地生态系统服务价值进行评估，检查当地环境中的自然资产是否纳入生态补偿机制，鉴别贫穷者面临的潜在风险与收益。在当地研究人员和 NGO 的帮助下，监控实施过程以帮助贫穷者避免不利因素、完善发展决策，并通过发展“社区地图”技术（如 GIS 和无人机）、培训谈判策略，增强他们的谈判能力。

第二，支持小生产者获取国际环境认证（SDG1＋12/14/15）。国际环境认证是规范企业组织自愿加入的环境管理活动，有利于促进企业组织环境绩效的改进，支持全球可持续发展和环境保护工作。但亚洲国家的小规模生产者往往面临认证费用过高而难以认证，从而失去产品竞争力等风险。为此，冈山大学自然与生命科学研究生院为越南的小生产者积极提供技术支持，以获取国际环境认证，帮助其产品进入日本市场。例如，研究者首先调查越南鲜虾产业链上游端（越南小生产者和贸易商）和下游端（日本消费者和贸易商）对有关国际环境认证的态度以及面临的挑战，然后与企业、NGO 和消费者合作，制定对小生产者友好的策略机制，从而打造绿色、可持续发展的供应链管理生态，进而通过可持续的生产与消费，提高收入，减少贫穷。

人人参与 SDGs“双人餐桌”（SDG1＋2/4/17）活动。慈善消费，即消费者通过消费间接进行慈善活动。2019 年，冈山大学后勤部采纳一位学生的建议，针对发达国家食物浪费和发展中国家贫困饥饿问题，在学校特定餐厅开展“双人餐桌”活动。根据计划，餐厅会从每位前来就餐的学生餐费中抽取一定比例拨付至“双人餐桌”基金之中，作为专款用于解决非洲和部分亚洲国家儿童的餐费。该行动的目的在于使学生在日常生活中了解、参与 SDGs，并带动更多的学生参与该项活动，形成人人参与 SDGs 的校园文化。

第二节　国内绿色大学建设案例

一、清华大学——“三绿工程”建设模式

清华大学是我国最早提出建设绿色大学的高校，也是目前唯一被正式命名的“绿色大学”。在综合类院校中，其绿色大学建设工作持续而全面，一定程度上起到了示范作用。经过近 20 年的发展，清华大学的绿色大学建设实践已经形成了自己的特色。原校长王大中教授曾提出他对绿色大学的理解：“绿色大学”的创建就是以人的教育为核心，将可持续发展和环境保护原则、指导思想落实到大学建设的各项活动中，融入大学教育的全过程。由此，清华大学形成了围绕“绿色教育、绿色科技、绿色校园”三个方面的建设模式。

1. 绿色教育

清华大学将绿色教育作为全校学生综合素质与基础知识结构的重要组成部分，通过开展绿色教育培养学生的环保意识和环境责任感。为此，学校设置了与生态环境相关的公共必修课和选修课，培养学生处理环境问题的意识和能力，帮助学生树立正确的环境观念。

除课堂教育外，清华大学还鼓励学生参加课外实践活动，并实施了 SRT 计划，即鼓励学生通过绿色协会参与绿色教育课外实践及研究活动，使学生环境保护知识更扎实，对环境保护的理解更深刻。在此基础上，清华大学积极开展面向社会的宣传教育活动，尝试跨学科培养研究生，招收在职工程硕士，通过各层次、各类型的绿色教育，为国家培养了一批又一批具有绿色意识和绿色技能的专门人才。

2. 绿色科研

自 1998 年清华大学提出绿色大学建设的构想以来，其在生态环保方面的科学研究硕果累累。仅以 2015 年为例，其科技成果重点推广项目达 20 个，而与生态环境、资源保护相关的项目有 12 个，占比 60%。

为持续推进研究，清华大学建立了大量与生态环境、资源保护相关的实验室和研究中心。其中，政府批建机构 30 个，包括环境模拟与污染

控制联合国家重点实验室、城市轨道交通绿色与安全建造技术国家工程实验室、工业锅炉及民用煤清洁燃烧国家工程研究中心、新能源与环境国际研发中心、国家环境保护大气复合污染来源与控制重点实验室、建筑节能教育部工程研究中心（也叫“清华大学建筑节能研究中心”）、清洁能源化工技术教育部工程研究中心、固体废物处理与环境安全教育部重点实验室等；同时，自建机构10个，包括清华大学生态文明研究中心、清华大学产业发展与环境治理研究中心、清华大学环境资源与能源法研究中心、清华大学跨境河流水与生态安全研究中心、清华大学能源环境经济研究所等；除此之外，联合共建机构11个，包括清华大学（环境学院）—北京碧水源科技股份有限公司环境膜技术联合研发中心、清华大学（环境学院）—北京鼎实环境工程有限公司污染场地综合治理联合研究中心、清华大学—北控水务集团环境产业联合研究院、清华大学（环境学院）—软通动力信息技术（集团）有限公司智慧环境管理创新联合研究中心、清华大学（环境学院）—西安华诺环保股份有限公司油气田废水及油泥污染控制与资源化联合研究中心、清华大学—BP清洁能源研究与教育中心、清华大学（汽车系）—戴姆勒大中华区投资有限公司可持续交通联合研究中心、清华大学绿色经济与可持续发展研究中心等。

3. 绿色校园

在绿色校园建设方面，清华大学以其自身地域和科研优势，在校园环境绿化、校园绿色建筑等方面均取得显著成绩。长期以来，清华大学一直重视绿色校园建设工作，旨在打造资源节约、绿色、和谐的校园文化环境。在校园节能减排方面，包括锅炉改燃煤为燃气、安装节水浇灌系统、建设中水和污水回收工程等。同时物业中心、饮食中心也采取相应降低能耗措施。在校园景观方面，进行合理绿化，科学种植花草树木，实现了“三季有花、四季常绿”目标。目前校园累计种植花木1300余种，树木量达28万余株，校园绿色率高达57%。除此之外，还建成“二十景、二园、一河、一区”以及世纪林等生态景观。2010年，清华大学被《福布斯》杂志评为“全球最美大学”（共14所）之一，也是当时亚洲唯一榜上有名的绿色大学。

二、北京林业大学——“知山知水，树木树人”

北京林业大学虽然不是我国最早提出建立绿色大学的高校，但一直秉承“知山知水，树木树人”校训和“红绿相映，全面发展”办学理念，高度重视绿色文化建设，始终将绿色文化建设与学校发展紧密结合，并充分发挥绿色专业优势，形成了“以民族文化为底蕴、青年文化为主体、绿色文化为特色”的绿色文化建设格局。主要体现在以下几方面。

1. 绿色理念

北京林业大学认为，要“治山治水”必“知山知水”。“知山知水”就是要探索自然规律、求是创新。因此，北京林业大学的办学定位和培养目标就是培养学生求是创新的科学精神，养成注重实践的习惯，使学生在实践中学会发现问题、寻找规律和解决问题。不仅如此，“知山知水”还有一个终极目标，即追求人与自然的和谐相处，实现可持续发展。在此理念引导下，让学生在“知山知水”中淡泊名利，陶冶情操，成为具有绿色理念、生态道德意识，愿意献身林业建设的高素质人才。“树木树人”，即坚持专业教育与思想政治教育、文化素质教育的有机统一。大学首要的问题是培养什么人，怎样培养人，为谁培养人，这关乎社会主义办学方向。因此，北京林业大学既注意加强学林、爱林、献身林业的专业思想教育，又注意加强文化素质教育特别是思想政治教育，围绕立德树人目标，把思想政治教育贯穿于教育教学全过程，实现全员育人、全程育人、全方位育人，要求学生德、智、体、美、劳全面发展。为达到这一目标，北京林业大学经过多年实践，创建了第一课堂和第二课堂相结合的全方位育人理念与实施方案，取得良好效果。

2. 绿色课程体系

为更好地普及绿色知识，北京林业大学十分注重绿色学科建设，并依托专业优势建立了适合林业院校学生发展的特色绿色课程体系，即“全校公选课＋公共必修课＋专业必修课”，供在校生学习和开拓视野。

首先，北京林业大学在本科生教育中开设了14门环境保护相关课程，作为全校公共选修课供学生选修学习。承担这些课程的教师来自不同学院，依据不同学科特点及专业优势，开设了一系列极具特色尤其是与我国现阶段环境问题紧密相关的绿色教育课程，主要包括：全球环境问题概论、环境保护与可持续发展、全球生态学、城市生态学、生态经济学、环境经济学、生态伦理学等。这些课程，可增强学生环保意识，提升环保知识水平，为他们走向社会自觉践行生态文明、解决生态环境问题奠定基础。

其次，为保障绿色教育取得实效性，培养学生的生态文明意识与可持续发展理念，北京林业大学在生态类和环境类专业中开设了生态学和森林资源与环境导论两门公共必修课，与大学政治、大学英语、高等数学、大学物理、有机化学、计算机技术等必修课程具有同等重要的地位。其中，要求生态类和环境类专业学生必须成绩合格才能予以毕业。通过这两门课程的学习和考核，学生初步具备判断环境资源以及可持续发展问题的能力。

最后，在本科生教育中，大部分专业都涉及生态环境、资源保护方面的课程，这与北京林业大学在林学、农学方面具有得天独厚的专业优势有关。比如，在林产化工类专业中开设林产化工环境保护与治理；在草业类专业中开设草业生态学；在木材类专业中开设木质环境学；在野生动物与自然保护区管理专业中开设动物生态学与植物生态学两门专业必修课；在农学类专业中开设景观生态学与环境影响评价等专业课程。不同侧面的生态教育课程形成有机整体，进一步强化了大学生的整体环保意识和能力，使之能够深度认识生态环境问题产生的根源及解决办法，由此丰富并深化了绿色教育内涵和效果。

3. 绿色科学研究

北京林业大学非常重视绿色科学研究，通过知名院士引领，形成绿色科研团队，推动绿色科研稳步发展。例如，2008 年 1 月北京林业大学成立的生态文明研究中心，由中国工程院原副院长、著名林学家沈国舫院士担任名誉主任。研究中心不仅荟萃了校内各学院的专家学者，还聘请了中国社科院、清华大学、北京大学、北京师范大学等校外专家。另外，研究中心下设 14 个研究机构，涉及森林文化、园林文化、非物质木文化、生态文化、林业史、绿色经济、绿色传播与绿色文化、绿色行政、绿色教育、绿色校园文化、生态法制、生态文学美学、环境心理学、马克思主义生态思想等。目前，该中心的研究成果主要有“中华大典·林业典”以及“生态文明绿皮书：中国省域生态文明建设评价报告”系列丛书、《中国生态文明发展报告》等。

为培养专门的高素质绿色人才，北京林业大学人文学院设立了生态文明建设与管理博士点，在哲学专业设立了林业史、生态文化、环境哲学研究方向，在法学专业设立了生态法学的研究方向，在行政管理科学的日常教学和研究中，也将绿色行政作为重要的教学和科研内容。

在此基础上，各二级学院也十分注重绿色科学研究。以水土保持学院为例，该学院先后建立了国家林业局水土保持重点开放实验室、林业生态工程教育部工程研究中心、北京市水土保持工程技术研究中心3个省部级重点实验室（中心）。近十年来，水土保持学院承担并顺利完成国家科技攻关计划、省部级及国际合作等各类项目达280余项。除了水土保持学院，材料科学与技术学院也十分注重环保材料的研究以及在木材胶黏剂环保性方面的研究。此外，人文学院比较重视生态文明方面的人才培养。

4. 绿色文化

经过多年的实践与积累，北京林业大学形成了“以民族文化为底蕴，青年文化为主体，绿色文化为特色”的校园文化建设格局。在“知山知水、树木树人”校训影响下，北京林业大学在人才培养、科学研究、社会服务、文化传承等方面均围绕绿色主题开展，探索出富有特色的做法，收到良好的效果，提升了学校绿色文化建设水平。

特别值得一提的是，北京林业大学在绿色文化传播方面做出重要探索，形成了以绿色新闻网为核心，辅以北林报、校园绿色广播、绿色宣传橱窗、绿色北林微博账号和微信公众号在内的绿色文化传播模式，有效地将绿色理念灌输到师生的观念与日常生活中。

绿色新闻网主要传播与更新的是与绿色相关的活动、教学科研等方面的时事新闻。其中直接与绿色相关的主题模块包括：北林焦点、绿色要闻、宣传橱窗、校园动态、教学科研、微媒体、媒体北林、绿色人物、观点言论、绿色视野、视频新闻等。绿色新闻网上的新闻报导更新及时、准确，能够使广大师生第一时间了解到与绿色相关的思想、政策、事件、活动、科研成果等。

除此之外，环保社团也是北京林业大学传播绿色文化的主要阵地，在几十年的发展中，北京林业大学形成了浓厚的社团文化，环保公益类社团活动频繁，在传播绿色文化方面发挥着重要的作用。目前，北京林业大学共有校级环保公益类社团 6 个：西部开发志愿者协会、翱翔支农与实践社、北京林业大学科学探险与野外生存协会（山诺会）、彤心社、北林红十字会、田野环境文化协会；院级与生态环境紧密相关的社团有 2 个：绿手指环境保护协会和百奥生物协会。

在生态环保活动中，“绿桥”“绿色长征”活动已经成为首都大学生绿色品牌活动。“绿桥”即为“为祖国母亲播撒点点生命绿，替华夏大地架起座座爱心桥”之意。活动旨在宣扬“崇尚绿色，提倡环保”的精神。1997 年首届“绿桥”活动正式启动，开展至今已经 20 余年。“绿色长征”由北京林业大学联合 50 所高校共同发起，2007 年首届“绿色长征”活动正式举办。2012 年“A4210 好习惯养成计划”活动正式开展。“A4210”是北京林业大学青年学生提出的特色环保理念，“A”代表“Action”（行动）、“4”代表青年学生的衣食住行四个方面、“21”指的是“21 天效应”（科学研究表明，一个人的新习惯只需要 21 天就可以养成）、“0”代表零浪费和零排放。学生通过加入绿色社团或者参加绿色活动，逐渐培养和提高生态环保意识，进而自觉践行绿色理念。

总之，北京林业大学作为我国林业和生态环境教育的最高学府，肩负着培养新时代绿色事业建设者的时代责任，通过打造“传播绿色文化，引领生态文明”的特色校园文化，大力开展绿色环保教育活动，增强学生绿色环保理念，积极引导学生投身生态文明建设，促进了学生全面发展。

三、同济大学——节约型校园

1. 节约型校园目标

同济大学是我国最早提出绿色校园理念并进行绿色校园建设的大学之一，于 2003 年率先提出创建节约型校园，2007 年开始作为我国绿色校园建设示范单位引领国内绿色校园建设。学校一直把“环境友好、资源节约、发展和谐的学习型校园”作为主要目标，从宣传教育、制度管理、科学研究、建筑节能等方面入手，坚持阶段性活动与建立长效机制相结合，建立起科技节能、管理节能和节约育人三位一体的节约型校园建设体系。

学校先后建立一批示范性节能项目，如大礼堂、文远楼、游泳馆、综合楼、学生浴室、旭日楼、建筑设计研究院楼等，采用了太阳能智能集中供热系统、中水回用系统、地源热泵、地送风、冰蓄冷、中庭通风等节能技术。教师和科研人员针对建筑节能、清洁能源、环境保护、可替代新材料、生物质能等领域关键技术进行重点研发，取得了一系列创新性成果。此外，节能项目的建设，也吸引了一批国内外机构和企业的加盟，西门子、拜尔、联合国教科文组织、宝钢集团、新奥集团以及国内外著名的慈善机构等，先后以不同方式参与到该校节约型校园的具体建设中。

同济大学建设的基础和起点是节约型校园，但其真正内涵远远超越了节约型校园。为更好地提升节约型校园内涵，高质量地推进绿色大学建设，学校编制了《同济大学绿色校园建设与可持续发展大学发展规划(2013—2020)》，并将科学研究、社会服务与人才培养相融合，把关注点放到价值观念引导方面，旨在让大学生关注中国与世界的现实及未来发展问题。为此，在本科生培养中开设了可持续发展的第二学位，之后又开设了可持续发展的硕士学位。

2. 节约型校园建设内容

同济大学进行了建筑、景观和空间低碳节能技术的大量实践与创新，主要体现在以下几方面。

文远楼。作为上海市市级保护建筑，其建筑保护、改造与生态节能技术相结合在我国尚无先例。文远楼主要采用了以下低碳技术：①地源热泵；②内保温系统；③节能窗及LOW-E玻璃；④太阳能发电；⑤雨水收集；⑥LED灯具；⑦屋顶花园；⑧冷辐射吊顶与多元通风。

大礼堂。在保护修缮及节能改造中，基于历史建筑保护原则，针对其建筑空间特征及使用条件、自然条件，同济大学探索了被动式、主动式建筑节能技术：①自然通风技术；②空调新风预冷预热技术；③地面送风技术。通过一系列建筑节能改造，大礼堂实现综合节能率超过65%。

学生集体浴室。学生浴室是学校用水、用电大户。同济大学除采用太阳能供热系统外，还率先在全国高校推行中水回用技术——将浴室带有余温的洗浴废水，导入热交换池“温暖”自来水流过的铜制水管表面，管内净水温度可因此提高 3—5 ℃，一年可节约燃油费 10 多万元。洗浴废水从热交换池流出后，进入污水处理站，经过技术处理后，可用于校内绿化植物灌溉。现在校园灌溉用水 100%来自非自然水源，一年可节约 10 万吨自来水。

生态湿地。学校在河道旁边建立了大片湿地，地下铺设吸附性填料，上面覆盖泥土，种上绿色植物。以此方式对污水进行过滤净化，作为景观河道的部分水源，从而保证资源的持续利用。人工湿地是学校科普与节能教育基地之一。

景观节能灯。校园区大草坪采用各种节能灯具，同普通灯具相比，节能 20%左右。校内路灯基本使用同济开发的路灯节能器，路灯被设定为每天开启 5 小时，后半夜部分路灯自动关闭，每天可以节约到原来一半的用电量。经测算，一年可以节约用电 45000 多度。

3. 可持续教育

绿色校园建设不仅仅是改善各种硬件设施，更重要的是让全校师生形成低碳意识，养成低碳行为。2009 年，同济大学开始推广碳足迹计算器和公布个人碳排放信息。学生可自己登陆碳足迹调查网站，输入自己的各项耗能指标，系统会计算出其碳排放量，让学生及时了解自己的能源消费所造成的碳排放是否超标，并且定期公布个人碳排放信息，以此在学生间形成群体压力，使其自觉养成低碳行为。为进一步指导绿色校园建设工作，推广绿色校园建设经验，同济大学主编了《高等学校节约型管理与技术导则》，目前已成为指导全国高校校园建设工作的指南，现正在领衔制定绿色校园评价标准，同时还承担着国内十余所节约型校园建筑节能监管平台建设示范院校的技术支撑，牵头成立了中国绿色大学联盟，以此加强大学间的合作交流。

4. 对城市可持续发展的贡献

同济大学一直密切关注和追踪国际可持续发展的最新理念与实践，自 2003 年建设节约型校园以来，不仅在校园建设、人才培养、科学研究等方面做出了成绩，还致力于服务社会，先后建成了一批具有标志性、示范性的绿色、节能项目，产生了显著的经济和社会效益，引起国内外广泛关注和积极反响。

5. 国际交流

同济大学应邀参加2009年12月在丹麦首都哥本哈根举行的《联合国气候变化框架公约》第15次缔约方会议暨《京都议定书》第5次缔约方会议，在会上介绍了同济大学的绿色校园建设成果。

结合绿色校园建设的实践经验，同济大学应邀参加了2010年欧洲太阳能十项全能竞赛，以“太阳能竹屋”为主题，用竹子作为主要建材，采用中国古典建筑反宇屋顶结构元素，建造出产能大于耗能的可持续建筑。

同济大学还参与了联合国环境规划署领导的全球绿色校园指南的编制，组织一系列科技研讨、学生交流活动。2011年，与联合国环境规划署共同发起成立全球大学环境与可持续发展合作联盟（GUPES），同济大学担任主席单位，常务副校长伍江担任联盟主席，联合国环境规划署—同济大学环境与可持续发展学院作为该联盟的秘书处。

在美国俄勒冈大学举行的国际可持续校园联盟（ISCN）大会上，同济大学被授予2012年可持续校园杰出奖。这是亚太地区高校第一次获此殊荣。

四、哈尔滨工业大学——“一个中心，三个推进”

哈尔滨工业大学以创建可持续发展的新时代大学为目标，开展绿色行动，创建绿色大学，使师生具有绿色素质、绿色生活方式，不仅有知识，更要有爱心；不仅懂得人际关系，还要懂得人与自然的关系。

1. 突出绿色教育特色

哈尔滨工业大学认为，绿色教育或可持续教育作为时代重要教育内容之一，应与人文素质教育、科学素质教育、大工程观教育一起，共同完成认识提升和思想道德修养任务。为此，学校主动适应社会需要，积极推动绿色大学创建事业，并为全国创建绿色大学提供可参照样板。

2. 创建绿色大学行动

两个环节：通过大学生绿色协会，协调组织学生开展绿色宣传教育活动；通过教师绿色教育研究会，推进绿色教育研究的深入。

三大步骤：开设绿色教育课程（哲学智慧类课程、伦理法规类课程和科技综合类课程）；建设实习实践基地，例如桦南七星赦子、带岭凉水原始红松林、哈拉海原始湿地、北大荒长林岛和边境原始水域兴凯湖；

实施学科整合，形成国内优势学科，设立专项基金，开展创新研究。

两个目的：其一，确立可持续发展理念，使学生懂经济、懂政治、懂生态；其二，养成健全人格，达到感性、知性、理性、德性、悟性的统一。

3. 建好“一个中心，三个推进”

建好环境与社会研究中心，推进环境理论研究，推进环境宣传教育，推进环境直接行动。

第一，建好环境与社会研究中心。

在校内把环境自然科学与环境人文社会科学有机结合起来，建好环境与社会研究中心公共学术平台。通过这个平台为学校绿色大学建设提供决策咨询和参考方案，同时通过这个平台针对绿色大学建设过程中提出的理论和实践问题展开多学科交叉研究和开发工作。

第二，三个推进实践模式。

首先，推进环境理论研究。所谓环境理论是指关于人与自然关系的环境基础理论。分为三个层次：一是生态哲学和环境伦理学理论；二是环境与社会理论；三是环境教育理论。这些理论构建，本质上是对“绿色无知”问题所做的不同回答，即对“自然生物共同体的生存智慧”、“人类共同体应当怎样可持续的生活”及“人与自然生物形成一个共同体，应当建立怎样的内在关系才能可持续”等等问题的回答。通过研究，把以上无知变为有知，把非人类生物、人类、人与自然的关系等三个层次的生存方式或规律，作为建设绿色大学所定向的环境与可持续发展观念的基础。

标志性成果之一是创办《环境与社会》杂志。该杂志是中国环境伦理学研究会会刊。常设栏目有论文、绿色教育、生态环境调查、动态与信息、研究资料等。该杂志是国内唯一被国际环境伦理学协会（SIEE）ISEE MASTER BIBLIOGRAPHY 检索的国内环境理论杂志。

标志性成果之二是发表系列学术论文和著作。

标志性成果之三是开展高层次学术活动和生态宣传教育活动。主持召开全国第一届生态哲学学术会议；与相关组织合作开展保护原始森林宣传教育活动；与世界自然基金会合作，在《环境与社会》杂志开设大学绿色教育栏目；支持召开全国第一届大学绿色教育学术会议；与《科技日报》等媒体联合发起并共同主办全国湿地保护高层论坛。

其次，推进环境宣传教育。所谓环境宣传教育，是指对环境理论研究成果的宣传和在学校教育中的具体落实过程，定向两个转变（伦理观、科技观转变）。

在宣传方面，开展了对环境理论成果的宣传和绿色生活方式的宣传，分为校内和校外两方面。在校内，培训和指导学生绿色协会开展各种绿色宣传活动。一是通过各种类型的讲座进行环境问题警示宣传，宣传校园绿色生活方式；二是开展人与自然关系的各种知识竞赛，包括生态伦理问题的辩论赛；三是开展形式多样的文学、艺术活动，以情感人，与学生共情共鸣。在校外，则是将宣传形式融入社区和政府机构举办的各类环境知识培训中。

在教育方面，在大学的课程体系中设置绿色教育课程和课外实习实训环节，并把这种与直接行动相关联的绿色教育作为大学生文化素质教育的重要组成部分。

标志性成果：环境学者与新闻工作者同向同行，共同揭示社会重大环境问题。制作了环境新闻评论：《雕翎啊！凋零!》（1998）、《城市森林忧思录》（1998）、《哈拉海湿地的发现》（1999）、《消失的哈拉海》（2001）、《风沙弥漫的家园》（2001）、《胜利大逃亡》（2001）、《远去的大荒》（2000）等；在此基础上，探索时代重大生态问题。例如：非典给我们上了一堂什么课？哈尔滨电视台制作非典反思类谈话节目，邀请主讲教授演讲四次。在校园内，开展非典反思，党委副书记李绍滨亲自接受学生记者采访。经过努力，很多作品均获大奖。例如，作为专家点评的作品《消失的哈拉海》（2001）获中国新闻大奖一等奖；作为策划顾问和专家点评的作品《远去的大荒》（2000）获国家“五个一”工程奖。

与此同时，参与国内热点问题的讨论，在报刊上发表的文章和观点具有较大的影响力。例如，《生态圈自调节不可替代》（《科技日报》2001年12月14日）、《干部无知更可怕》（《科技日报》2001年12月15日）、《定向培养是解决林业人才危机的突破口》（《中国青年报》2003年9月7日）、《在生态省建设中应当重视“新三宝”》（《人民日报》海外版2002

年5月20日)、《从伤熊事件看社会教育》(《科技日报》2002年3月7日)、《造速生丰产林，走双赢之路》(《人民政协报》2003年8月15日C1版)等；被报刊评价、采访或观点被引用的作品有：《哈拉海湿地——生物基因库》(《人民日报》海外版1999年8月23日)、《“绿色大学生”新鲜出炉》(《中国青年报》2001年12月1日)、《公民：保护环境是道德要求》(《中国青年报》2001年11月19日)、《倡导生态环境道德推进保护母亲河行动》(《人民日报》2001年12月13日)、《哈拉海湿地的后续报道》(全国湿地保护高层论坛综述，《科技日报》2002年1月29日)、《“绿色大学”：培养对地球友好的工程师》(《科技日报》2002年2月21日)、《哈工大社团冲出高校围墙》(《中国青年报》2002年11月10日)、《扎龙难题：生态补水，生态移民》(《人民日报》2003年7月4日)、《生态经济是振兴小兴安岭林区的优势和特色》(《光明日报》2003年11月14日)等。

推进环境保护直接行动。所谓环境保护直接行动是指将环境理论直接应用于解决环境问题的实践行动，实现定向“认知的两个飞跃”(悟性、激情)，其方式主要包括校内校外两个方面。

在校内，引导并支持学生绿色协会的活动，推进建设绿色校园、落实减量消费、垃圾分类、废物回收和再循环利用等活动，直接促进学生绿色生活方式的养成，培养了一批骨干。在校外，建设绿色社区，开展绿色实践，一是走进大自然，体验与认识大自然；二是对当地环境社会问题进行考察调研；三是把环境问题作为社会文明问题，树立学校的绿色形象。

哈工大把推进环境直接行动称为哈工大荒野行动(1999—2003年)，即利用五一、十一假期，挑选部分学生赴原始荒野地进行生态体验和环境与社会问题调查，由主讲教授任导师，学生绿色协会负责组织和考核。该项目主要目的是让学生亲身接触荒野自然及周边社区生活，体验人与自然关系的本质，感悟地球生命的价值以及环境与可持续发展的意义。

经过多年研究探索，哈工大绿色大学建设在国内外已有较高的影响力。其自然辩证法和生态伦理学科建设超前，获批世界自然基金会资助项目“中国大学绿色教育研究”(1999年6月—2000年5月)，哈工大召开全国大学绿色教育会议（2000 年 5 月），美国环境教育代表团考察哈尔滨工业大学绿色大学建设（2001 年 6 月）、研究绿色和平项目全国原始森林本底清样调查及社区替代产业研究，哈工大还主持召开中日生态伦理与环境教育国际学术研讨会（2003 年 8 月）。《科技日报》《光明日报》《中国青年报》《黑龙江日报》及《环境教育》杂志对该校的绿色教育多次进行报道。

总之，哈工大创建绿色大学非常重视思想转变和养成教育，为环境伦理学工作者提供了舞台，也培养了新时代所需要的高素质生态人才。

参考资料

一、著作类

1.《马克思恩格斯文集》第 9 卷，人民出版社 2009 年版。

2.《马克思恩格斯选集》(第 1—4 卷)，人民出版社 1995 年版。

3.《马克思恩格斯全集》第 19 卷，人民出版社 1960 年版。

4.《马克思恩格斯全集》第 20 卷，人民出版社 1972 年版。

5.《马克思恩格斯全集》第 23 卷，人民出版社 1972 年版。

6.《马克思恩格斯全集》第 31 卷，人民出版社 1972 年版。

7.《马克思恩格斯全集》第 40 卷，人民出版社 1972 年版。

8.《马克思恩格斯全集》第 42 卷，人民出版社 1979 年版。

9.《马克思恩格斯全集》(第 46 卷，上)，人民出版社 1979 年版。

10.《马克思恩格斯全集》(第 46 卷，下)，人民出版社 1980 年版。

11.《毛泽东选集》第 5 卷，人民出版社 1977 年版。

12.《毛泽东文集》第 3 卷，人民出版社 1996 年版。

13.《毛泽东文集》第 8 卷，人民出版社 1999 年版。

14.《邓小平文选》第 3 卷，人民出版社 1993 年版。

15.《江泽民文选》第 1 卷，人民出版社 2006 年版。

16. 胡锦涛:《高举中国特色社会主义伟大旗帜　为夺取全面建设小康社会新胜利而奋斗》第 1 卷，人民出版社 2007 年版。

17. 习近平:《习近平谈治国理政》第一卷，外文出版社 2014 年版。

18. 习近平:《习近平谈治国理政》第二卷，外文出版社 2017 年版。

19. 习近平:《习近平谈治国理政》第三卷，外文出版社 2020 年版。

20. 习近平:《决胜全面建成小康社会　夺取新时代中国特色社会主

义伟大胜利——在中国共产党第十九次全面代表大会上的报告》，人民出版社 2017 年版。

21. 中共中央文献研究室编：《习近平关于社会主义生态文明建设论述摘编》，中央文献出版社 2017 年版。

22. 习近平：《之江新语》，浙江人民出版社 2007 年版。

23. 习近平：《干在实处　走在前列——推进浙江新发展的思考与实践》，中共中央党校出版社 2006 年版。

24. 中共中央宣传部编：《习近平新时代中国特色社会主义思想三十讲》，学习出版社 2018 年版。

25. 中共中央宣传部编：《习近平总书记系列重要讲话读本（2016 年版）》，学习出版社、人民出版社 2016 年版。

26. 国务院研究室编：《政府工作报告汇编 2018》，中国言实出版社 2018 年版。

27. 国务院研究室编：《政府工作报告汇编 2017》，中国言实出版社 2017 年版。

28. 环境保护部环境与经济政策研究中心编著：《生态文明制度建设概论》，中国环境科学出版社 2016 年版。

29. 环境保护部政策法规司编：《环境经济政策汇编》，中国环境科学出版社 2016 年版。

30. 环境保护部、中国科学院编著：《全国生态环境十年变化（2000—2010 年）遥感调查与评估》，科学出版社 2014 年版。

31. 国家环境保护局宣教司：《中国环境教育的理论与实践》，中国环境科学出版社 1991 年版。

32. 国家环境保护局：《第三次全国环境保护会议文件汇编》，中国环境科学出版社 1989 年版。

33. 国家环境保护局：《中国环境保护 21 世纪议程》，中国环境科学出版社 1995 年版。

34. 国家环境保护总局宣传教育中心：《绿色学校指南》，中国环境科学出版社 2004 年版。

35. 国家环境保护总局宣传司：《环境宣传教育文件汇编（2001—

2015)》，中国环境科学出版社 2000 年版。

36. 国家环境保护部宣传教育司：《全国环境宣传教育工作纲要(2011—2015)》，中国环境科学出版社 2016 年版。

37.《中华人民共和国环境保护法》，中国法制出版社 1999 年版。

38.《中国 21 世纪议程——中国 21 世纪人口、环境与发展白皮书》，中国环境科学出版社 1994 年版。

39. 全国干部培训教材编审指导委员会：《推进生态文明　建设美丽中国》，人民出版社、党建读物出版社 2019 年版。

40. 马克思：《1844 年经济学哲学手稿》，人民出版社 2000 年版。

41. 恩格斯：《自然辩证法》，人民出版社 1971 年版。

42. 恩格斯：《英国工人阶级状况》，人民出版社 1956 年版。

43. 丹尼斯·米都斯著，李宝恒译：《增长的极限——罗马俱乐部关于人类困境的报告》，吉林人民出版社 1997 年版。

44. 马尔库塞著，张峰、吕世平译：《单向度的人》，重庆出版社 1988 年版。

45. A. 施密特著，欧力同、吴仲昉译：《马克思的自然概念》，商务印书馆 1988 年版。

46. 汉斯·萨克塞著，文韬、佩云等译：《生态哲学》，东方出版社 1991 年版。

47. 唐纳德·沃斯特著，侯文蕙译：《自然的经济体系：生态思想史》，商务印书馆 1999 年版。

48. 詹姆斯·奥康纳著，康正东、藏佩红译：《自然的理由——生态学马克思主义研究》，南京大学出版社 2003 年版。

49. 约翰·贝拉米·福斯特著，刘仁胜译：《马克思主义的生态学：唯物主义与自然》，高等教育出版社 2006 年版。

50. 约翰·贝拉米·福斯特著，耿建新、宋兴无译：《生态危机与资本主义》，上海译文出版社 2006 年版。

51. 威廉·莱易斯著，岳长龄译：《自然的控制》，重庆出版社 1993 年版。

52. 李惠斌，薛晓源，王治河：《生态文明与马克思主义》，中央编译出版社 2008 年版。

53. 刘胜仁：《生态马克思主义概论》，中央编译出版社 2007 年版。

54. 姬振海：《生态文明论》，人民出版社 2007 年版。

55. 侯衍社：《马克思主义的社会发展理论及其当代价值》，中国社会科学出版社 2004 年版。

56. 李训贵：《环境与可持续发展》，高等教育出版社 2004 年版。

57. 陈南，程舸，缪绅裕，等：《我们的地球》，广东人民出版社 1999 年版。

58. 余谋昌：《生态伦理学——从理论走向实践》，首都师范大学出版社 1999 年版。

59. 祝怀新：《环境教育论》，中国环境科学出版社 2002 年版。

60. 余谋昌：《生态哲学》，云南人民出版社 1992 年版。

61. 刘湘溶：《生态伦理学》，湖南师范大学出版社 1992 年版。

62. 梁从诫：《2005 年：中国的环境危局与突围》，社会科学文献出版社 2006 年版。

63. 曾建平：《自然之思：西方生态伦理思想探究》，中国社会科学出版社 2004 年版。

64. 王学俭，宫长瑞：《生态文明与公民意识》，人民出版社 2011 年版。

65. 解保军：《马克思生态思想研究》，中央编译出版社 2019 年版。

66. 刘铮：《生态文明意识培养》，上海交通大学出版社 2012 年版。

67. 郇庆治，李宏伟：《生态文明建设十讲》，商务印书馆 2014 年版。

68. 贾振邦：《环境与健康》，北京大学出版社 2020 年版。

69. 陈炎，赵玉，李琳：《儒、释、道的生态智慧与艺术诉求》，人民文学出版社 2012 年版。

70. 李宏煦：《生态社会学概论》，冶金工业出版社 2009 年版。

71. 张凤昌：《清华大学创建“绿色大学”示范工程十周年实践文集》，清华大学出版社 2009 年版。

72. 陈力军：《中外生态文学作品选》，浙江工商大学出版社 2010 年版。

73. 尚建程，桑换新，张舒：《突发环境污染事故典型案例分析》，化学工业出版社 2019 年版。

74. 严耕，林震，杨志华：《中国省域生态文明建设评价报告》，社会科学文献出版社 2019 年版。

75. 靳利华：《生态文明视域下的制度路径研究》，社会科学文献出版社 2013 年版。

76. 张宏伟，张雪花：《绿色大学建设理论与实践》，天津大学出版社 2011 年版。

77. 徐辉，祝怀新：《国际环境教育的理论与实践》，人民教育出版社 1998 年版。

78. 陈丽鸿：《中国生态文明教育理论与实践》，中央编译出版社 2018 年版。

79. 眭依凡：《大学校长的教育理念与治校》，人民教育出版社 2001 年版。

80. 班华：《现代德育论》（第二版），安徽人民出版社 2001 年版。

81. 辛鸣：《制度论——关于制度哲学的理论建构》，人民出版社 2005 年版。

82. 贺培育：《制度学：走向文明——与理性的必然审视》，湖南人民出版社 2004 年版。

83. 王民：《绿色大学与可持续发展》，地质出版社 2006 年版。

84. 潘岳：《绿色中国文集》，中国环境科学出版社 2005 年版。

85. 张凯：《当代环境保护》，中国环境科学出版社 2006 年版。

86. 张应强：《文化视野中的高等教育》，南京师范大学出版社 1999 年版。

87. 叶平：《道法自然：生态智慧与理念》，中国环境科学出版社 2001 年版。

二、论文类

1. 杨叔子：《绿色教育：科学教育与人文教育的交融》，《教育研究》2002第11期。

2. 王大中：《创建“绿色大学”实现可持续发展》，《清华大学教育研究》1998年第4期。

3. 陈学明：《生态马克思主义的意义与启示》，《复旦学报》2008年第4期。

4. 方时姣：《马克思主义生态文明观在当代中国的新发展》，《学习与探索》2008年第5期。

5. 王雨辰：《论西方生态学马克思主义对历史唯物主义生态维度的构建》，《马克思主义与现实》2009年第4期。

6. 胡伯项，胡文，孔祥宁：《科学发展观研究的生态文明视角》，《社会主义研究》2007年第3期。

7. 曾红鹰：《环境教育思想的新发展——欧洲“生态学校”（绿色学校）计划的发展概况》，《环境教育》1999年第4期。

8. 傅晓华：《论生态文明中的教育功能》，《辽宁师范大学学报（社会科学版）》2002年第1期。

9. 顾成昕，刘淑媛，等：《关于在大学生中开展生态文化教育的调查与思考》，《大连大学学报》2001年第1期。

10. 黄宇：《国际环境教育的发展与中国的绿色学校》，《比较教育研究》2003年第1期。

11. 彭秀兰：《高校开展生态文明素质教育的宗旨和路径》，《河南师范大学学报（哲学社会科学版）》2011年第1期。

12. 彭秀兰：《浅论高校生态文明教育》，《教育探索》2011年第4期。

13. 彭秀兰：《马克思主义生态理论及其当代价值》，《新疆社会科学》2011年第3期。

14. 彭秀兰：《马克思主义生态观与高校生态文明教育》，《学术探索》2012年第2期。

15. 彭秀兰：《马克思生态文明观的哲学意蕴》，《天中学刊》2013年第6期。

16. 路琳：《生态文明建设背景下的德育功能探析》，《河南社会科学》2013年第6期。

17. 路琳，屈乾坤：《试论高校生态文明教育机制的建构》，《思想教育研究》2015年第6期。

18. 路琳：《试论高校生态文明教育制度化建设》，《河南师范大学学报（哲学社会科学版）》2014年第5期。

19. 路琳，李静：《高校生态文明素质教育路径探析》，《学校党建与思想教育》2012年第25期。

20. 路琳，付明明：《高校生态文明素质教育的德育审视》，《河南师范大学学报（哲学社会科学版）》2013年第3期。

21. 路琳，付明明：《高校生态文明素质教育研究综述》，《内蒙古财经大学学报》2013年第2期。

22. 路琳，付明明：《高校生态文明素质教育的德育属性》，《前沿》2013年第3期。

23. 路琳，王丹丹：《建设高校生态文明教育制度的意义及原则》，《中国成人教育》2013年第18期。

24. 羊守森：《高校生态文明教育制度化建设研究》，《社科纵横》2015年第2期。

25. 惠保德：《高校实施生态道德教育浅论》，《河南师范大学学报》2009年第5期。

26. 惠保德：《新农村背景下的农民生态道德教育》，《新乡学院学报》2010年第1期。

27. 康月磊：《关于加强高校生态文明教育制度化建设的思考》，《佳木斯职业学院学报》2015年第3期。

28. 刘经伟：《试论高校生态文明教育》，《中国高教研究》2006年第4期。

29. 巩发：《对可持续发展教育的思考与探索》，《教育探索》2002年第 4 期。

30. 刘贵华：《生态哲学与大学教育思想变革》，《高教探索》2001 年第 3 期。

31. 孙萍，刘钊：《大学绿色教育的现状与对策》，《中国高教研究》2000 年第 11 期。

32. 朱达：《可持续发展教育》，《环境教育》1997 年第 2 期。

33. 朱新根：《论环境教育、可持续发展教育及其相互关系》，《浙江师范大学学报（社会科学版）》2004 年第 2 期。

34. 李久生，谢志仁：《论创建“绿色大学”》，《江苏高教》2003 年第 3 期。

35. 陈文荣，张秋根：《绿色大学评价指标体系研究》，《浙江师范大学学报（社会科学版）》2003 年第 2 期。

36. 陈南：《高校绿色教育探索》，《广州大学学报（社会科学版）》2001 年第 6 期。

37. 陈南，汤小红，王伟彤：《高等教育改革与绿色大学建设》，《湖南师范大学教育科学学报》2004 年第 6 期。

38. 沈建：《国外的大学绿色教育》，《世界环境》1999 年第 3 期。

39. 吴易明：《创建绿色大学：江西实施生态经济战略的突破口》，《江西财经大学学报》2001 年第 4 期。

40. 邢永富：《论教育在人类改造自然中的作用》，《北京师范大学学报（社会科学版）》1996 年第 2 期。

41. 张秋根，魏治：《绿色大学建设研究》，《南昌航空工业学院学报》2002 年第 4 期。

42. 叶文虎，贾宁：《大力发展高校环境教育——可持续发展的根本保证》，《环境科学学报》1998 年第 6 期。

43. 田青：《从环境教育到可持续发展教育》，《学科教育》2004 年第 8 期。

44. 王本法：《人的可持续发展是教育应有的目标追求》，《山东师范大学学报（人文社会科学版）》2002 年第 3 期。

45. 张鑫，王洪源，王涛，等：《北京城区强沙尘天气对人群短期健康影响的调查分析》,《卫生研究》2009 年第 6 期。

46. 金银龙,程义斌,王汉章,等:《煤烟型大气污染对成人呼吸系统疾病及其症状影响的研究》,《卫生研究》2001 年第 4 期。

47. 杜一娇,金雪龙:《煤烟型大气污染对呼吸系统症状和疾病发生的影响》,《中国健康教育》2004 年第 6 期。

48. 陈琴,班海群,马秀云,等:《污染对人群呼吸系统疾病的影响》,《卫生研究》2008 年第 3 期。

49. 李鸿美:《崛起的代价:16—18 世纪英国森林的变迁》,《历史教学》2017 年第 4 期。

50. 毛晓钰:《19 世纪英国工业革命带来的健康问题》,《科学文化评论》2018 年第 2 期。

51. 李明超:《工业化时期英国的城市社会问题及初步治理》,《管理学刊》2011 年第 6 期。

52. 刘金源:《工业化时期英国城市环境问题及其成因》,《史学月刊》2006 年第 10 期。

53. 王少利,郭新彪,张金良:《北京市大气污染对学龄儿童呼吸系统疾病和症状的影响》,《环境与健康杂志》2004 年第 1 期。

54. 程舸,蔡亚娜,张维政:《高等师范院校贯彻可持续发展战略深化环境教育之初探》,《广州师院学报(社会科学版)》1998 年第 1 期。

55. 韩沙沙,梁金培:《绿色教育与可持续发展》,《科技进步与对策》2002 年第 2 期。

56. 韩明:《大学绿色教育:从理念到行动》,《广州大学学报(社会科学版)》2002 年第 4 期。

57. 王子彦,王健:《大学环境教育课内容及其相关问题》,《环境教育》2001 年第 5 期。

58. 马歆静:《生态化与可持续发展——现代教育发展的必然》,《教育理论与实践》1998 年第 5 期。

59. 王大中:《创建“绿色大学”示范工程,为我国环境保护事业和实施可持续发展战略做出更大贡献》,《环境教育》1998 第 3 期。

60. 张远增:《绿色大学评价》,《教育发展研究》2000 年第 5 期。

61. 杨移贻，张祥云：《可持续发展教育与教育的可持续发展》，《高等教育研究》1997 年第 4 期。

62. 崔凤，藏辉艳：《美国环境教育及其对我国的启示》，《华东理工大学学报（社会科学版）》2009 年第 6 期。

63. 刘国军：《论生态文明建设的制度保障》，《石河子大学学报（哲学社会科学版）》2008 年第 10 期。

64. 沈满洪：《生态文明制度的构建和优化选择》，《环境经济》2010 年第 2 期。

65. 吴青林，董杜斌：《高校生态文明教育的现实诉求与路径选择》，《学校党建与思想教育》2013 年第 12 期。

66. 李晓敏：《安徽高校师范生生态意识的调查研究》，《安徽农业大学学报（社会科学版）》2009 年第 3 期。

67. 袁银传，王喜：《马克思主义视域中的中国特色社会主义生态文明建设》，《山东社会科学》2013 年第 8 期。

68. 方炎明：《美国高校环境教育现状分析与思考》，《中国林业教育》2004 年第 2 期。

69. 曲格平：《从斯德哥尔摩到约翰内斯堡的道路——人类环境保护史上的三个路标》，《环境保护》2002 年第 6 期。

70. 宋言奇：《浅析“生态”内涵及主体的演变》，《自然辩证法研究》2005 年第 6 期。

71. 蔚东英，胡静，王民：《英美绿色大学的建设与实践》，《环境保护》2010 年第 16 期。

72. 李久生：《环境教育的理论体系与实施案例研究》，南京师范大学学位论文，2004 年。

73. 魏源：《北京高校大学生生态文明素养培育途径研究》，北京林业大学学位论文，2018 年。

三、报告、报纸类

1.《国务院关于落实科学发展观加强环境保护的决定》，《人民日报》

2006 年 2 月 15 日。

2. 胡锦涛：《在中央人口资源环境工作座谈会上的讲话》，《人民日报》2004 年 4 月 5 日。

3. 陈熹，马毓晨：《加强绿色教育助推生态文明建设》，《中国教育报》2018 年 3 月 1 日。

4. 国家环境保护总局：《中国环境状况公报》（2001），《中国环境报》2002 年 6 月 22 日。

5. 潘少军：《绿色就在身边》，《人民日报》2007 年 9 月 27 日。

6. 潘岳：《社会主义与生态文明》，《中国环境报》2007 年 10 月 19 日。

7. 黄冀军：《公开环境信息，推动公众参与》，《中国环境报》2007 年 4 月 26 日。

8. 王婷：《湖北大学大学生生态文明素质培养模式的创新探索》，《中国教育报》2016 年 9 月 15 日。

9. 习近平：《中国共产党第十九次全国代表大会报告》，《人民日报》2017 年 10 月 18 日。

10. 郑惊鸿：《国家环保总局首次对外发布〈中国生态保护〉》，《农民日报》2006 年 6 月 5 日。